国家出版基金项目
NATIONAL PUBLICATION FOUNDATION

"十三五"国家重点图书出版规划项目
中国河口海湾水生生物资源与环境出版工程
庄 平 主编

辽宁近海与河口区渔业资源

董 婧 刘修泽 王爱勇 主编

中国农业出版社
北 京

图书在版编目（CIP）数据

辽宁近海与河口区渔业资源／董婧，刘修泽，王爱
勇主编．—北京：中国农业出版社，2018.12
中国河口海湾水生生物资源与环境出版工程/庄平
主编
ISBN 978 - 7 - 109 - 24167 - 1

Ⅰ．①辽…　Ⅱ．①董…②刘…③王…　Ⅲ．①近海渔
业-水产资源-调查研究-辽宁②河口渔业-水产资源-
调查研究-辽宁　Ⅳ．①S922.31

中国版本图书馆 CIP 数据核字（2018）第 100154 号

中国农业出版社出版
（北京市朝阳区麦子店街 18 号楼）
（邮政编码 100125）
策划编辑　郑　珂　黄向阳
责任编辑　王森鹤　刘　玮

北京通州皇家印刷厂印刷　　新华书店北京发行所发行
2018 年 12 月第 1 版　　2018 年 12 月北京第 1 次印刷

开本：787mm×1092mm　1/16　印张：25
字数：515 千字
定价：180.00 元
（凡本版图书出现印刷、装订错误，请向出版社发行部调换）

内容简介

本书以2014—2017年"辽宁省近海渔业资源普查"成果为基础，根据游泳动物、鱼卵、仔稚鱼、大型底栖生物的种类组成、数量分布与群落结构特征以及海洋捕捞结构调查情况，结合历史数据，综合分析并评价了辽宁省近海与河口渔业资源现状及其演变趋势，同时提出了可持续利用的建议与措施。本书可为辽宁省海洋渔业资源的科学管理和开展渔业资源养护，如增殖放流、人工鱼礁及海洋牧场规划与建设等提供基础数据。可供海洋生物资源、海洋生态、生物资源保护与生态修复等专业领域的高校师生、科研人员及有关管理人员参考。

丛书编委会

科学顾问　唐启升　中国水产科学研究院黄海水产研究所　中国工程院院士

　　　　　曹文宣　中国科学院水生生物研究所　中国科学院院士

　　　　　陈吉余　华东师范大学　中国工程院院士

　　　　　管华诗　中国海洋大学　中国工程院院士

　　　　　潘德炉　自然资源部第二海洋研究所　中国工程院院士

　　　　　麦康森　中国海洋大学　中国工程院院士

　　　　　桂建芳　中国科学院水生生物研究所　中国科学院院士

　　　　　张　偲　中国科学院南海海洋研究所　中国工程院院士

主　　编　庄　平

副 主 编　李纯厚　赵立山　陈立侨　王　俊　乔秀亭

　　　　　郭玉清　李桂峰

编　　委（按姓氏笔画排序）

　　　　　王云龙　方　辉　冯广朋　任一平　刘鉴毅

　　　　　李　军　李　磊　沈盎绿　张　涛　张士华

　　　　　张继红　陈丕茂　周　进　赵　峰　赵　斌

　　　　　姜作发　晁　敏　黄良敏　康　斌　章龙珍

　　　　　章守宇　董　婧　赖子尼　霍堂斌

本书编写人员

主　编　董　婧　刘修泽　王爱勇

副主编　周遵春　于旭光　王小林　郭　栋

参　编（按姓氏笔画排序）

于　喆　王　彬　王　鉴　王文波　巴福阳

付　杰　吉　光　刘义新　刘海映　孙　明

牟春伟　杜尚昆　李长儒　李文宽　李玉龙

李轶平　李晓冬　杨红军　佘　磊　宋　伦

张　雪　陆　阳　林　军　段　妍　柴　雨

徐　欣　高祥刚　郭维宇　梁忠德　梁维波

韩振华　游　奎　鲍相勃

丛书序

中国大陆海岸线长度居世界前列，约 18 000 km，其间分布着众多具全球代表性的河口和海湾。河口和海湾蕴藏丰富的资源，地理位置优越，自然环境独特，是联系陆地和海洋的纽带，是地球生态系统的重要组成部分，在维系全球生态平衡和调节气候变化中有不可替代的作用。河口海湾也是人们认识海洋、利用海洋、保护海洋和管理海洋的前沿，是当今关注和研究的热点。

以河口海湾为核心构成的海岸带是我国重要的生态屏障，广袤的滩涂湿地生态系统既承担了"地球之肾"的角色，分解和转化了由陆地转移来的巨量污染物质，也起到了"缓冲器"的作用，抵御和消减了台风等自然灾害对内陆的影响。河口海湾还是我们建设海洋强国的前哨和起点，古代海上丝绸之路的重要节点均位于河口海湾，这里同样也是当今建设"21世纪海上丝绸之路"的战略要地。加强对河口海湾区域的研究是落实党中央提出的生态文明建设、海洋强国战略和实现中华民族伟大复兴的重要行动。

最近20多年是我国社会经济空前高速发展的时期，河口海湾的生物资源和生态环境发生了巨大的变化，亟待深入研究河口海湾生物资源与生态环境的现状，摸清家底，制定可持续发展对策。庄平研究员任主编的"中国河口海湾水生生物资源与环境出版工程"经过多年酝酿和专家论证，被遴选列入国家新闻出版广电总局"十三五"国家重点图书出版规划，并且获得国家出版基金资助，是我国河口海湾生物资源和生态环境研究进展的最新展示。

　　该出版工程组织了全国 20 余家大专院校和科研机构的一批长期从事河口海湾生物资源和生态环境研究的专家学者，编撰专著 28 部，系统总结了我国最近 20 多年来在河口海湾生物资源和生态环境领域的最新研究成果。北起辽河口，南至珠江口，选取了代表性强、生态价值高、对社会经济发展意义重大的 10 余个典型河口和海湾，论述了这些水域水生生物资源和生态环境的现状和面临的问题，总结了资源养护和环境修复的技术进展，提出了今后的发展方向。这些著作填补了河口海湾研究基础数据资料的一些空白，丰富了科学知识，促进了文化传承，将为科技工作者提供参考资料，为政府部门提供决策依据，为广大读者提供科普知识，具有学术和实用双重价值。

中国工程院院士

2018 年 12 月

前　言

　　辽宁省近海从东至西，横跨黄海与渤海，包括黄海北部和辽东湾水域，是我国纬度最高的海域。因其特殊的地理区位，沿岸有鸭绿江、大洋河、碧流河、辽河、双台子河、大凌河、六股河等淡水径流注入，营养盐丰富，初级生产力巨大，曾孕育了著名的"辽东湾渔场"和"海洋岛渔场"，渔业资源丰富多样。渔业资源是水域生态系统重要的组成部分，也是渔业最基本的捕捞生产对象和人类食物的重要来源，对满足人们日常生活的水产品供给，维持渔业捕捞从业人员的生计发挥着重要作用。

　　由于受到人类开发活动、海洋环境和气候变化等因素的胁迫，我国近海与河口区渔业资源表现出不同程度的衰退，辽宁省近海与河口区渔业资源也不例外，其渔业资源的补充和可持续产出能力严重受损。因此，了解海洋渔业资源及捕捞生产现状、评价资源结构及变化、探析渔业资源发展方向是海洋渔业资源保护和可持续开发利用的前提，具有重要的生态意义和社会意义。

　　为了科学指导海洋渔业资源的保护与开发，了解辽宁省近海渔业资源的现状和海洋渔业捕捞结构及其演变，探明重要渔业资源产卵场分布，评估重要渔业资源品种的发展潜力及价值，促进辽宁省近海渔业资源可持续开发与利用，辽宁省海洋水产科学研究院于2014—2017年开展了"辽宁省近海渔业资源普查"工作。本书为该项目的成果之一，主要围绕辽宁省近海与河口区的渔业资源现状，从近海与河口区的游泳动物、鱼卵、仔稚鱼、大型底栖动物、海洋捕捞生产结构等方面进行了较为全面的总结与分析。全书共分 7 章，"近海渔业资源结构"与"近海产卵场现状及其变动"通过游泳动物与鱼卵、仔稚鱼的季节变化及年际变化分析，对比历史资料阐述了辽宁省游泳动物与鱼卵、仔稚鱼的群落结构及其变化趋势；"近海主要渔业资源特征"对小黄鱼、蓝点马鲛、斑鰶、海蜇、中国明对虾等辽宁省主要渔业生物的种群与洄游、资源分布、渔业生物学、资源量等进行了系统描述；"鸭绿江河口区渔业资源"通过 2 年两种不同网具的调查，系统分析了鸭绿江河口区的渔业资源概况；"大型底栖生物"基于辽东湾水域的拖耙调查，分析了该水域大型底栖生物的群落结构特征；"海洋捕捞结构现状"对辽宁省沿海渔港及渔船分布，主要捕捞品种资源动态，辽宁近海渔场、渔汛、渔情及渔获情况等方面进行了综合分析与评价；"近海渔业资源可持续利用研究"根据辽宁省近海渔业资源开发与管理现状，提出可持续利用措施。

本次调查与评价工作得到了辽宁省海洋与渔业主管部门的大力支持，辽宁省沿海各市海洋与渔业主管部门也给予了积极帮助，在此一并感谢。本书的出版将为辽宁省海洋渔业资源的科学管理，开展渔业资源养护如增殖放流、人工鱼礁及海洋牧场规划与建设等提供基础数据和参考。

由于学识和水平有限，书中不足之处在所难免，诚恳地希望专家和读者给予批评指正。

编　者

2018 年 10 月

目　录

第一章
近海渔业资源结构

第一节 调查与研究方法

一、调查区域、时间与调查方法

调查区域为辽东湾水域和黄海北部水域，2014—2017 年按季节调查和年际调查于 2014 年 8 月、2015 年 3 月、2015 年 5 月、2015 年 6 月、2015 年 8 月、2015 年 10 月、2016 年 8 月和 2017 年 8 月开展了共计 8 个航次的渔业资源调查。

调查船为辽庄渔 85099，主机功率 280 kW，网具为单船有翼单囊拖网，底拖网参数为：网口宽度 10 m，网口高度 3 m，囊网网目 20 mm，拖速控制在 3 nm/h，拖速均匀，每站拖网时间保持在 0.5 h。站位设置如图 1-1 所示，每个航次有效站位因实际情况适当增减。

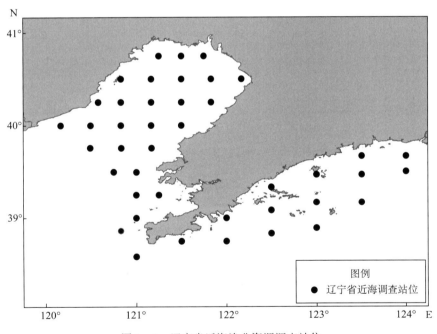

图 1-1 辽宁省近海渔业资源调查站位

二、数据处理与评价

渔获量标准化为每小时的渔获量，渔获密度为 kg/h，渔获尾数为个/h。

（一）生物优势度

生物优势度是从生物群落中各种类在重量、数量中所占比例及出现频率 3 个方面进行物种优势度的综合评价，以判断其在群落中的重要程度。公式如下：

$$IRI = (W + N) \times F \quad \text{（Pinkas，1971）}$$

式中：IRI——相对重要性指数；

$\quad\quad W$——某种类的重量占总重量的比例；

$\quad\quad N$——为某种类的尾数占总尾数的比例；

$\quad\quad F$——某种类出现的站次占调查总站次的比例。

本报告采用 IRI 值大于 500 作为生物群落中的优势种，IRI 值在 100～500 之间为重要种，IRI 值在 10～100 之间的为常见种，IRI 值<10 为少见种。

（二）群落多样性

生物多样性特征分析主要采用物种丰富度指数（D）、物种多样度指数（H'）和物种均匀度指数（J'）。

生物多样性特征计算公式如下：

物种丰富度指数 D（Margaler，1958）：

$$D = \frac{S-1}{\log_2 N}$$

式中：S——种类数；

$\quad\quad N$——生物量或总密度。

物种多样性指数 H'（Shannon-Wiener，1963）：

$$H' = -\sum_{i=1}^{S} P_i \cdot \log_2 P_i$$

式中：S——种类数；

$\quad\quad P_i$——第 i 种占总生物量或总密度的比例。

物种均匀度指数 J'（Pielou，1966）：

$$J' = \frac{H'}{\log_2 S}$$

式中：S——样方中的种类数；

$\quad\quad H'$——多样性指数。

（三）资源量估算

渔业资源量的估算采用扫海面积法，其值以各站拖网渔获密度和拖网扫海面积来估算，公式为：

$$\rho_i = \frac{C_i}{a_i q}$$

式中：ρ_i——第 i 站的资源密度（重量：kg/km²；尾数：个/km²）；

C_i——第 i 站的每小时拖网渔获量（重量：kg/h；尾数：个/h）；

a_i——第 i 站的网具每小时扫海面积（km²/h）〔网口水平扩张宽度（km）×拖曳距离（km）〕，拖曳距离为拖网速度（km/h）和实际拖网时间（h）的乘积；

q——网具捕获率（可捕系数＝1—逃逸率）。

本书中渔业资源各种生物的捕获率（q）均取值0.5。

第二节 季节变化

一、种类组成

2015年辽宁近海水域3个季度5个航次共计捕获渔业生物119种，其中鱼类66种，隶属于14目、36科、58属，以鲈形目种类中最多（32种），鲉形目次之（8种）；甲壳类45种，隶属于2目、20科、32属，其中虾类（包括口虾蛄）23种，蟹类22种；头足类4目6科7属8种（表1-1）。

表1-1 辽宁近海2015年渔业生物种类组成

种名	拉丁名	辽东湾	黄海北部
美鳐	*Raja pulchra* Liu	√	√
孔鳐	*Raja porosa* Gunther	√	√
星康吉鳗	*Conger myriaster*（Brevoort）		√
青鳞小沙丁鱼	*Sardinella zunasi*（Bleeker）	√	
斑鰶	*Konosirus punctatus*（Temminck et Schlegel）	√	√
鳀	*Engraulis japonicus* Sehlegel et Schlegel	√	√
黄鲫	*Setipinna taty*（Cuvier et Valenciennes）	√	√
赤鼻棱鳀	*Thrissa kammalensis*（Bleeker）	√	√
安氏新银鱼	*Neosalanx anderssoni*（Rendahl）	√	
乔氏新银鱼	*Neosalanx jordani* Wakiya et Takahasi	√	
长蛇鲻	*Saurida elongata*（Temminck et Schlegel）	√	
大头鳕	*Gadus macrocephalus* Tilesius		√
黄鮟鱇	*Lophius litulon*（Jordan）	√	√
鮻	*Liza haematocheila*（Temminck et Schlegel）	√	√

（续）

种名	拉丁名	辽东湾	黄海北部
日本下鱵鱼	*Hyporhamphus sajori* （Temminck et Schlegel）	√	√
日本海马	*Hippocampus japonicus* Kaup		√
尖海龙	*Syngnathus acus* Linnaeus	√	√
许氏平鲉	*Sebastes schlegeli* Valenciennes	√	√
绿鳍鱼	*Chelidonichthys kumu* （Cuvier）	√	√
鲬	*Platycephalus indicus* （Linnaeus）	√	√
大泷六线鱼	*Hexagrammos otakii* （Snyder）	√	√
小杜父鱼	*Cottiusculus gonez* Schmidt	√	√
绒杜父鱼	*Hemitripterus villosus* （Pallas）	√	√
斑纹狮子鱼	*Liparis maculatus* Ding	√	√
细纹狮子鱼	*Liparis tanakae* （Gilbert et Burke）	√	√
细条天竺鲷	*Apogon lineatus* Jordan et Snyder	√	√
多鳞鱚	*Sillago sihama* （Forsskal）		√
竹筴鱼	*Trachurus japonicus* （Temminck et Schlegel）		√
白姑鱼	*Argyrosomus argentatus* Houttuyn	√	√
棘头梅童鱼	*Collichthys lucidus* （Richardson）	√	√
皮氏叫姑鱼	*Johnius belengerii* Cuvier	√	√
鮸	*Miichthys miiuy* （Basilewsky）	√	
小黄鱼	*Larimichthys polyactis* （Bleeker）	√	√
缝鳚	*Chirolophis japonicus* Herzenstein	√	√
方氏云鳚	*Enedrias fangi* Wang et Wang	√	√
长绵鳚	*Enchelyopus elongatus* （Kner）	√	√
玉筋鱼	*Ammodytes personatus* Girard		√
绯𫚒	*Callionymus beniteguri* Jordan et Snyder	√	√
短鳍𫚒	*Callionymus kitaharae* Jordan et Seale	√	√
李氏𫚒	*Repomucenus richardsoni* （Bleeker）	√	√
髭缟鰕虎鱼	*Tridentiger barbatus* （Gunther）	√	√
暗缟鰕虎鱼	*Tridentiger obscurus* （Temminck et Schlegel）	√	
普氏缰鰕虎鱼	*Amoya pflaumi* （Bleeker）	√	√
裸项蜂巢鰕虎鱼	*Favonigobius gymnauchen* （Bleeker）	√	√
对马阿匍鰕虎鱼	*Aboma tsushimae* Jordan et Snyder	√	
乳色刺鰕虎鱼	*Acanthogobius Lactipes* （Hilgendorf）	√	
长体刺鰕虎鱼	*Acanthogobius elongata* （Fang）	√	
斑尾复鰕虎鱼	*Acanthogobius hasta* （Temminck et Schlegel）	√	√
五带高鳍鰕虎鱼	*Pterogobius zacalles* Jordan et Snyder	√	
矛尾鰕虎鱼	*Chaeturichthys stigmatias* Richardson	√	√
六丝钝尾鰕虎鱼	*Amblychaeturichthys hexanema* （Bleeker）	√	√
肉犁克丽鰕虎鱼	*Chloea sarchynnis* Jordan et Snyder	√	√
红狼牙鰕虎鱼	*Odontamblyopus rubicundus* Hamihon	√	
小头栉孔鰕虎鱼	*Ctenotrypauchen microcephalus* （Bleeker）	√	

（续）

种名	拉丁名	辽东湾	黄海北部
小带鱼	*Eupleurogrammus muticus*（Gray）	√	
鲐	*Scomber japonicus*（Houttuyn）	√	√
蓝点马鲛	*Scomberomorus niphonius*（Cuvier et Valenciennes）	√	√
褐牙鲆	*Paralichthys olivaceus*（Temminck et Schlegel）	√	√
高眼鲽	*Cleisthenes herzensteini*（Schmidt）	√	√
石鲽	*Kareius bicoloratus*（Basilewsky）		√
角木叶鲽	*Pleuronichthys cornutus*（Temminck et Schlegel）	√	√
钝吻黄盖鲽	*Pseudopleuronectes yokohamae*（Gunther）	√	√
短吻红舌鳎	*Cynoglossus joyneri* Gunther	√	√
半滑舌鳎	*Cynoglossus semilaevis* Gunther	√	
绿鳍马面鲀	*Thamnaconus modestus*（Gunther）	√	√
假睛东方鲀	*Takifugu pseudommus*（Chu）	√	
口虾蛄	*Oratosguilla oratoria*（De Haan）	√	√
中国明对虾	*Fenneropenaeus chinensis*（Osbeck）	√	√
日本对虾	*Marsupenaeus japonicus*（Bate）	√	
戴氏赤虾	*Metapenaeopsis dalei*（Rathbun）	√	√
鹰爪虾	*Trachypenaeus curvirostris*（Stimpson）	√	√
中国毛虾	*Acetes chinensis* Hansen	√	
鲜明鼓虾	*Alpheus distinguendus* De Man	√	√
日本鼓虾	*Alpheus japonicus* Miers	√	
中华安乐虾	*Eualus sinensis*（Yu）	√	
窄额安乐虾	*Eualus leptongnathus*（Stimpson）		√
长足七腕虾	*Heptacarpus futilirostris*（Bate）	√	√
海蜇虾	*Latreutes anoplonyx* Kemp	√	
疣背深额虾	*Latreutes planirostris*（De Haan）	√	
安波鞭腕虾	*Lysmata amboinensis*（De Man）	√	
脊腹褐虾	*Crangon affinis* Haan	√	√
双刺南褐虾	*Philocheras bidentatus*（de Haan）		√
脊尾白虾	*Exopalaemon carinicauda*（Holthuis）	√	
葛氏长臂虾	*Palaemon gravieri*（Yu）	√	√
敖氏长臂虾	*Palaemon ortmanni* Rathbun	√	
锯齿长臂虾	*Palaemon serrifer*（Stimpson）	√	√
大蝼蛄虾	*Upogebia major*（De Haan）	√	
伍氏蝼蛄虾	*Upgoebia wuhsienweni* Yu	√	
艾氏活额寄居蟹	*Diogenes edwardsii*（De haan）	√	√
大寄居蟹	*Pagurus ochtensis* Brandt	√	√
海绵寄居蟹	*Pagurus pectinatus*（Stimpson）	√	√
颗粒关公蟹	*Paradorippe granulate*（De Haan）	√	√
隆线强蟹	*Eucrate crenata*（De Haan）	√	
尖齿拳蟹	*Philyra acutidens* Chen	√	

（续）

种名	拉丁名	辽东湾	黄海北部
泥脚隆背蟹	*Carcinoplax vestita*（De Haan）	√	√
圆十一刺栗壳蟹	*Arcania novemsponosa*（Adams et White）		√
四齿矶蟹	*Pugettia quadridens*（De Haan）		√
慈母互敬蟹	*Hyastenus pleione*（Herbs）	√	√
枯瘦突眼蟹	*Oregonia gracilis* Dana	√	
三疣梭子蟹	*Portunus trituberculatus*（Miers）	√	√
日本蟳	*Charybdis japonica*（A. Milne-Edwards）	√	√
变态蟳	*Charybdis*（*Charybdis*）*variegata*（Fabricius）	√	√
双斑蟳	*Charybdis bimaculata*（Miers）	√	√
中华近方蟹	*Hemigrapsus sinensis* Rathbun	√	
绒螯近方蟹	*Hemigrapsus penicillatus*（De Haan）	√	
霍氏三强蟹	*Tritodynamia horvathi* Nobili	√	
兰氏三强蟹	*Tritodynamia rathbunae* Shen	√	
哈氏美人虾	*Callianassa harmandi* Bouvier	√	√
日本关公蟹	*Dorippe japonica* Von Siebold	√	√
隆背黄道蟹	*Cancer gibbosulus*（De haan）	√	
毛角颚蟹	*Ceratoplax ciliata* Stimpson	√	
太平洋褶柔鱼	*Todarodes pacificus*（Steenstrup）	√	√
枪乌贼类	*Loliolus* sp.	√	
针乌贼	*Sepia andreana* Steenstrup		√
双喙耳乌贼	*Sepiola birostrata* Sasaki	√	√
四盘耳乌贼	*Euprymna morsei*（Verril）		√
玄妙微鳍乌贼	*Idiosepius paradoxa*（Ortmann）	√	
短蛸	*Octopus fangsiao* Orbigny	√	√
长蛸	*Octopus* cf. *minor* Sasaki		√

（一）辽东湾渔业生物种类组成

2015 年辽东湾水域共计捕获渔业生物 104 种，其中鱼类 58 种，隶属于 11 目、29 科、47 属，以鲈形目种类中最多（29 种），鲉形目次之（8 种）；甲壳类 40 种，隶属于 2 目、20 科、30 属，其中虾类（包括口虾蛄）20 种，蟹类 20 种；头足类为 3 目、5 科、5 属、6 种。

58 种鱼类以底层鱼类居多（50 种），占鱼类种类数的 86.21%，包括小黄鱼、黄鮟鱇、许氏平鲉、大泷六线鱼、鲅、绿鳍鱼、皮氏叫姑鱼、长绵鳚、矛尾鰕虎鱼、斑尾复鰕虎鱼、棘头梅童鱼、红狼牙鰕虎鱼、褐牙鲆、角木叶鲽、短吻红舌鳎、绿鳍马面鲀等；中上层鱼类 8 种，占鱼类种类数的 13.79%，包括斑鰶、青鳞小沙丁鱼、鳀、黄鲫、赤鼻棱鳀、蓝点马鲛、鲐等。适温性上以暖温性鱼类居多，为 36 种，占鱼类种类数的

62.07%；冷温性种次之，14种，占鱼类种类数的24.14%；暖水性种最少，8种，占鱼类种类数的13.79%。

甲壳类主要有口虾蛄、中国明对虾、日本鼓虾、鲜明鼓虾、葛氏长臂虾、鹰爪虾、海蜇虾、脊腹褐虾、脊尾白虾、日本对虾、大寄居蟹、隆线强蟹、泥脚隆背蟹、三疣梭子蟹、日本蟳、中华近方蟹等。

头足类主要有太平洋褶柔鱼、枪乌贼类、双喙耳乌贼、长蛸和短蛸等。

1. 春季

3月捕获渔业生物共计40种，其中鱼类17种，均为底层鱼类，包括乔氏新银鱼、鮻、尖海龙、许氏平鲉、大泷六线鱼、绒杜父鱼、细纹狮子鱼、方氏云鳚、长绵鳚、李氏䲗、裸项蜂巢鰕虎鱼、斑尾复鰕虎鱼、矛尾鰕虎鱼、红狼牙鰕虎鱼、小头栉孔鰕虎鱼、短吻红舌鳎等；虾类（含口足类）7种，为口虾蛄、鲜明鼓虾、日本鼓虾、中华安乐虾、脊腹褐虾、脊尾白虾、葛氏长臂虾；蟹类13种，包括艾氏活额寄居蟹、大寄居蟹、隆背黄道蟹、毛角颚蟹、泥脚隆背蟹、尖齿拳蟹、三疣梭子蟹、日本蟳、绒螯近方蟹、中华近方蟹、霍氏三强蟹等；头足类3种，为枪乌贼类、短蛸和长蛸。

5月共计捕获渔业生物38种，其中鱼类21种（底层鱼类20种，中上层鱼类1种），中上层鱼类为黄鲫，底层鱼类主要有孔鳐、黄鮟鱇、许氏平鲉、鲬、大泷六线鱼、皮氏叫姑鱼、褐牙鲆、矛尾鰕虎鱼、短吻红舌鳎等；虾类（含口足目）5种，为口虾蛄、鲜明鼓虾、日本鼓虾、脊腹褐虾、葛氏长臂虾；蟹类8种，主要有大寄居蟹、隆背黄道蟹、枯瘦突眼蟹、三疣梭子蟹和日本蟳等；头足类4种，为枪乌贼类、双喙耳乌贼、短蛸、长蛸。

2. 夏季

6月共计捕获渔业生物66种，其中鱼类37种（底层鱼类34种，中上层鱼类3种），底层鱼类主要有短吻红舌鳎、矛尾鰕虎鱼、长绵鳚、许氏平鲉、细纹狮子鱼、皮氏叫姑鱼、鲆鲽类、小黄鱼、细条天竺鲷等；中上层鱼类为鳀、赤鼻棱鳀、黄鲫；虾类（含口足目）12种，主要有口虾蛄、脊腹褐虾、葛氏长臂虾、鲜明鼓虾、日本鼓虾等；蟹类11种，主要有泥脚隆背蟹、隆背黄道蟹、日本蟳、三疣梭子蟹、颗粒关公蟹等；头足类6种，主要有长蛸、枪乌贼类、短蛸、太平洋褶柔鱼等。

8月共计捕获渔业生物73种，其中鱼类39种（底层鱼类31种，中上层鱼类8种），底层鱼类主要有短吻红舌鳎、矛尾鰕虎鱼、皮氏叫姑鱼、黄鮟鱇、鲆鲽类、长绵鳚、许氏平鲉、细纹狮子鱼等；中上层鱼类主要有为斑鰶、黄鲫、鳀、鲐等；虾类（含口足目）16种，主要有口虾蛄、脊腹褐虾、葛氏长臂虾、日本鼓虾、鲜明鼓虾、中国明对虾、海蜇虾等；蟹类14种，主要有日本蟳、泥脚隆背蟹、三疣梭子蟹、颗粒关公蟹、隆背黄道蟹、大寄居蟹等；头足类4种，为枪乌贼类、双喙耳乌贼、短蛸、长蛸。

3. 秋季

10月共计捕获渔业生物52种，其中鱼类34种（底层鱼类27种，中上层鱼类7种），底层鱼类主要有矛尾鰕虎鱼、许氏平鲉、孔鳐、短吻红舌鳎、长绵鳚、鲬、黄鮟鱇等，中上层鱼类主要有斑鰶、黄鲫、鲲等；虾类（含口足目）8 种，为口虾蛄、葛氏长臂虾、鲜明鼓虾、日本鼓虾、中国明对虾、脊腹褐虾、鹰爪虾、安波鞭腕虾；蟹类 7 种，主要有三疣梭子蟹、日本蟳、泥脚隆背蟹、隆背黄道蟹等；头足类 3 种，为枪乌贼类、短蛸、长蛸。

三个季节共计 5 个月的调查，以夏季 8 月渔业生物种类数最多，春季 5 月最少。5 个航次调查，渔业生物共有种 19 种，其中鱼类 7 种，均为底层鱼类，甲壳类 9 种，头足类 3 种。

（二）黄海北部渔业生物种类组成

2015 年，黄海北部水域 5 个航次共捕获渔业生物 87 种，隶属于 19 目、51 科、75 属，其中鱼类 53 种（中上层鱼 8 种、底层鱼 45 种），隶属于 13 目、31 科、48 属；甲壳类 27 种（含口虾蛄，虾类 12 种、蟹类 15 种），隶属于 2 目、15 科、21 属；头足类有 7 种，隶属于 4 目、5 科、6 属。

1. 春季

3 月共捕获渔业生物 43 种，其中鱼类 26 种，全为底层鱼类，主要有李氏鮻、矛尾鰕虎鱼、长绵鳚、大泷六线鱼、短吻红舌鳎、高眼鲽、孔鳐、许氏平鲉等；甲壳类 14 种，主要有脊腹褐虾、寄居蟹、枯瘦突眼蟹、隆背黄道蟹、日本鼓虾、口虾蛄等；头足类 3 种，有短蛸、枪乌贼类和双喙耳乌贼。经济价值较高种类主要为大泷六线鱼、鲆鲽类、黄鮟鱇、孔鳐、许氏平鲉、口虾蛄、日本蟳、短蛸、枪乌贼类等。

5 月共捕获渔业生物 48 种，其中鱼类 26 种（中上层鱼类 3 种，底层鱼类 23 种）底层鱼类主要有大泷六线鱼、李氏鮻、短鳍鮻、长绵鳚、细纹狮子鱼、斑纹狮子鱼、皮氏叫姑鱼、方氏云鳚、黄鮟鱇、短吻红舌鳎、许氏平鲉、大头鳕等，中上层鱼类有赤鼻棱鳀、黄鲫和鲲；甲壳类 18 种（含口虾蛄），主要有脊腹褐虾、寄居蟹、口虾蛄、枯瘦突眼蟹、隆背黄道蟹、日本蟳等；头足类 4 种，有短蛸、长蛸、枪乌贼类和双喙耳乌贼。经济价值较高种类主要为大泷六线鱼、大头鳕、鲆鲽类、黄鮟鱇、小黄鱼、鲬、日本蟳、口虾蛄、长蛸、短蛸、枪乌贼类等。

2. 夏季

6 月共捕获渔业生物 60 种，其中鱼类 35 种（中上层鱼类 3 种，底层鱼类 32 种），底层鱼类主要有长绵鳚、大泷六线鱼、李氏鮻、短鳍鮻、细纹狮子鱼、高眼鲽、方氏云鳚、孔鳐、绒杜父鱼、黄鮟鱇等，中上层鱼类有鲲、黄鲫和竹筴鱼；甲壳类 19 种（含口虾蛄），主要有脊腹褐虾、隆背黄道蟹、寄居蟹、枯瘦突眼蟹、戴氏赤虾等；头足类 6 种，有短蛸、长蛸、枪乌贼类、双喙耳乌贼、四盘耳乌贼和太平洋褶柔鱼。经济价值较高种类主要为孔鳐、大头鳕、日本海马、竹筴鱼、白姑鱼、小黄鱼、许氏平鲉、大泷六线鱼、鲬、绒杜父鱼、鲆鲽类、钝吻黄盖鲽、黄鮟鱇、中国明对虾、口虾蛄、日本蟳、太平洋褶柔鱼、枪乌贼类、长蛸、短蛸等。

8月共捕获渔业生物 62 种，其中鱼类 39 种（中上层鱼类 3 种，底层鱼类 36种），底层鱼类主要有长绵鳚、许氏平鲉、细纹狮子鱼、斑纹狮子鱼、大泷六线鱼、李氏鲻、短鳍鲻、绯鲻、矛尾鰕虎鱼、黄鮟鱇、高眼鲽、大头鳕、方氏云鳚等，中上层鱼类有鳀、蓝点马鲛和鲀；甲壳类 19 种，主要有脊腹褐虾、隆背黄道蟹、戴氏赤虾、口虾蛄、寄居蟹、日本蟳等；头足类 4 种，有短蛸、长蛸、枪乌贼类和太平洋褶柔鱼。经济价值较高种类主要为孔鳐、大头鳕、星康吉鳗、**鲛**、白姑鱼、小黄鱼、鲀、蓝点马鲛、许氏平鲉、绿鳍鱼、大泷六线鱼、鲬、鲆鲽类、黄鮟鱇、短吻红舌鳎、鹰爪虾、中国明对虾、口虾蛄、日本蟳、三疣梭子蟹、太平洋褶柔鱼、枪乌贼类、长蛸、短蛸等。

3. 秋季

10月共捕获渔业生物 64 种，其中鱼类 44 种（中上层鱼类 7 种，底层鱼类 37 种），底层鱼类主要有短鳍鲻、斑纹狮子鱼、矛尾鰕虎鱼、长绵鳚、大泷六线鱼、黄鮟鱇、绯鲻、细纹狮子鱼、皮氏叫姑鱼、六丝钝尾鰕虎鱼、褐牙鲆等，中上层鱼类有斑鰶、鳀、赤鼻棱鳀、黄鲫、竹筴鱼、日本下鱵鱼和鲀；甲壳类 15 种，主要有鹰爪虾、戴氏赤虾、脊腹褐虾、隆背黄道蟹、三疣梭子蟹、口虾蛄等；头足类 5 种，有短蛸、长蛸、枪乌贼类、针乌贼和太平洋褶柔鱼。经济价值较高种类主要为孔鳐、大头鳕、长蛇鲻、星康吉鳗、日本下鱵鱼、竹筴鱼、**鲛**、白姑鱼、小黄鱼、鲀、许氏平鲉、绿鳍鱼、大泷六线鱼、鲬、鲆鲽类、黄鮟鱇、绿鳍马面鲀、鹰爪虾、中国明对虾、口虾蛄、日本蟳、三疣梭子蟹、太平洋褶柔鱼、针乌贼、枪乌贼类、长蛸、短蛸等。

二、优势种

（一）鱼类优势种组成

1. 辽东湾鱼类优势种组成及变化

（1）春季 辽东湾水域3月鱼类优势种2种，分别为矛尾鰕虎鱼和短吻红舌鳎，其中矛尾鰕虎鱼占据绝对优势地位（IRI 为 14 334），短吻红舌鳎次之（IRI 为 2 530），其单位时间渔获量分别为 2.17 kg/h、0.39 kg/h，累计渔获量和渔获尾数分别占鱼类总渔获量、总渔获尾数的84.43%和87.36%。单位时间渔获量超过 0.01 kg/h 的鱼类还有 7 种，分别是许氏平鲉、斑尾复鰕虎鱼、长绵鳚、髭缟鰕虎鱼、细纹狮子鱼、裸项蜂巢鰕虎鱼、大泷六线鱼。9 种鱼类的累计渔获量、渔获尾数分别占鱼类总渔获量、总渔获尾数的99.26%和97.15%（表 1-2）。

表 1-2 辽东湾 3 月主要鱼类种类组成

种类	单位时间渔获量（kg/h）	重量百分比（%）	尾数百分比（%）	出现频率（%）	相对重要性指数 IRI
矛尾鰕虎鱼	2.17	71.54	71.79	100.00	14 334
短吻红舌鳎	0.39	12.89	15.57	88.89	2 530
许氏平鲉	0.15	4.86	1.31	33.33	206
斑尾复鰕虎鱼	0.12	3.89	0.80	22.22	104
长绵鳚	0.10	3.13	0.62	16.67	63
髭缟鰕虎鱼	0.05	1.57	1.47	27.78	85
细纹狮子鱼	0.02	0.63	0.43	5.56	6
裸项蜂巢鰕虎鱼	0.01	0.40	5.00	22.22	120
大泷六线鱼	0.01	0.35	0.16	16.67	9

辽东湾水域 5 月鱼类优势种 3 种，分别为短吻红舌鳎、矛尾鰕虎鱼和皮氏叫姑鱼，其单位时间渔获量分别为 0.82 kg/h、0.11 kg/h 和 0.11 kg/h，累计渔获量、渔获尾数分别占鱼类总渔获量、总渔获尾数的 38.42%、74.22%。重要种 8 种，分别为黄鮟鱇、许氏平鲉、小黄鱼、大泷六线鱼、鮻、方氏云鳚、长绵鳚、黄鲫，这 8 种鱼类的渔获量、渔获尾数分别占鱼类总渔获量、总渔获尾数的 49.01%、20.09%。孔鳐单位时间渔获量为 0.24 kg/h，占鱼类总渔获量的 9.03%，但该种在辽东湾水域分布范围较小，出现频率仅 4.76%，IRI 值为 47，以常见种出现在辽东湾水域（表 1-3）。

表 1-3 辽东湾 5 月主要鱼类种类组成

种类	单位时间渔获量（kg/h）	重量百分比（%）	尾数百分比（%）	出现频率（%）	相对重要性指数 IRI
短吻红舌鳎	0.82	30.37	53.42	95.24	7 980
矛尾鰕虎鱼	0.11	3.98	14.07	71.43	1 289
皮氏叫姑鱼	0.11	4.07	6.73	66.67	720
黄鮟鱇	0.54	20.04	0.26	14.29	290
许氏平鲉	0.12	4.36	3.59	33.33	265
小黄鱼	0.18	6.70	4.01	23.81	255
大泷六线鱼	0.09	3.21	2.00	38.10	199
鮻	0.19	6.93	1.35	23.81	197
方氏云鳚	0.05	1.68	3.42	28.57	146
长绵鳚	0.13	4.85	3.76	14.29	123
黄鲫	0.03	1.24	1.70	38.10	112
孔鳐	0.24	9.03	0.83	4.76	47

（2）夏季　辽东湾水域 6 月鱼类优势种 3 种，分别为短吻红舌鳎、矛尾鰕虎鱼和黄鲫，其单位时间渔获量分别为 1.92 kg/h、0.14 kg/h 和 0.22 kg/h，累计渔获量、渔获尾数分别占鱼类总渔获量、总渔获尾数的 62.44%、80.90%。重要种 5 种，分别为长绵鳚、许氏平鲉、细纹狮子鱼、皮氏叫姑鱼、黄鮟鱇，上述 5 种鱼类的渔获量、渔获尾数分别占

鱼类总渔获量、总渔获尾数的29.97％、11.41％。单位时间渔获量大于0.01 kg/h的鱼类还有孔鳐、大泷六线鱼、肉犁克丽虾虎鱼、美鳐、棘头梅童鱼、方氏云鳚，共计14种鱼类，占鱼类种类数的37.84％，累计渔获量、渔获尾数分别占鱼类总渔获量、总渔获尾数的98.33％、97.49％（表1-4）。

表1-4　辽东湾6月主要鱼类种类组成

种类	单位时间渔获量（kg/h）	重量百分比（%）	尾数百分比（%）	出现频率（%）	相对重要性指数 *IRI*
短吻红舌鳎	1.92	52.58	62.13	94.44	10 834
黄鮟鱇	0.58	15.78	0.36	8.33	134
黄鲫	0.22	6.09	7.33	44.44	596
长绵鳚	0.22	5.88	3.53	36.11	340
许氏平鲉	0.21	5.61	1.29	30.56	211
矛尾虾虎鱼	0.14	3.77	11.44	80.56	1 226
孔鳐	0.13	3.62	0.31	5.56	22
皮氏叫姑鱼	0.09	2.32	2.54	27.78	135
大泷六线鱼	0.02	0.63	0.37	16.67	17
肉犁克丽虾虎鱼	0.02	0.48	2.23	5.56	15
美鳐	0.02	0.47	1.21	8.33	14
棘头梅童鱼	0.014	0.39	0.39	8.33	6
细纹狮子鱼	0.014	0.38	3.69	38.89	158
方氏云鳚	0.012	0.33	0.67	38.89	39

辽东湾水域8月鱼类优势种3种，分别为矛尾虾虎鱼、短吻红舌鳎和皮氏叫姑鱼，其单位时间渔获量分别为5.81 kg/h、5.59 kg/h和0.57 kg/h，累计渔获量、渔获尾数分别占鱼类总渔获量、总渔获尾数的76.75％、86.98％。重要种4种，分别为许氏平鲉、小黄鱼、斑鰶和黄鮟鱇，这4种鱼类的渔获量、渔获尾数分别占鱼类总渔获量、总渔获尾数的9.94％、6.14％。单位时间渔获量大于0.19 kg/h的鱼类还有斑纹狮子鱼、细纹狮子鱼、长绵鳚和斑尾复虾虎鱼，共计11种鱼类，占鱼类种类数的28.21％，累计渔获量、渔获尾数分别占鱼类总渔获量、总渔获尾数的93.41％、96.46％（表1-5）。

表1-5　辽东湾8月主要鱼类种类组成

种类	单位时间渔获量（kg/h）	重量百分比（%）	尾数百分比（%）	出现频率（%）	相对重要性指数 *IRI*
矛尾虾虎鱼	5.81	37.25	62.10	100.00	9 936
短吻红舌鳎	5.59	35.82	15.56	85.71	4 404
皮氏叫姑鱼	0.57	3.68	9.32	62.86	817
黄鮟鱇	0.48	3.08	0.59	42.86	157
斑鰶	0.46	2.93	2.47	34.29	185
斑纹狮子鱼	0.41	2.63	1.51	17.14	71

种类	单位时间渔获量（kg/h）	重量百分比（%）	尾数百分比（%）	出现频率（%）	相对重要性指数 IRI
小黄鱼	0.34	2.18	1.37	54.29	193
细纹狮子鱼	0.27	1.73	0.95	25.71	69
长绵鳚	0.25	1.63	0.39	25.71	52
许氏平鲉	0.193	1.24	1.71	74.29	219
斑尾复鰕虎鱼	0.193	1.24	0.49	14.29	25

（3）秋季　辽东湾水域 10 月鱼类优势种 4 种，分别为矛尾鰕虎鱼、许氏平鲉、短吻红舌鳎和长绵鳚，其单位时间渔获量分别为 6.53 kg/h、2.43 kg/h、1.56 kg/h 和 1.54 kg/h，累计渔获量、渔获尾数分别占鱼类总渔获量、总渔获尾数的 62.02%、82.40%。重要种 8 种，分别为鲬、黄鲫、黄鮟鱇、斑鰶、六丝钝尾鰕虎鱼、孔鳐、鳀、小黄鱼，这 8 种鱼类的累计渔获量、渔获尾数分别占鱼类总渔获量、总渔获尾数的 29.22%、13.61%。单位时间渔获量大于 0.20 kg/h 的鱼类还有绿鳍鱼和细纹狮子鱼，共计 14 种鱼类，占鱼类种类数的 41.18%，累计渔获量、渔获尾数分别占鱼类总渔获量、总渔获尾数的 94.71%、96.81%（表 1－6）。

表 1－6　辽东湾 10 月主要鱼类种类组成

种类	单位时间渔获量（kg/h）	重量百分比（%）	尾数百分比（%）	出现频率（%）	相对重要性指数 IRI
矛尾鰕虎鱼	6.53	33.60	55.46	100.00	8 906
许氏平鲉	2.43	12.52	13.74	71.43	1 876
孔鳐	2.12	10.91	0.78	14.29	167
短吻红舌鳎	1.56	8.00	7.29	85.71	1 311
长绵鳚	1.54	7.90	5.91	57.14	789
鲬	1.04	5.34	0.87	71.43	444
黄鮟鱇	0.92	4.74	0.39	50.00	257
斑鰶	0.42	2.18	1.57	57.14	214
黄鲫	0.34	1.77	3.69	78.57	429
绿鳍鱼	0.34	1.77	0.31	14.29	30
细纹狮子鱼	0.33	1.70	0.49	14.29	31
小黄鱼	0.32	1.67	0.46	57.14	122
六丝钝尾鰕虎鱼	0.31	1.60	3.26	35.71	174
鳀	0.201	1.01	2.59	35.71	128

2. 黄海北部鱼类优势种组成及变化

（1）春季　3 月黄海北部鱼类优势种有矛尾鰕虎鱼、李氏鮻、长绵鳚、大泷六线鱼和短吻红舌鳎，重要种有高眼鲽、孔鳐、许氏平鲉和方氏云鳚，这 9 种鱼类的累计渔获量占总渔获量的 82.69%，累计渔获尾数占总渔获尾数的 90.61%（表 1－7）。重量组成百分比超过 2% 的种类还有石鲽（5.07%）、斑尾复鰕虎鱼（3.63%）和黄鮟鱇（3.27%）；尾数组成百分比超过 1% 的种类还有裸项蜂巢鰕虎鱼（1.91%）、美鳐（1.14%）和细纹狮子鱼（1.00%）。

表 1-7　黄海北部 3 月主要鱼类种类组成

种类	单位时间渔获量（kg/h）	重量百分比（%）	尾数百分比（%）	出现频率（%）	相对重要性指数 IRI
矛尾鰕虎鱼	0.46	13.19	25.53	92.86	3 596
李氏鮻	0.28	7.99	34.07	71.43	3 004
长绵鳚	0.66	19.02	8.87	78.57	2 191
大泷六线鱼	0.50	14.47	5.84	64.29	1 306
短吻红舌鳎	0.14	4.15	4.97	64.29	586
高眼鲽	0.20	5.72	3.61	28.57	267
孔鳐	0.39	11.10	0.71	21.43	253
许氏平鲉	0.20	5.73	2.66	28.57	240
方氏云鳚	0.05	1.32	4.35	35.71	202

　　5 月黄海北部鱼类优势种有大泷六线鱼、短鳍鮻、李氏鮻、长绵鳚和细纹狮子鱼，重要种有斑纹狮子鱼、皮氏叫姑鱼、方氏云鳚、黄鮟鱇和短吻红舌鳎，这 10 种鱼类累计渔获量占总渔获量的 88.55%，累计渔获尾数占总渔获尾数的 94.85%（表 1-8）。重量组成百分比超过 2% 的种类还有许氏平鲉（2.28%）和大头鳕（2.11%）；尾数组成百分比超过 2% 的种类还有黄鲫（1.06%）。洄游性鱼类小黄鱼、大头鳕作为常见种出现，其单位时间渔获量仅为 0.12 kg/h 和 0.05 kg/h，而小型中上层鱼类鳀和赤鼻棱鳀仅有 1 站采到。

表 1-8　黄海北部 5 月主要鱼类种类组成

种类	单位时间渔获量（kg/h）	重量百分比（%）	尾数百分比（%）	出现频率（%）	相对重要性指数 IRI
大泷六线鱼	0.99	17.80	14.06	100.00	3 186
短鳍鮻	1.00	18.05	31.58	42.86	2 127
李氏鮻	0.80	14.30	24.79	50.00	1 954
长绵鳚	0.58	10.47	4.41	64.29	957
细纹狮子鱼	0.51	9.09	7.47	57.14	947
斑纹狮子鱼	0.32	5.67	7.23	28.57	369
皮氏叫姑鱼	0.17	3.03	1.81	64.29	311
方氏云鳚	0.09	1.58	1.76	64.29	215
黄鮟鱇	0.35	6.26	0.14	21.43	137
短吻红舌鳎	0.13	2.30	1.60	42.86	167

　　（2）夏季　6 月黄海北部鱼类优势种有长绵鳚、大泷六线鱼、细纹狮子鱼、短鳍鮻、李氏鮻和高眼鲽，重要种有方氏云鳚、黄鮟鱇、鳀、绒杜父鱼、孔鳐和绯鮻，这 12 种鱼

类累计渔获量占总渔获量的94.77%，累计渔获尾数占总渔获尾数的95.53%（表1-9）。重量和尾数组成百分比超过1%的种类还有斑纹狮子鱼（1.61%，1.14%）。IRI值居于前3位的优势种均为冷温性鱼类，其重量百分比之和为52.95%，尾数百分比之和为43.82%。

表1-9 黄海北部6月主要鱼类种类组成

种类	单位时间渔获量（kg/h）	重量百分比（%）	尾数百分比（%）	出现频率（%）	相对重要性指数 IRI
长绵鳚	5.31	15.82	16.09	100.00	3 191
大泷六线鱼	6.17	18.39	11.89	100.00	3 027
细纹狮子鱼	6.29	18.74	15.84	73.33	2 535
短鳍鰧	3.14	9.35	27.58	53.33	1 970
李氏鰧	1.83	5.44	11.82	40.00	690
高眼鲽	1.89	5.63	3.40	66.67	602
方氏云鳚	0.55	1.64	2.82	93.33	417
黄鮟鱇	1.94	5.78	0.12	46.67	275
鳀	0.93	2.76	3.42	33.33	206
绒杜父鱼	0.85	2.54	0.37	60.00	175
孔鳐	2.49	7.41	0.55	20.00	159
绯鰧	0.43	1.27	1.63	46.67	135

8月黄海北部鱼类优势种有长绵鳚、许氏平鲉、细纹狮子鱼、斑纹狮子鱼、绯鰧、短鳍鰧、大泷六线鱼、李氏鰧和矛尾鰕虎鱼，重要种有黄鮟鱇、高眼鲽、鳀、方氏云鳚和鲂，这14种鱼类累计渔获量占总渔获量的92.40%，累计渔获尾数占总渔获尾数的95.78%（表1-10）。重量组成百分比超过1%的种类还有角木叶鲽（1.22%）和绒杜父鱼（1.49%）；尾数组成百分比超过1%的种类还有尖海龙（1.09%）。IRI值居于前4位的优势种均为冷温性鱼类，其重量百分比之和为52.24%，尾数百分比之和为54.57%。

表1-10 黄海北部8月主要鱼类种类组成

种类	单位时间渔获量（kg/h）	重量百分比（%）	尾数百分比（%）	出现频率（%）	相对重要性指数 IRI
长绵鳚	11.37	17.45	22.77	78.57	3 160
许氏平鲉	3.93	6.03	18.40	78.57	1 919
细纹狮子鱼	9.98	15.32	7.61	50.00	1 147
斑纹狮子鱼	8.76	13.44	5.79	50.00	962
绯鰧	5.16	7.92	8.64	57.14	946
短鳍鰧	4.08	6.26	11.26	50.00	876
大泷六线鱼	3.86	5.93	2.78	92.86	809
李氏鰧	2.75	4.22	6.37	57.14	605

（续）

种类	单位时间渔获量 （kg/h）	重量百分比 （%）	尾数百分比 （%）	出现频率 （%）	相对重要性指数 IRI
矛尾鰕虎鱼	0.84	1.29	4.35	92.86	524
黄鮟鱇	2.87	4.41	0.37	64.29	307
高眼鲽	3.26	5.00	2.17	35.71	256
鳀	1.08	1.65	2.33	64.29	256
方氏云鳚	0.93	1.43	2.20	57.14	207
鲐	1.34	2.05	0.74	71.43	199

（3）秋季　10月黄海北部鱼类优势种有短鳍鲾、斑纹狮子鱼、矛尾鰕虎鱼、长绵鳚和大泷六线鱼，重要种有黄鮟鱇、绯鲻、细纹狮子鱼、六丝钝尾鰕虎鱼、皮氏叫姑鱼、褐牙鲆和许氏平鲉，这12种鱼类累计渔获量占总渔获量的88.36%，累计渔获尾数占总渔获尾数的92.78%（表1-11）。重量组成百分比超过1%的种类还有孔鳐（1.57%）、石鲽（1.41%）和绿鳍鱼（1.09%）；尾数组成百分比超过2%的种类还有李氏鲻（1.37%）。

表1-11　黄海北部10月主要鱼类种类组成

种类	单位时间渔获量 （kg/h）	重量百分比 （%）	尾数百分比 （%）	出现频率 （%）	相对重要性指数 IRI
短鳍鲾	11.99	16.51	49.93	71.43	4 746
斑纹狮子鱼	25.03	34.47	1.61	92.86	3 350
矛尾鰕虎鱼	4.98	6.85	16.52	78.57	1 837
长绵鳚	5.81	8.01	8.58	92.86	1 541
大泷六线鱼	4.71	6.48	1.81	78.57	651
黄鮟鱇	4.22	5.81	0.30	78.57	480
绯鲻	2.45	3.37	1.93	50.00	265
细纹狮子鱼	2.50	3.45	0.53	50.00	199
六丝钝尾鰕虎鱼	1.03	1.42	3.36	35.71	171
皮氏叫姑鱼	0.48	0.66	1.62	57.14	131
褐牙鲆	0.35	0.48	5.50	21.43	128
许氏平鲉	0.62	0.85	1.09	57.14	110

2015年5个航次的鱼类底拖网调查数据显示，大泷六线鱼、长绵鳚和鲻属鱼类每个月都成为优势种，优势种中具有较高经济价值的种类有大泷六线鱼、高眼鲽和许氏平鲉。3月优势种为5种，短鳍鲾和细纹狮子鱼在5月代替矛尾鰕虎鱼和短吻红舌鳎成为新的优势种；6月优势种增加为6种，增加种类为高眼鲽；8月优势种数量最多，为9种，许氏平鲉、斑纹狮子鱼、绯鲻和矛尾鰕虎鱼在该月成为新的优势种；10月优势种降为5种，绯鲻、李氏鲻、细纹狮子鱼和许氏平鲉退出优势种行列。

（二）无脊椎动物优势种组成

1. 辽东湾无脊椎动物优势种组成及变化

（1）春季　辽东湾水域3月无脊椎动物优势种5种，分别为日本鼓虾、口虾蛄、葛氏长臂虾、脊腹褐虾和长蛸，其单位时间渔获量分别为1.40 kg/h、1.58 kg/h、0.37 kg/h、0.21 kg/h和0.45 kg/h，累计渔获量、渔获尾数分别占无脊椎动物总渔获量、总渔获尾数的94.90%、95.92%。重要种2种，分别为泥脚隆背蟹和鲜明鼓虾。上述7种生物的累计渔获量、渔获尾数分别占无脊椎动物总渔获量、总渔获尾数的98.04%、98.83%（表1-12）。

表1-12　辽东湾3月主要无脊椎动物种类组成

种类	单位时间渔获量（kg/h）	重量百分比（%）	尾数百分比（%）	出现频率（%）	相对重要性指数 IRI
日本鼓虾	1.40	33.08	59.02	88.89	8 186
口虾蛄	1.58	37.37	7.18	83.33	3 712
葛氏长臂虾	0.37	8.73	13.39	94.44	2 090
脊腹褐虾	0.21	5.06	14.26	88.89	1 717
长蛸	0.45	10.66	2.07	61.11	778
泥脚隆背蟹	0.08	1.97	1.39	50.00	168
鲜明鼓虾	0.05	1.17	1.52	55.56	149

辽东湾水域5月无脊椎动物优势种7种，分别为口虾蛄、日本鼓虾、泥脚隆背蟹、脊腹褐虾、长蛸、鲜明鼓虾和葛氏长臂虾，其单位时间渔获量分别为1.59 kg/h、0.25 kg/h、0.29 kg/h、0.06 kg/h、0.24 kg/h、0.09 kg/h和0.07 kg/h，累计渔获量占无脊椎动物总渔获量的80.85%。重要种2种，分别为枪乌贼类和大寄居蟹（表1-13）。

表1-13　辽东湾5月主要无脊椎动物种类组成

种类	单位时间渔获量（kg/h）	重量百分比（%）	尾数百分比（%）	出现频率（%）	相对重要性指数 IRI
口虾蛄	1.59	49.55	28.65	95.24	7 448
日本鼓虾	0.25	7.82	27.58	80.95	2 865
泥脚隆背蟹	0.29	8.95	9.45	71.43	1 314
脊腹褐虾	0.06	1.95	12.42	80.95	1 164
长蛸	0.24	7.58	1.13	80.95	705
鲜明鼓虾	0.09	2.85	6.09	76.19	681
葛氏长臂虾	0.07	2.15	7.25	66.67	627
枪乌贼类	0.05	1.44	3.24	28.57	134
大寄居蟹	0.18	5.70	0.70	19.05	122

（2）夏季 辽东湾水域 6 月无脊椎动物优势种 5 种，分别为口虾蛄、脊腹褐虾、葛氏长臂虾、泥脚隆背蟹和长蛸，其单位时间渔获量分别为 4.93 kg/h、0.43 kg/h、0.26 kg/h、0.49 kg/h 和 0.56 kg/h，累计渔获量占无脊椎动物总渔获量的 85.69%。重要种 4 种，为鲜明鼓虾、日本鼓虾、枪乌贼类和日本蟳（表 1-14）。

表 1-14 辽东湾 6 月主要无脊椎动物种类组成

种类	单位时间渔获量（kg/h）	重量百分比（%）	尾数百分比（%）	出现频率（%）	相对重要性指数 IRI
口虾蛄	4.93	63.41	38.17	94.44	9 594
脊腹褐虾	0.43	5.51	26.42	69.44	2 217
葛氏长臂虾	0.26	3.34	13.63	83.33	1 414
泥脚隆背蟹	0.49	6.28	6.13	58.33	724
长蛸	0.56	7.15	0.67	77.78	608
鲜明鼓虾	0.13	1.64	3.27	86.11	423
日本鼓虾	0.07	0.88	3.57	83.33	371
枪乌贼类	0.10	1.24	1.51	63.89	176
日本蟳	0.19	2.44	0.75	52.78	168

辽东湾水域 8 月无脊椎动物优势种 4 种，分别为口虾蛄、脊腹褐虾、葛氏长臂虾和枪乌贼类，其单位时间渔获量分别为 9.84 kg/h、1.57 kg/h、0.91 kg/h 和 1.99 kg/h，累计渔获量占无脊椎动物总渔获量的 80.44%。重要种 6 种，为日本鼓虾、泥脚隆背蟹、日本蟳、鲜明鼓虾、颗粒关公蟹和三疣梭子蟹（表 1-15）。

表 1-15 辽东湾 8 月主要无脊椎动物种类组成

种类	单位时间渔获量（kg/h）	重量百分比（%）	尾数百分比（%）	出现频率（%）	相对重要性指数 IRI
口虾蛄	9.84	55.31	17.74	100.00	7 305
脊腹褐虾	1.57	8.81	40.18	65.71	3 219
葛氏长臂虾	0.91	5.12	23.96	91.43	2 659
枪乌贼类	1.99	11.20	8.38	94.29	1 846
日本鼓虾	0.20	1.13	2.48	94.29	341
泥脚隆背蟹	0.63	3.56	1.83	57.14	308
日本蟳	0.65	3.67	0.60	62.86	268
鲜明鼓虾	0.18	1.04	1.40	85.71	209
颗粒关公蟹	0.31	1.75	1.51	42.86	140
三疣梭子蟹	0.63	3.53	0.14	31.43	115

（3）秋季 辽东湾水域 10 月无脊椎动物优势种 5 种，分别为枪乌贼类、三疣梭子蟹、短蛸、口虾蛄和葛氏长臂虾，其单位时间渔获量分别为 2.77 kg/h、5.33 kg/h、2.28 kg/h、1.66 kg/h 和 0.25 kg/h，累计渔获量占无脊椎动物总渔获量的 92.52%。重要种 4 种，为日本蟳、日本鼓虾、鲜明鼓虾和长蛸（表 1-16）。

表 1-16　辽东湾 10 月主要无脊椎动物种类组成

种类	单位时间渔获量 （kg/h）	重量百分比 （%）	尾数百分比 （%）	出现频率 （%）	相对重要性指数 IRI
枪乌贼类	2.77	20.82	64.26	92.86	7 900
三疣梭子蟹	5.33	40.14	5.30	92.86	4 220
短蛸	2.28	17.18	4.00	92.86	1 967
口虾蛄	1.66	12.51	6.89	92.86	1 801
葛氏长臂虾	0.25	1.87	13.73	85.71	1 337
日本蟳	0.26	1.93	0.45	71.43	170
日本鼓虾	0.08	0.58	1.93	64.29	161
鲜明鼓虾	0.09	0.68	1.78	64.29	158
长蛸	0.34	2.59	0.28	42.86	123

2. 黄海北部无脊椎动物优势种组成及变化

（1）春季　3 月黄海北部无脊椎动物优势种有脊腹褐虾、寄居蟹类和枯瘦突眼蟹，重要种有隆背黄道蟹、日本鼓虾、口虾蛄和枪乌贼类，以上 7 种无脊椎动物累计渔获量占总渔获量的 98.09%，累计渔获尾数占总渔获尾数的 97.38%，其余种类仅短蛸的尾数组成百分比超过 1%。该月无脊椎动物相对渔获量值均处于较低水平，仅寄居蟹类和枯瘦突眼蟹大于 1 kg/h，脊腹褐虾尾数百分比较高，为 57.49%（表 1-17）。

表 1-17　黄海北部 3 月主要无脊椎动物种类组成

种类	单位时间渔获量 （kg/h）	重量百分比 （%）	尾数百分比 （%）	出现频率 （%）	相对重要性指数 IRI
脊腹褐虾	0.79	9.16	57.49	85.71	5 713
寄居蟹类	3.72	43.17	13.51	92.86	5 262
枯瘦突眼蟹	3.41	39.60	15.12	57.14	3 127
隆背黄道蟹	0.24	2.80	4.05	64.29	440
日本鼓虾	0.07	0.76	4.07	57.14	276
口虾蛄	0.19	2.24	1.97	57.14	241
枪乌贼类	0.03	0.36	1.17	71.43	109

5 月黄海北部无脊椎动物优势种为脊腹褐虾和寄居蟹类，重要种为口虾蛄、隆背黄道蟹、枯瘦突眼蟹、短蛸和日本蟳，以上 7 种无脊椎动物累计渔获量占总渔获量的 98.17%，累计渔获尾数占总渔获尾数的 98.18%。脊腹褐虾占有绝对优势，单位时间渔获量为 3.66 kg/h，其渔获重量百分比为 40.10%，尾数百分比高达 89.22%。寄居蟹类单位时间渔获量也相对较高，为 2.97 kg/h，其重量百分比为 32.57%，90% 以上的站位均有捕获（表 1-18）。

表 1 - 18 黄海北部 5 月主要无脊椎动物种类组成

种类	单位时间渔获量 （kg/h）	重量百分比 （%）	尾数百分比 （%）	出现频率 （%）	相对重要性指数 IRI
脊腹褐虾	3.66	40.10	89.22	64.29	8 313
寄居蟹类	2.97	32.57	2.80	92.86	3 284
口虾蛄	0.54	5.93	2.46	57.14	479
隆背黄道蟹	0.61	6.66	1.71	57.14	478
枯瘦突眼蟹	0.38	4.15	0.74	50.00	245
短蛸	0.30	3.30	0.31	42.86	155
日本蟳	0.50	5.46	0.94	21.43	137

（2）夏季 6 月黄海北部无脊椎动物优势种有脊腹褐虾、隆背黄道蟹和枪乌贼类，重要种有寄居蟹类、枯瘦突眼蟹和戴氏赤虾，以上 6 种无脊椎动物累计渔获量占总渔获量的92.56%，累计渔获尾数占总渔获尾数的 94.80%。重量组成百分比超过 1% 的种类还有口虾蛄（3.00%）和长蛸（1.22%）；尾数组成百分比超过 1% 的种类还有窄额安乐虾（2.13%）和长足七腕虾（1.70%）。脊腹褐虾是绝对的优势种，单位时间渔获量为 11.14 kg/h，其渔获重量百分比为 64.21%，尾数百分比高达 83.86%（表 1 - 19）。本月未捕到三疣梭子蟹，中国明对虾也仅作为偶见种被发现。

表 1 - 19 黄海北部 6 月主要无脊椎动物种类组成

种类	单位时间渔获量 （kg/h）	重量百分比 （%）	尾数百分比 （%）	出现频率 （%）	相对重要性指数 IRI
脊腹褐虾	11.14	64.21	83.86	86.67	12 832
隆背黄道蟹	1.83	10.56	2.78	80.00	1 067
枪乌贼类	1.40	8.06	2.81	53.33	580
寄居蟹类	0.65	3.76	1.62	80.00	430
枯瘦突眼蟹	0.75	4.35	0.51	33.33	162
戴氏赤虾	0.28	1.62	3.22	26.67	129
口虾蛄	0.52	3.00	0.72	26.67	99
中国明对虾	0.002	0.01	0.00	6.67	0.07

8 月黄海北部无脊椎动物优势种有脊腹褐虾、枪乌贼类和隆背黄道蟹，重要种有戴氏赤虾和口虾蛄，以上 5 种无脊椎动物累计渔获量占总渔获量的 81.18%，累计渔获尾数占总渔获尾数的 95.73%。重量组成百分比超过 2% 的种类还有枯瘦突眼蟹（6.17%）和太平洋褶柔鱼（5.41%）；尾数组成百分比超过 2% 的种类还有葛氏长臂虾（2.08%）。三疣梭子蟹和中国明对虾的相对渔获量均较低，分别为 0.40 kg/h 和 0.01 kg/h（表 1 - 20）。

表 1-20　黄海北部 8 月主要无脊椎动物种类组成

种类	单位时间渔获量 （kg/h）	重量百分比 （%）	尾数百分比 （%）	出现频率 （%）	相对重要性指数 IRI
脊腹褐虾	4.96	21.05	60.28	71.43	5 809
枪乌贼类	9.12	38.67	22.60	71.43	4 376
隆背黄道蟹	3.33	14.11	5.58	78.57	1 548
戴氏赤虾	0.66	2.78	5.36	57.14	465
口虾蛄	1.08	4.57	1.91	57.14	370
三疣梭子蟹	0.40	1.72	0.04	28.57	50
中国明对虾	0.01	0.04	0.01	7.14	0.31

（3）秋季　10 月黄海北部无脊椎动物优势种有鹰爪虾、戴氏赤虾、脊腹褐虾、枪乌贼类和隆背黄道蟹，重要种有三疣梭子蟹、口虾蛄、短蛸和长蛸，以上 9 种无脊椎动物累计渔获量占总渔获量的 97.28%，累计渔获尾数占总渔获尾数的 99.18%，其余种类的重量组成百分比和尾数组成百分比均未超过 1%。鹰爪虾和枪乌贼类是重要经济优势种，其重量百分比之和为 41.45%，尾数百分比之和为 37.61%。三疣梭子蟹在该月成为重要种，单位时间渔获量为 1.19 kg/h；常见种类中国明对虾的单位时间渔获量较低，仅为 0.12 kg/h（表 1-21）。

表 1-21　黄海北部 10 月主要无脊椎动物种类组成

种类	单位时间渔获量 （kg/h）	重量百分比 （%）	尾数百分比 （%）	出现频率 （%）	相对重要性指数 IRI
鹰爪虾	7.72	33.45	32.13	42.86	2 811
戴氏赤虾	3.23	14.01	38.24	35.71	1 866
脊腹褐虾	2.01	8.72	18.80	35.71	983
枪乌贼类	1.85	8.00	5.48	64.29	867
隆背黄道蟹	2.31	10.01	1.83	42.86	507
三疣梭子蟹	1.19	5.15	0.23	64.29	345
口虾蛄	1.27	5.52	1.99	35.71	268
短蛸	0.91	3.93	0.21	64.29	266
长蛸	1.96	8.49	0.27	28.57	250
中国明对虾	0.12	0.50	0.05	28.57	16

2015 年 5 个航次的无脊椎动物拖网调查数据显示，脊腹褐虾在每个月都成为优势种，具有较高经济价值的种类有枪乌贼类和鹰爪虾。3 月优势种为 3 种，5 月优势种降为 2 种，枯瘦突眼蟹在该月退出优势种行列；6 月优势种有 3 种，脊腹褐虾是该月绝对的优势种，重量和尾数百分比均大于 60%，隆背黄道蟹和枪乌贼类成为新增加的优势种；8 月优势种类未变，仍为脊腹褐虾、枪乌贼类和隆背黄道蟹；10 月优势种数量增加为 5 种，鹰爪虾和戴氏赤虾成为新增加的优势种，优势地位也较为明显。

三、数量分布

（一）渔业生物总密度分布

1. 辽东湾渔业生物密度分布

（1）春季　3月辽东湾水域渔业资源平均密度为 7.26 kg/h，其中鱼类为 3.04 kg/h，甲壳类为 3.76 kg/h，头足类为 0.46 kg/h。各调查站位最高密度为 22.25 kg/h，分布在辽东湾北部水域，以矛尾鰕虎鱼、口虾蛄、日本鼓虾、斑尾复鰕虎鱼和脊腹褐虾为主，其中矛尾鰕虎鱼、口虾蛄和日本鼓虾密度分别为 8.26 kg/h、4.82 kg/h 和 4.01 kg/h。资源密度最低为 0.43 kg/h，分布在辽东湾西南部水域。密度超过 5 kg/h 的站位有 8 个，占有效站位数的 44.44%，资源密度高值区主要位于辽东湾中北部水域，以矛尾鰕虎鱼、口虾蛄和日本鼓虾为主；辽东湾南部水域有一个密度为 16.22 kg/h 的站位，主要以日本鼓虾为主，密度为 13.08 kg/h（图 1-2）。

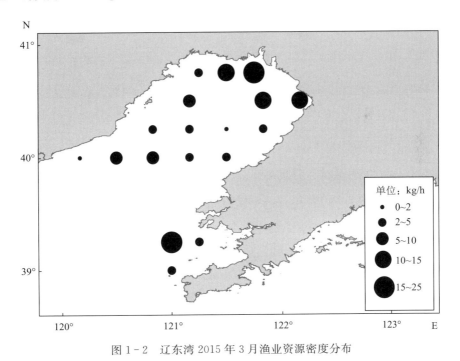

图 1-2　辽东湾 2015 年 3 月渔业资源密度分布

5月辽东湾水域渔业资源平均密度为 5.91 kg/h，其中鱼类为 2.70 kg/h，甲壳类为 2.89 kg/h，头足类为 0.32 kg/h。各调查站位中最高密度为 21.85 kg/h，分布在辽东湾南部水域，以孔鳐、隆背黄道蟹、枯瘦突眼蟹、长绵鳚和小黄鱼为主，其中孔鳐密度为 5.11 kg/h。资源密度最低为 0.88 kg/h，紧邻密度最高值站位。资源密度超过 5 kg/h 的站位有 11 个，占有效站位数的 52.38%，资源密度高值区主要位于辽东湾中南部水域，以黄鮟鱇、短吻红舌鳎和口虾蛄为主；辽东湾中北水域也有高值站位出现，主要以短吻红舌鳎和鲬为主。小黄鱼主要分布在辽东湾中部偏南的水域，最高密度为 2.34 kg/h；黄鲫分布范围相对分散，资源密度分布也相对平均，最高密度为 0.22 kg/h（图 1-3）。

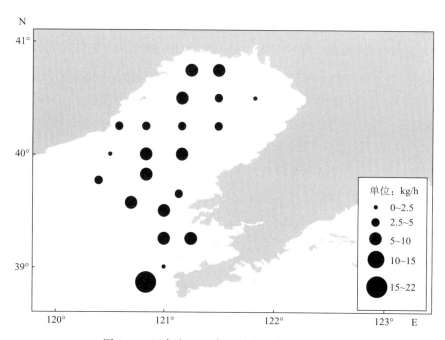

图 1-3　辽东湾 2015 年 5 月渔业资源密度分布

　（2）夏季　6 月辽东湾水域渔业资源平均密度为 11.44 kg/h，其中鱼类为 3.66 kg/h，甲壳类为 7.09 kg/h，头足类为 0.69 kg/h。各调查站位中最高密度为 32.55 kg/h，分布在辽东湾南部水域，以黄鮟鱇、脊腹褐虾、孔鳐、长绵鳚和短吻红舌鳎为主，其中黄鮟鱇和脊腹褐虾密度分别为 9.25 kg/h、7.43 kg/h。资源密度最低为 2.91 kg/h，分布于辽东湾东部水域。资源密度超过 10 kg/h 的站位有 15 个，占有效站位数的 41.67%，资源密度高值区主要位于辽东湾沿岸水域，以口虾蛄、短吻红舌鳎、矛尾鰕虎鱼、泥脚隆背蟹、长蛸为主。黄鮟鱇主要分布于辽东湾中部及南部水域；黄鲫主要分布在辽东湾中部及北部水域，以河口及邻近水域资源密度较大，最高为 6.08 kg/h，位于辽河口外（图 1-4）。

　8 月辽东湾水域渔业资源密度显著升高，平均密度为 33.38 kg/h，其中鱼类为 15.60 kg/h，甲壳类为 15.45 kg/h，头足类为 2.33 kg/h。各调查站位中最高密度为 82.14 kg/h，分布在辽东湾东部水域，以枪乌贼类、口虾蛄、短吻红舌鳎和矛尾鰕虎鱼为主，其中枪乌贼类和口虾蛄密度分别为 2.42 kg/h、18.84 kg/h。资源密度最低为 4.72 kg/h，分布于辽东湾西部水域。资源密度超过 30 kg/h 的站位有 17 个，占有效站位数的 48.57%，资源密度高值区主要位于辽东湾中部及东部水域，西南部水域资源密度相对较少。斑鰶主要分布在辽东湾中北部水域及南部金州湾水域，密度最高值为 8.93 kg/h；中国明对虾主要分布在辽东湾中部及北部水域，高值区位于中部偏西海域附近，资源密度最高值为 1.00 kg/h；脊腹褐虾分布范围较广，高值区主要位于南部深水区域，资源密度最高值为 36.07 kg/h（图 1-5）。

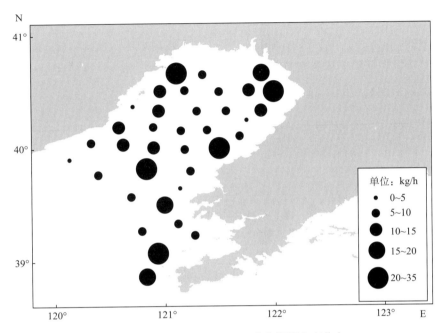

图 1-4　辽东湾 2015 年 6 月渔业资源密度分布

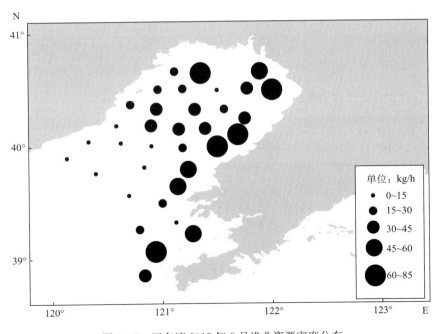

图 1-5　辽东湾 2015 年 8 月渔业资源密度分布

（3）秋季 10月辽东湾水域渔业资源平均密度为32.72 kg/h，其中鱼类为19.43 kg/h，甲壳类为7.89 kg/h，头足类为5.39 kg/h。各调查站位中最高密度为98.89 kg/h，分布在辽东湾南部水域，以许氏平鲉、孔鳐、长绵鳚、矛尾鰕虎鱼和黄鮟鱇为主，其中许氏平鲉、孔鳐和长绵鳚的资源密度分别为23.88 kg/h、19.65 kg/h和18.18 kg/h。资源密度最低为7.89 kg/h，分布于辽东湾北部水域。资源密度超过20 kg/h的站位有8个，占有效站位数的57.14%，资源密度高值区主要位于辽东湾中部及南部水域，沿岸水域资源密度相对较少。三疣梭子蟹分布范围较广，出现频率为92.86%，高值区位于辽东湾中南部水域，资源密度最高值为21.50 kg/h（图1-6）。

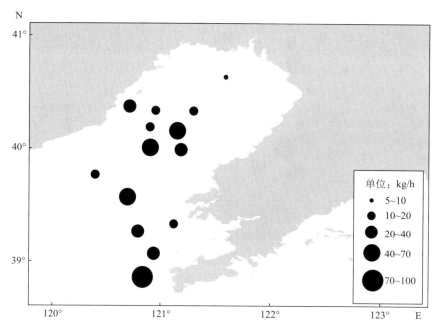

图1-6 辽东湾2015年10月渔业资源密度分布

2. 黄海北部渔业生物资源密度分布

（1）春季 3月黄海北部渔业资源平均密度为12.10 kg/h，其中鱼类密度为3.48 kg/h，甲壳类为8.43 kg/h，头足类为0.14 kg/h。各调查站位中资源密度最高为39.99 kg/h，最低为0.40 kg/h，超过10 kg/h的站有6个。资源密度较高的站集中在辽东半岛西南部近岸水域，东港外侧海域也有一个资源密度相对较高的站（图1-7）。渔业资源以寄居蟹类、枯瘦突眼蟹、脊腹褐虾、长绵鳚、大泷六线鱼、矛尾鰕虎鱼等种类为主，寄居蟹类密度为3.72 kg/h，有2个站密度超过10 kg/h，其中东港外侧站位密度高达29.61 kg/h；枯瘦突眼蟹密度为3.41 kg/h，仅有1个站密度较高，为37.50 kg/h，位于大连南部近岸水域；其余种类密度均低于1 kg/h。

5月黄海北部渔业资源平均密度为14.69 kg/h，比3月略有升高，其中鱼类密度为5.56 kg/h，甲壳类为8.75 kg/h，头足类为0.38 kg/h。各调查站位中资源密度最高为

38.91 kg/h，最低为 3.07 kg/h，超过 10 kg/h 的站有 7 个。东港外侧近岸海域、獐子岛西南部海域和大窑湾附近海域各有 1 个资源密度相对较高的站（图 1-8）。渔业资源以脊腹褐虾、寄居蟹类、短鳍鮶、大泷六线鱼、李氏鮶、长绵鳚、细纹狮子鱼、口虾蛄、隆背

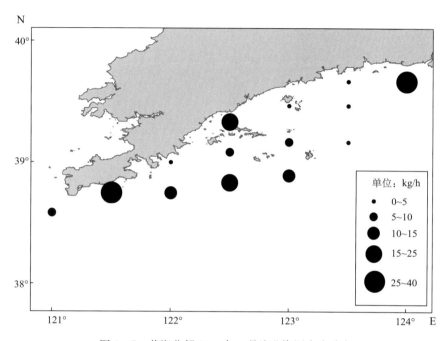

图 1-7　黄海北部 2015 年 3 月渔业资源密度分布

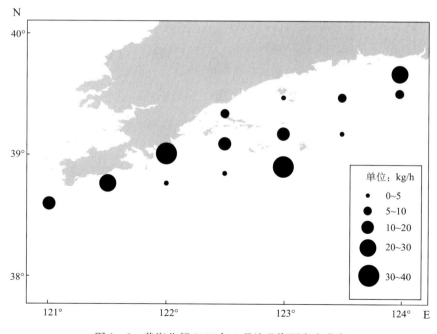

图 1-8　黄海北部 2015 年 5 月渔业资源密度分布

黄道蟹、长绵鳚、大泷六线鱼、矛尾鰕虎鱼等种类为主,脊腹褐虾密度为 3.66 kg/h,仅有大窑湾附近海域的 1 个站密度较高,为 34.99 kg/h;寄居蟹类密度为 2.97 kg/h,仅獐子岛西南部海域 1 个站密度较高,为 33.58 kg/h;短鳍鲔密度为 1.00 kg/h,仅东港外侧近岸水域 1 站密度较高,为 9.99 kg/h;其余种类密度均低于 1 kg/h。

(2)夏季 6 月黄海北部渔业资源密度高于 5 月,平均为 50.91 kg/h,其中鱼类密度为 33.56 kg/h,甲壳类为 15.62 kg/h,头足类为 1.73 kg/h。各调查站位中资源密度最高为 124.56 kg/h,最低为 8.25 kg/h,超过 40 kg/h 的站有 7 个(图 1-9)。资源密度呈现两头低,中间高的分布趋势,密度较高的站集中分布在海岛周边海域。渔业资源以脊腹褐虾、细纹狮子鱼、大泷六线鱼、长绵鳚、短鳍鲔、孔鳐、黄鮟鱇、高眼鲽、方氏云鳚、隆背黄道蟹、枪乌贼类等种类为主,脊腹褐虾密度为 11.14 kg/h,超过 20 kg/h 的站有 4 个,最高为 76.54 kg/h,位于长海县南部近岸水域;细纹狮子鱼密度为 6.29 kg/h,有 2 个站密度超过 10 kg/h,密度最高的站位于青堆子湾最外侧水域,为 45.82 kg/h;大泷六线鱼密度为 6.17 kg/h,有 3 个站密度超过 10 kg/h,密度最高的站位于大窑湾外侧水域,为 20.65 kg/h;长绵鳚密度为 5.31 kg/h,有 2 个站密度超过 10 kg/h,最高密度为 19.24 kg/h,位于长海县南部水域最外侧站位;其余种类密度均低于 5 kg/h。

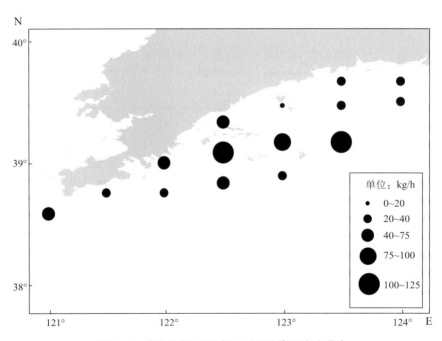

图 1-9 黄海北部 2015 年 6 月渔业资源密度分布

8 月黄海北部渔业资源密度高于 6 月,平均为 88.96 kg/h,其中鱼类密度为 65.16 kg/h,甲壳类为 13.02 kg/h,头足类为 10.56 kg/h。各调查站位中资源密度最高为 256.63 kg/h,最低为 31.27 kg/h,超过 50 kg/h 的站有 9 个。资源密度呈近岸水域低,外部水域高的分布趋势（图 1-10）。渔业资源以长绵鳚、细纹狮子鱼、斑纹狮子鱼、枪乌贼类、绯鲉、短鳍鲦、许氏平鲉、大泷六线鱼、脊腹褐虾、隆背黄道蟹、高眼鲽、黄鮟鱇、李氏鮨等种类为主，长绵鳚密度为 11.37 kg/h，超过 30 kg/h 的站有 3 个，最高为 37.78 kg/h，位于青堆子湾最外侧水域；细纹狮子鱼密度为 9.98 kg/h，有 3 个站密度超过 20 kg/h，密度最高的站与长绵鳚相同，为 57.66 kg/h；枪乌贼类密度为 9.12 kg/h，密度分布相对均匀，有 7 个站密度超过 10 kg/h，密度最高的站为 22.24 kg/h，位于石城岛附近；斑纹狮子鱼密度为 8.76 kg/h，有 3 个站密度超过 10 kg/h，密度最高的站位于旅顺西南部外侧水域，为 37.29 kg/h；绯鲉密度为 5.16 kg/h，有 3 个站密度超过 10 kg/h，最高密度为 31.55 kg/h，位于青堆子湾最外侧水域；其余种类密度均低于 5 kg/h。

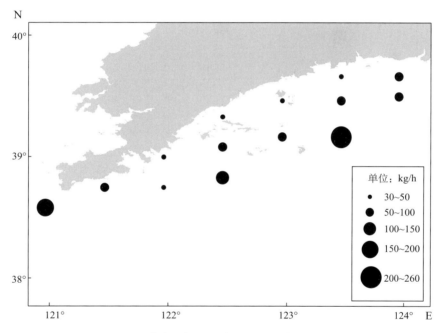

图 1-10　黄海北部 2015 年 8 月渔业资源密度分布

（3）秋季　10 月黄海北部渔业资源密度高于 8 月，平均为 95.67 kg/h，其中鱼类密度为 72.60 kg/h，甲壳类为 18.27 kg/h，头足类为 4.80 kg/h。各调查站位中资源密度最高为 183.23 kg/h，最低为 20.38 kg/h，超过 100 kg/h 的站位有 6 个。资源密度分布相对均匀，海岛周边和东北部水域资源密度较高，大窑湾外部水域两站稍低（图 1-11）。渔业资源以斑纹狮子鱼、短鳍鲦、鹰爪虾、长绵鳚、矛尾鰕虎鱼、大泷六线鱼、黄鮟鱇、戴氏赤虾、绯鲉、细纹狮子鱼、脊腹褐虾、隆背黄道蟹等种类为主，斑纹狮子鱼密度为 25.03 kg/h，超过 30 kg/h 的站有 5 个，最高为 88.49 kg/h，位于青堆子湾外侧水域第 2 个站；短鳍鲦密度为 11.99 kg/h，有 2 个站密度较高，均超过 50 kg/h，密度最高的站位于东港外部近岸水域，为 84.58 kg/h；鹰爪虾密度为 7.72 kg/h，有 3 个站密度超过

10 kg/h，密度最高的站为 80.96 kg/h，位于长海县北部近岸水域；长绵鳚密度为 5.81 kg/h，有 2 个站密度超过 10 kg/h，密度最高的站位于旅顺西南部外侧水域，为 39.53 kg/h；其余种类密度均低于 5 kg/h。

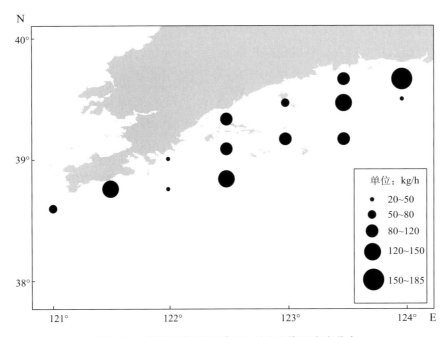

图 1-11　黄海北部 2015 年 10 月渔业资源密度分布

（二）鱼类密度分布

1. 辽东湾鱼类密度分布

（1）春季　3 月辽东湾鱼类平均密度为 3.04 kg/h，矛尾鰕虎鱼的密度最大，为 2.17 kg/h，其他鱼类密度均小于 0.5 kg/h。各调查站位最高密度为 14.90 kg/h，分布在辽东湾北部河口水域，资源密度最低为 0.27 kg/h，分布在辽东湾西南部水域。密度超过 2 kg/h 的站位有 11 个，占有效站位数的 61.11%。短吻红舌鳎广泛分布于辽东湾水域，高值区出现在中部水域；许氏平鲉、斑尾复鰕虎鱼和长绵鳚分布范围相对较小，许氏平鲉主要分布在辽东湾中部岩礁底水域，斑尾复鰕虎鱼主要分布在辽东湾东部邻近河口水域，长绵鳚分布在东部和西部的沿岸水域（图 1-12）。

5 月辽东湾鱼类平均密度为 2.70 kg/h，短吻红舌鳎的密度最大，为 0.82 kg/h，黄鮟鱇次之，为 0.54 kg/h；孔鳐分布范围较小，仅 1 个站位出现，但资源密度居第三位，为 0.24 kg/h；洄游性鱼类小黄鱼的资源密度居第五位，为 0.18 kg/h。各调查站位最高密度为 13.75 kg/h，分布在辽东湾南部水域，有 1 个站位未捕获鱼类，分布在辽东湾东部水域。密度超过 5 kg/h 的站位有 5 个，占有效站位数的 19.05%（图 1-13）。

（2）夏季　6月辽东湾鱼类平均密度稍高于5月，为3.66 kg/h，以短吻红舌鳎的密度最大，为1.92 kg/h，分布范围较广，出现频率为94.44%；黄鮟鱇次之，为0.58 kg/h，分布范围较小，出现频率仅8.33%，其中有2站密度超过4.8 kg/h；黄鲫的资源密度居第三位，为0.22 kg/h，出现频率为44.44%；资源密度超过0.20 kg/h的还有长绵鳚（0.22 kg/h）和许氏平鲉（0.21 kg/h）。各调查站位最高密度为13.75 kg/h，分布在辽东湾南部水域，中部和西部水域的鱼类资源密度相对较小。密度超过5 kg/h的站位有6个，占有效站位数的16.67%（图1-14）。

8月辽东湾鱼类平均密度为15.60 kg/h，以矛尾鰕虎鱼的密度最大，为5.81 kg/h，每个站位均有出现；短吻红舌鳎次之，为5.59 kg/h，出现频率为85.71%；其他鱼类资源密度均小于1 kg/h。斑鰶的资源密度居第五位，为0.46 kg/h，出现频率为34.29%；小黄鱼的资源密度居第七位，为0.34 kg/h，出现频率为54.29%。各调查站位最高密度为69.30 kg/h，分布在辽东湾北部水域，中部和西部水域的鱼类资源密度相对较小。密度超过10 kg/h的站位有17个，占有效站位数的48.57%（图1-15）。

（3）秋季　10月辽东湾鱼类平均密度为19.43 kg/h，以矛尾鰕虎鱼的密度最大，为6.53 kg/h，每个站位均有出现；许氏平鲉次之，为2.43 kg/h，出现频率为71.43%；孔鳐的密度居第三位，为2.12 kg/h；短吻红舌鳎居第四位，为1.56 kg/h。斑鰶的资源密度居第八位，为0.42 kg/h，出现频率为57.14%；黄鲫和小黄鱼的资源密度分别为0.34 kg/h和0.32 kg/h。各调查站位最高密度为94.55 kg/h，分布在辽东湾南部水域，最低密度为2.63 kg/h，分布在北部水域。密度超过10 kg/h的站位有6个，占有效站位数的42.86%（图1-16）。

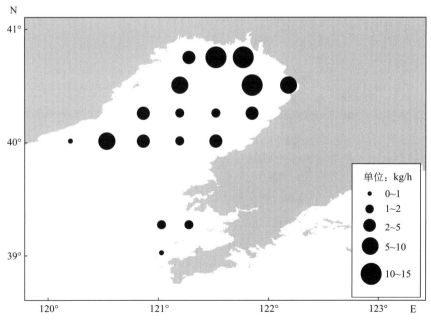

图1-12　辽东湾2015年3月鱼类密度分布

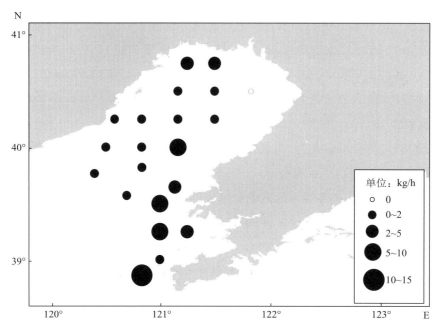

图 1-13　辽东湾 2015 年 5 月鱼类密度分布

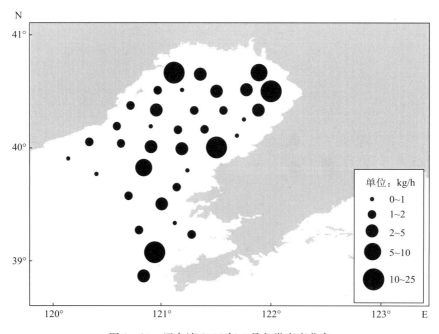

图 1-14　辽东湾 2015 年 6 月鱼类密度分布

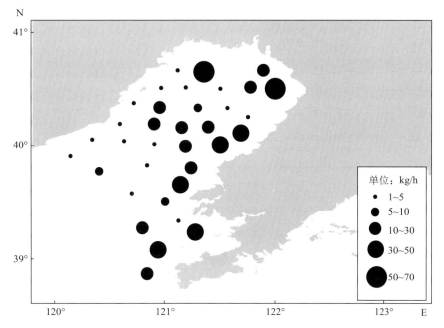

图 1-15　辽东湾 2015 年 8 月鱼类密度分布

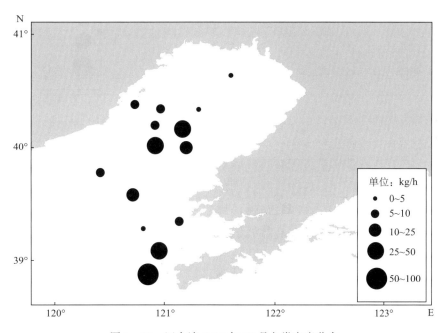

图 1-16　辽东湾 2015 年 10 月鱼类密度分布

2. 黄海北部鱼类密度分布

（1）春季　3 月黄海北部鱼类平均密度为 3.48 kg/h，各站密度最高为 17.98 kg/h，最低为 0.04 kg/h，超过 5 kg/h 的站有 3 个，1～5 kg/h 之间的站有 8 个。本月各站鱼类密度普遍较低，密度稍高的站集中分布在辽东半岛西南部水域（图 1-17）。长绵鳚密度最高，为 0.66 kg/h，占鱼类总密度的 19.02%，仅有 3 个站密度超过 1 kg/h；其次是大泷六线鱼，密度为 0.50 kg/h，占鱼类总密度的 14.47%，有 2 个站密度超过 1 kg/h；其余种类资源密度均低于 0.5 kg/h。

5 月黄海北部鱼类平均密度为 5.56 kg/h，稍高于 3 月，各站的最高密度为 19.49 kg/h，最低为 1.50 kg/h，超过 5 kg/h 的站有 5 个，其余站密度均为 1~5 kg/h，密度相对较高的 2 个站分别位于东港外部近岸水域和大连南部近岸海域，其余站密度分布相对均匀（图 1-18）。短鳍鲔密度最高，为 1.00 kg/h，占鱼类总密度的 18.05%，仅有 2 个

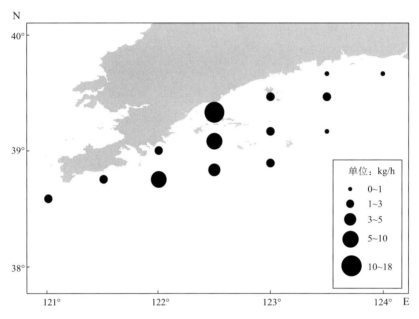

图 1-17　黄海北部 2015 年 3 月鱼类密度分布

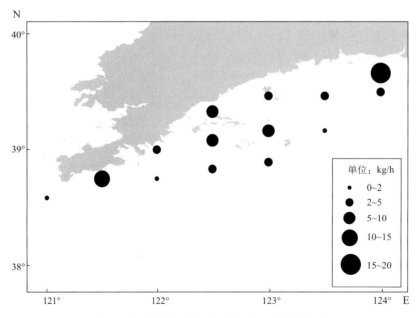

图 1-18　黄海北部 2015 年 5 月鱼类密度分布

站密度大于 1 kg/h；其次是大泷六线鱼，密度为 0.99 kg/h，占鱼类总密度的 17.80%，有 4 个站密度超过 1 kg/h，大都分布于近岸水域；短鳍鲔密度为 0.80 kg/h，占鱼类总密度的 14.30%，有 3 个站密度大于 1 kg/h，西南部海域有 7 个站未捕到；长绵鳚密度为 0.58 kg/h，占鱼类总密度的 10.47%，有 5 个站密度大于 1 kg/h；细纹狮子鱼密度为 0.51 kg/h，占鱼类总密度的 9.09%，有 4 个站密度大于 1 kg/h；其余种类密度均低于 0.5 kg/h。

（2）夏季　6 月黄海北部鱼类平均密度为 33.56 kg/h，明显高于 5 月，各站的最高密度为 79.31 kg/h，最低为 4.36 kg/h，超过 50 kg/h 的站有 4 个，10～50 kg/h 有 9 个站，鱼类密度分布呈现中部海域高，两侧水域低的趋势，海岛周围靠近底播养殖区的站位密度较高（图 1-19）。细纹狮子鱼密度最高，为 6.29 kg/h，占鱼类总密度的 18.74%，有 4 个站密度大于 5 kg/h，其中靠近青堆子湾最南部海域站位密度较高，为 45.82 kg/h；其次是大泷六线鱼，密度为 6.17 kg/h，占鱼类总密度的 18.39%，有 4 个站密度超过 10 kg/h；长绵鳚密度为 5.31 kg/h，占鱼类总密度的 15.82%，有 5 个站密度大于 5 kg/h，其中 4 个站位于长海县周边海域；其余种类密度均低于 5 kg/h。

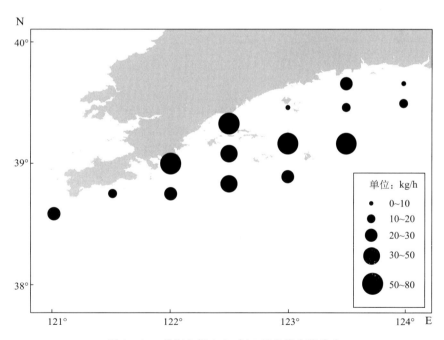

图 1-19　黄海北部 2015 年 6 月鱼类密度分布

8 月黄海北部鱼类平均密度为 65.16 kg/h，约为 6 月的 2 倍，各站的最高密度为 214.73 kg/h，最低为 3.43 kg/h，超过 100 kg/h 的站有 3 个，50～100 kg/h 的站有 4 个，低于 10 kg/h 的站仅有 1 个，密度较高的站多数分布在离岸较远、水深较大的外部水域（图 1-20）。长绵鳚密度最高，为 11.37 kg/h，占鱼类总密度的 17.45%，有 4 个站密度大于 30 kg/h，均位于长海县周边水域；其次为细纹狮子鱼，密度为 9.98 kg/h，占鱼类总密度的 15.32%，有 3 个站密度大于 20 kg/h，分布在离岸较远的深水区域；斑纹狮子鱼密度为 8.76 kg/h，占鱼类总密度的 13.44%，有 3 个站密度超过 20 kg/h；绯鲻密度为 5.16 kg/h，占鱼类总密度的 7.92%，有 3 个站密度超过 10 kg/h，均分布在东北部海域；其余种类密度均低于 5 kg/h。

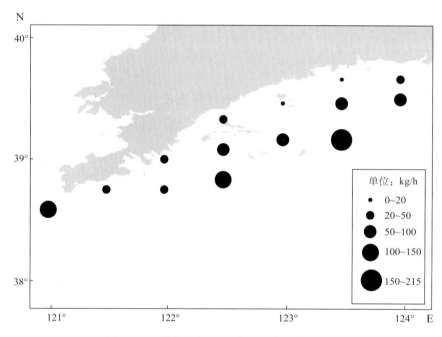

图 1-20　黄海北部 2015 年 8 月鱼类密度分布

（3）秋季　10 月黄海北部鱼类平均密度为 72.60 kg/h，稍高于 8 月，各站的最高密度为 130.90 kg/h，最低为 9.85 kg/h，超过 100 kg/h 的站有 4 个，50～100 kg/h 的站有 5 个，低于 10 kg/h 的站仅有 1 个，资源密度分布相对均匀，近岸与外部深水区域均存在密度较高的站（图 1-21）。斑纹狮子鱼密度最高，为 25.03 kg/h，占鱼类总密度的 34.47%，有 5 个站密度超过 30 kg/h，多数分布东北部深水区域；其次为短鳍鲻，密度为 11.99 kg/h，占鱼类总密度的 16.51%，尾数组成占 49.93%，有 2 个站密度大于 50 kg/h，均位于最北部近岸水域；长绵鳚密度为 5.81 kg/h，占鱼类总密度的 8.01%，有 2 个站密度超过 10 kg/h，最高值（39.53 kg/h）位于旅顺西南部水域；其余种类密度均低于 5 kg/h。

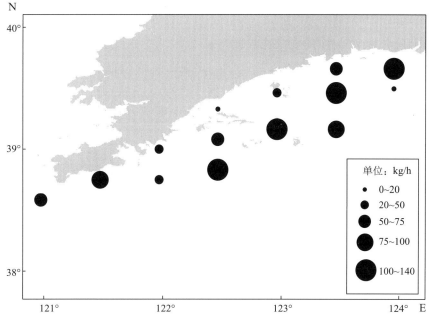

图 1-21 黄海北部 2015 年 10 月鱼类密度分布

(三) 无脊椎动物密度分布

1. 辽东湾无脊椎动物密度分布

（1）**春季** 3 月辽东湾水域无脊椎动物平均密度为 4.22 kg/h，虾类（含口虾蛄）占据无脊椎动物群落的绝对优势地位，密度为 3.61 kg/h，密度、尾数分别占无脊椎动物总密度、总尾数的 85.59%、95.72%。头足类密度次之，为 0.46 kg/h，蟹类最少，为 0.15 kg/h。辽东湾北部水域和南部水域有高值站位出现，最高密度为 14.96 kg/h；辽东湾中部水域无脊椎动物资源密度相对较低，最低密度为 0.16 kg/h。密度超过 3 kg/h 的站位有 3 个，占有效站位数的 16.67%（图 1-22）。以重量密度计，无脊椎动物群落前五位分别为口虾蛄（1.58 kg/h）、日本鼓虾（1.40 kg/h）、长蛸（0.45 kg/h）、葛氏长臂虾（0.37 kg/h）和脊腹褐虾（0.21 kg/h）；以尾数密度计，无脊椎动物群落的前五位分别为日本鼓虾（745 个/h）脊腹褐虾（180 个/h）、葛氏长臂虾（169 个/h）、口虾蛄（91 个/h）、长蛸（26 个/h）。

5 月辽东湾水域无脊椎动物平均密度为 3.21 kg/h，虾类（含口虾蛄）占据无脊椎动物群落的优势地位，密度为 2.07 kg/h，密度、尾数分别占无脊椎动物总密度、总尾数的 64.33%、81.98%。蟹类密度次之，为 0.82 kg/h，头足类最少，为 0.32 kg/h。以重量密度计，无脊椎动物群落前五位分别为口虾蛄（1.59 kg/h）、泥脚隆背蟹（0.29 kg/h）、日本鼓虾（0.25 kg/h）、长蛸（0.24 kg/h）和大寄居蟹（0.18 kg/h）；以尾数密度计，无脊椎动物群落的前五位分别为口虾蛄（124个/h）、日本鼓虾（119个/h）、脊腹褐虾（54个/h）、泥脚隆背蟹（41个/h）、葛氏长臂虾（31个/h）。密度最高值为8.11 kg/h，出现在辽东湾南部水域；密度最低值为0.64 kg/h，出现在长兴岛周边水域。密度超过2.5 kg/h的站位有12个，占有效站位数的57.14%（图1-23）。

（2）夏季　6月辽东湾水域无脊椎动物平均密度为7.78 kg/h，虾类（含口虾蛄）占据无脊椎动物群落的优势地位，密度为5.82 kg/h，密度、尾数分别占无脊椎动物总密度、总尾数的74.81%、85.17%。蟹类密度次之，为1.27 kg/h，头足类最少，为0.69 kg/h。辽东湾北部及南部水域为无脊椎动物的主要分布区，中部水域及西南水域资源密度相对较低。密度最高值为16.53 kg/h，最低值为2.02 kg/h；密度超过6 kg/h的站位有24个，占有效站位数的66.67%（图1-24）。以重量密度计，无脊椎动物群落前五位分别为口虾蛄（4.93 kg/h）、长蛸（0.56 kg/h）、泥脚隆背蟹（0.49 kg/h）、脊腹褐虾（0.43 kg/h）、隆背黄道蟹（0.29 kg/h）；以尾数密度计，无脊椎动物群落的前五位分别为口虾蛄（361个/h）、脊腹褐虾（250个/h）、葛氏长臂虾（129个/h）、泥脚隆背蟹（58个/h）、日本鼓虾（34个/h）。

8月辽东湾水域无脊椎动物平均密度为17.78 kg/h，虾类（含口虾蛄）占据无脊椎动物群落的优势地位，密度为12.85 kg/h，密度、尾数分别占无脊椎动物总密度、总尾数的72.24%、86.38%。蟹类密度次之，为2.60 kg/h，头足类最少，为2.33 kg/h。辽东湾中部及南部水域为无脊椎动物的主要分布区，西南部水域资源密度相对较低。密度最高值为46.39 kg/h，密度最低值为3.71 kg/h；密度超过15 kg/h的站位有20个，占有效站位数的57.14%（图1-25）。以重量密度计，无脊椎动物群落前五位分别为口虾蛄（9.84 kg/h）、枪乌贼类（1.99 kg/h）、脊腹褐虾（1.57 kg/h）、葛氏长臂虾（0.91 kg/h）、日本蛎（0.65 kg/h）；以尾数密度计，无脊椎动物群落的前五位分别为脊腹褐虾（1 447个/h）、葛氏长臂虾（863个/h）、口虾蛄（639个/h）、枪乌贼类（302个/h）、日本鼓虾（89个/h）。

（3）秋季　10月辽东湾水域无脊椎动物平均密度为13.29 kg/h，蟹类密度最高，为5.74 kg/h，占无脊椎动物总密度的43.24%，其次为头足类，为5.39 kg/h，虾类（含口虾蛄）密度最低，为2.15 kg/h。枪乌贼类占据辽东湾无脊椎动物群落的绝对优势地位，密度、尾数分别占无脊椎动物总密度、总尾数的20.82%、64.26%，平均密度为2.77 kg/h；三疣梭子蟹平均密度最高，为5.33 kg/h，占无脊椎动物总密度的40.14%。密度排序第三位和第四位为短蛸和口虾蛄，其密度分别为2.28 kg/h、1.66 kg/h。上述4种无脊椎动物的出现频率均超过90%。各站密度最高为30.13 kg/h，密度最低为3.77 kg/h；密度超过15 kg/h的站位有4个，占有效站位数的28.57%（图1-26）。

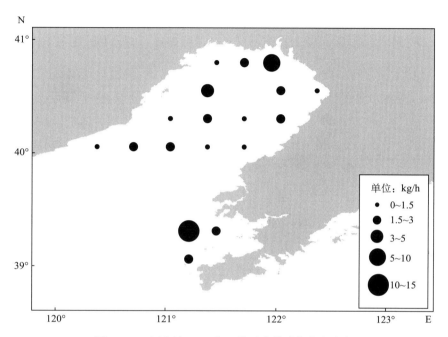

图 1-22 辽东湾 2015 年 3 月无脊椎动物密度分布

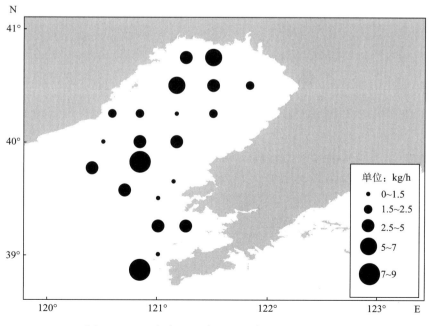

图 1-23 辽东湾 2015 年 5 月无脊椎动物密度分布

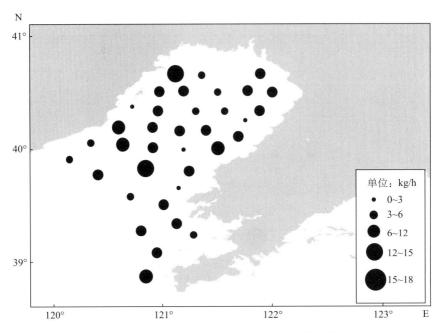

图 1-24 辽东湾 2015 年 6 月无脊椎动物密度分布

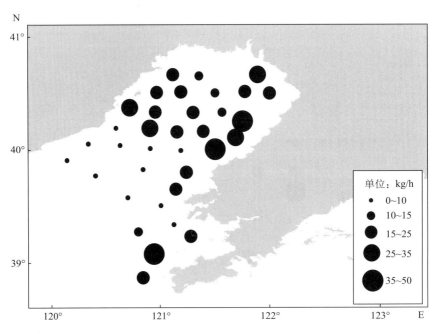

图 1-25 辽东湾 2015 年 8 月无脊椎动物密度分布

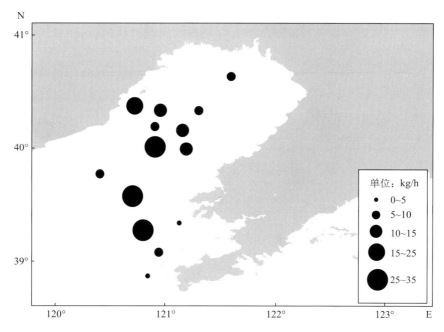

图 1-26 辽东湾 2015 年 10 月无脊椎动物密度分布

2. 黄海北部无脊椎动物密度分布

（1）春季 3 月黄海北部无脊椎动物平均密度为 8.62 kg/h，各站密度最高为38.59 kg/h，最低为 0.37 kg/h，超过 10 kg/h 的站有 3 个，密度为 1～10 kg/h 的站有 9 个，密度相对较高的站分别出现在东港外部近岸水域和长海县南部水域（图 1-27）。蟹类密度在无脊椎动物密度组成中占绝对优势，为 7.40 kg/h，占 85.85%，其次是虾类，占 12.49%，头足类最少，占 1.66%；虾类在尾数组成中的比例最高，占 64.76%，其次是蟹类，占 33.32%，头足类最低，占 1.83%。脊腹褐虾、寄居蟹类和枯瘦突眼蟹是绝对的优势种，其中脊腹褐虾的尾数密度占无脊椎动物总尾数密度的 54.79%，寄居蟹类和枯瘦突眼蟹重量密度分别占总密度的 43.17% 和 39.60%。

5 月黄海北部无脊椎动物平均密度为 9.13 kg/h，各站密度最高为 36.47 kg/h，最低为 0.52 kg/h，超过 8 kg/h 的站有 4 个，密度为 5～10 kg/h 的站有 3 个，密度相对较高的站分别出现在大窑湾近岸水域和海洋岛西南部海域（图 1-28）。虾类密度在无脊椎动物密度组成中比例最高，占 46.78%，其次是蟹类，占 43.58%，头足类最少，占 9.63%；虾类在尾数组成中占绝对优势，占 93.01%，其次是蟹类，占 5.36%，头足类最低，占 1.56%。脊腹褐虾是绝对的优势种，其密度占 40.10%，尾数密度占 89.22%；其次是寄居蟹类，其密度和尾数密度分别占 32.57% 和 2.80%。

（2）夏季 6 月黄海北部无脊椎动物平均密度为 17.35 kg/h，各站密度最高为 81.68 kg/h，最低为 0.11 kg/h，超过 50 kg/h 的站有 1 个，密度为 10～50 kg/h 的站有 6 个，密度相对较高的站大都出现在长海县周边水域和 122°E 以西近岸海域（图 1-29）。虾类密度在无

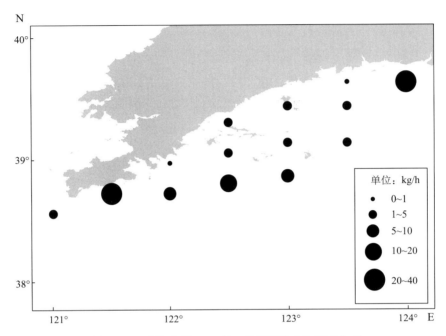

图 1-27 黄海北部 2015 年 3 月无脊椎动物密度分布

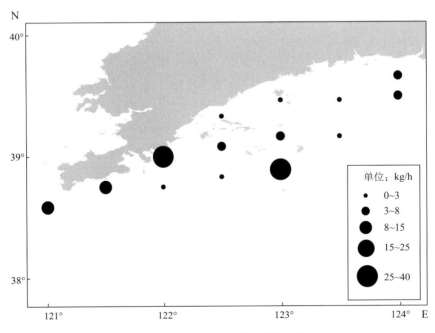

图 1-28 黄海北部 2015 年 5 月无脊椎动物密度分布

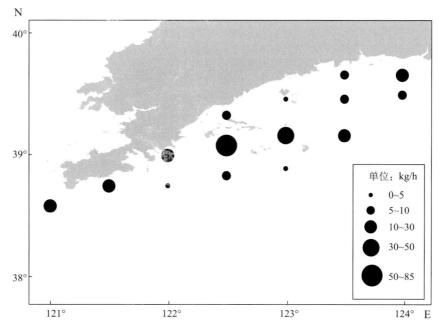

图 1-29 黄海北部 2015 年 6 月无脊椎动物密度分布

脊椎动物密度组成中比例最高，占 69.99%，其次是蟹类，占 20.04%，头足类最低，占 9.98%；尾数组成中虾类占绝对优势，占 91.90%，其次是蟹类，占 5.16%，头足类最低，占 2.93%。脊腹褐虾是绝对的优势种，其密度占 64.21%，尾数密度占 83.86%；其次是隆背黄道蟹，其密度和尾数密度分别占 10.56% 和 2.78%；密度高于 1 kg/h 的还有枪乌贼类，其密度和尾数密度分别占 8.06% 和 2.81%。

8 月黄海北部无脊椎动物平均密度为 23.58 kg/h，各站密度最高为 62.98 kg/h，最低为 4.73 kg/h，超过 50 kg/h 的站有 1 个，密度为 10~50 kg/h 的站有 12 个，无脊椎动物密度呈现两头高，中间低的分布趋势（图 1-30）。头足类密度在无脊椎动物密度组成中比例最高，占 44.78%，其次是虾类，占 29.01%，蟹类最低，占 26.21%；尾数组成中虾类的比例最高，占 69.94%，其次是头足类，占 22.88%，蟹类最低，占 7.18%。枪乌贼类的密度最高，为 9.12 kg/h，占无脊椎动物总密度的 38.67%，尾数密度占 22.60%；其次是脊腹褐虾，其密度和尾数密度分别占 21.05% 和 60.28%；隆背黄道蟹的密度和尾数密度分别占 14.11% 和 5.58%；其余种类密度均低于 3 kg/h。

（3）秋季 10 月黄海北部无脊椎动物平均密度为 23.07 kg/h，各站密度最高为 102.71 kg/h，最低为 0.31 kg/h，超过 50 kg/h 的站有 2 个，密度为 10~50 kg/h 的站有 6 个，小于 5 kg/h 的站仅有 2 个，密度较高的站大都分布在近岸浅水区域（图 1-31）。虾类密度在无脊椎动物密度组成中比例最高，占 62.28%，其次是头足类，占 20.79%，蟹类最低，占 16.93%；尾数组成中虾类占绝对优势，占 91.31%，其次是头足类，占 5.98%，蟹类最低，占 2.71%。鹰爪虾密度最高，为 7.72 kg/h，占无脊椎动物总密度的

33.45%，尾数密度占 32.13%；其次是戴氏赤虾，其密度和尾数密度分别占 14.01%和 38.24%；隆背黄道蟹的密度和尾数密度分别占 10.01%和 1.83%；脊腹褐虾的密度和尾数密度分别占 8.72%和 18.80%；其余种类密度均低于 2 kg/h。

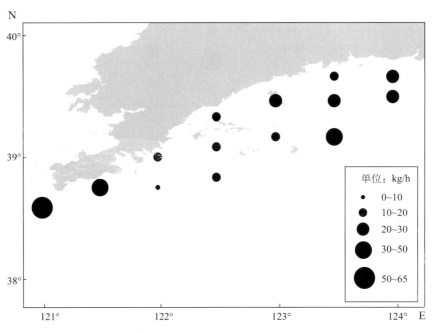

图 1-30　黄海北部 2015 年 8 月无脊椎动物密度分布

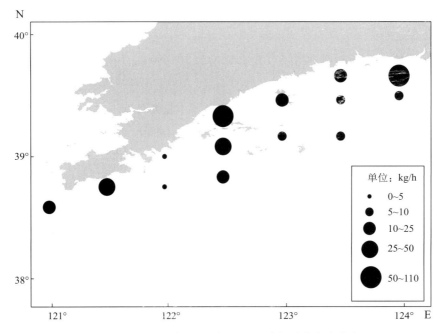

图 1-31　黄海北部 2015 年 10 月无脊椎动物密度分布

四、生物多样性

（一）辽东湾渔业生物多样性

2015 年辽东湾水域渔业资源生物多样性指数见表 1 - 22。

表 1 - 22　2015 年辽东湾水域渔业资源生物多样性指数

航次	生物量			尾数		
	指数	均值	幅度	指数	均值	幅度
2015 年 3 月	D	1.18	0.77～1.74	D	1.45	0.92～2.17
	J'	0.63	0.31～0.82	J'	0.62	0.18～0.85
	H'	1.49	0.79～2.21	H'	1.46	0.47～2.03
2015 年 5 月	D	1.36	0.91～2.42	D	1.91	1.15～4.07
	J'	0.65	0.36～0.87	J'	0.68	0.30～0.86
	H'	1.61	0.78～2.17	H'	1.70	0.67～2.57
2015 年 6 月	D	1.41	0.73～2.36	D	1.90	1.01～3.16
	J'	0.52	0.21～0.79	J'	0.57	0.17～0.78
	H'	1.35	0.53～2.23	H'	1.45	0.46～2.14
2015 年 8 月	D	1.68	0.93～2.31	D	2.05	1.28～2.85
	J'	0.59	0.31～0.85	J'	0.57	0.16～0.77
	H'	1.70	0.91～2.38	H'	1.63	0.49～2.11
2015 年 10 月	D	1.72	1.11～2.87	D	2.28	1.60～3.83
	J'	0.68	0.47～0.82	J'	0.60	0.36～0.81
	H'	1.96	1.29～2.28	H'	1.70	1.08～2.03

2015 年 3 月，根据生物量计算可得渔业生物的丰富度指数均值为 1.18，均匀度指数均值为 0.63，Shannon-Wiener 多样性指数均值为 1.49；根据尾数，丰富度指数均值为 1.45，均匀度指数均值为 0.62，Shannon-Wiener 多样性指数均值为 1.46。

2015 年 5 月，根据生物量计算可得渔业生物的丰富度指数均值为 1.36，均匀度指数均值为 0.65，Shannon-Wiener 多样性指数均值为 1.61；根据尾数，丰富度指数均值为 1.91，均匀度指数均值为 0.68，Shannon-Wiener 多样性指数均值为 1.70。

2015 年 6 月，根据生物量计算可得渔业生物的丰富度指数均值为 1.41，均匀度指数均值为 0.52，Shannon-Wiener 多样性指数均值为 1.35；根据尾数，丰富度指数均值为 1.90，均匀度指数均值为 0.57，Shannon-Wiener 多样性指数均值为 1.45。

2015 年 8 月，根据生物量计算可得渔业生物的丰富度指数均值为 1.68，均匀度指数均值为 0.59，Shannon-Wiener 多样性指数均值为 1.70；根据尾数，丰富度指数均值为 2.05，均匀度指数均值为 0.57，Shannon-Wiener 多样性指数均值为 1.63。

2015 年 10 月，根据生物量计算可得渔业生物的丰富度指数均值为 1.72，均匀度指数均值为 0.68，Shannon-Wiener 多样性指数均值为 1.96；根据尾数，丰富度指数均值为 2.28，均匀度指数均值为 0.60，Shannon-Wiener 多样性指数均值为 1.70。

（二）黄海北部渔业生物多样性

2015 年黄海北部水域游泳动物生物多样性指数见表 1-23，生物多样性指数和丰富度指数的平均值呈逐月上升趋势，均匀度指数值随着水温升高而出现小幅度下降。

表 1-23   2015 年黄海北部水域渔业资源生物多样性指数

航次	生物量			尾数		
	指数	均值	幅度	指数	均值	幅度
2015 年 3 月	D	1.44	0.7～2.39	D	1.95	1.10～3.17
	J'	0.61	0.1～0.82	J'	0.56	0.23～0.84
	H'	1.59	0.3～2.46	H'	1.46	0.59～2.27
2015 年 5 月	D	1.43	0.6～2.32	D	1.91	1.15～3.02
	J'	0.63	0.1～0.82	J'	0.53	0.04～0.86
	H'	1.65	0.5～2.46	H'	1.37	0.10～2.53
2015 年 6 月	D	1.57	0.6～2.55	D	1.98	1.03～3.66
	J'	0.64	0.4～0.81	J'	0.49	0.23～0.75
	H'	1.81	1.3～2.28	H'	1.38	0.62～2.02
2015 年 8 月	D	1.77	1.2～2.64	D	2.20	1.47～3.32
	J'	0.68	0.3～0.79	J'	0.53	0.32～0.69
	H'	2.04	1.2～2.23	H'	1.60	1.05～2.08
2015 年 10 月	D	1.82	0.7～3.02	D	2.36	1.45～3.87
	J'	0.58	0.3～0.81	J'	0.43	0.18～0.70
	H'	1.75	1.1～2.50	H'	1.30	0.52～2.29

2015 年 3 月，根据生物量计算可得渔业生物的丰富度指数平均值为 1.44，均匀度指数平均值为 0.61，Shannon-Wiener 多样性指数平均值为 1.59；根据尾数，丰富度指数平均值为 1.95，均匀度指数平均值为 0.56，Shannon-Wiener 多样性指数平均值为 1.46。

2015 年 5 月，根据生物量计算可得渔业生物的丰富度指数平均值为 1.43，均匀度指数平均值为 0.63，Shannon-Wiener 多样性指数平均值为 1.65；根据尾数，丰富度指数平均值为 1.91，均匀度指数平均值为 0.53，Shannon-Wiener 多样性指数平均值为 1.37。

2015 年 6 月，根据生物量计算可得渔业生物的丰富度指数平均值为 1.57，均匀度指数平均值为 0.64，Shannon-Wiener 多样性指数平均值为 1.81；根据尾数，丰富度指数平均值为 1.98，均匀度指数平均值为 0.49，Shannon-Wiener 多样性指数平均值为 1.38。

2015 年 8 月，根据生物量计算可得渔业生物的丰富度指数平均值为 1.77，均匀度指数平均值为 0.68，Shannon-Wiener 多样性指数平均值为 2.04；根据尾数，丰富度指数平均值为 2.20，均匀度指数平均值为 0.53，Shannon-Wiener 多样性指数平均值为 1.60。

2015 年 10 月，根据生物量计算可得渔业生物的丰富度指数平均值为 1.82，均匀度指数平均值为 0.58，Shannon-Wiener 多样性指数平均值为 1.75；根据尾数，丰富度指数平均值为 2.36，均匀度指数平均值为 0.43，Shannon-Wiener 多样性指数平均值为 1.30。

五、资源量评估

(一) 辽东湾

2015 年春季 3 月辽东湾水域平均资源量为 261.39 kg/km²，包括鱼类 109.40 kg/km²，甲壳类 135.31 kg/km²，头足类 16.68 kg/km²。资源量在 50 kg/km² 以上的有 3 种，依次为矛尾鰕虎鱼（78.07 kg/km²）、口虾蛄（58.60 kg/km²）和日本鼓虾（50.27 kg/km²）。资源量在 10～50 kg/km² 的有 3 种，分别为长蛸（16.20 kg/km²）、短吻红舌鳎（14.07 kg/km²）和葛氏长臂虾（13.27 kg/km²）。

2015 年春季 5 月辽东湾水域平均资源量为 212.69 kg/km²，包括鱼类 97.05 kg/km²，甲壳类 104.07 kg/km²，头足类 11.57 kg/km²。资源量在 50 kg/km² 以上的仅 1 种，为口虾蛄（57.31 kg/km²）。资源量在 10～50 kg/km² 的有 3 种，依次为短吻红舌鳎（29.48 kg/km²）、黄鮟鱇（19.45 kg/km²）和泥脚隆背蟹（10.35 kg/km²）。

2015 年夏季 6 月辽东湾水域平均资源量为 411.63 kg/km²，包括鱼类 131.64 kg/km²，甲壳类 255.17 kg/km²，头足类 24.82 kg/km²。资源量在 100 kg/km² 以上的 1 种，为口虾蛄（117.54 kg/km²）。资源量在 50～100 kg/km² 的有 1 种，为短吻红舌鳎（69.22 kg/km²）；资源量在 10～50 kg/km² 的有 5 种，依次为黄鮟鱇（20.77 kg/km²）、长蛸（20.02 kg/km²）、泥脚隆背蟹（17.58 kg/km²）、脊腹褐虾（15.43 kg/km²）和隆背黄道蟹（10.45 kg/km²）。

2015 年夏季 8 月辽东湾水域平均资源量为 1 201.62 kg/km²，包括鱼类 561.53 kg/km²，甲壳类 556.05 kg/km²，头足类 84.04 kg/km²。资源量在 100 kg/km² 以上的有 3 种，依次为口虾蛄（354.05 kg/km²）、矛尾鰕虎鱼（209.19 kg/km²）和短吻红舌鳎（201.15 kg/km²）。资源量在 50～100 kg/km² 的有 2 种，为枪乌贼（71.66 kg/km²）、脊腹褐虾（56.37 kg/km²）；资源量在 10～50 kg/km² 的有 11 种，依次为葛氏长臂虾（32.79 kg/km²）、日本蟳（23.48 kg/km²）、泥脚隆背蟹（22.81 kg/km²）、三疣梭子蟹（22.61 kg/km²）、皮氏叫姑鱼（20.65 kg/km²）、黄鮟鱇（17.28 kg/km²）、斑鰶（16.45 kg/km²）、斑纹狮子鱼（14.79 kg/km²）、小黄鱼（12.24 kg/km²）、长蛸（12.12 kg/km²）和颗粒关公蟹（11.19 kg/km²）。

2015 年秋季 10 月辽东湾水域平均资源量为 1 177.73 kg/km²，包括鱼类 699.51 kg/km²，甲壳类 284.10 kg/km²，头足类 194.12 kg/km²。资源量在 100 kg/km² 以上的有 2 种，依次为矛尾鰕虎鱼（235.06 kg/km²）、三疣梭子蟹（191.98 kg/km²）。资源量在 50～100 kg/km² 的有 7 种，为枪乌贼（99.57 kg/km²）、许氏平鲉（87.57 kg/km²）、短蛸（82.15 kg/km²）、孔鳐（76.31 kg/km²）、口虾蛄（59.81 kg/km²）、短吻红舌鳎（55.98 kg/km²）和长绵鳚（55.26 kg/km²）；资源量在 10～50 kg/km² 的有 9 种，依次为鯒（37.35 kg/km²）、黄鮟鱇（33.15 kg/km²）、斑鰶（15.23 kg/km²）、长蛸（12.40 kg/km²）、

黄鲫（12.40 kg/km²）、绿鳍鱼（12.38 kg/km²）、细纹狮子鱼（11.90 kg/km²）、小黄鱼（11.69 kg/km²）和六丝矛尾鰕虎鱼（11.19 kg/km²）。

（二）黄海北部

2015 年春季 3 月黄海北部渔业生物平均资源量为 435.51 kg/km²，包括鱼类 125.14 kg/km²，甲壳类 305.23 kg/km²，头足类 5.14 kg/km²。资源量在 50 kg/km² 以上的有 2 类，分别为寄居蟹类（133.98 kg/km²）和枯瘦突眼蟹（122.91 kg/km²）。资源量在 10～50 kg/km² 的有 5 种，依次为脊腹褐虾（28.44 kg/km²）、长绵鳚（23.80 kg/km²）、大泷六线鱼（18.11 kg/km²）、矛尾鰕虎鱼（16.51 kg/km²）和孔鳐（13.88 kg/km²）。

2015 年春季 5 月黄海北部渔业生物平均资源量为 528.95 kg/km²，包括鱼类 200.31 kg/km²，甲壳类 314.91 kg/km²，头足类 13.73 kg/km²。资源量在 50 kg/km² 以上的有 2 类，分别为脊腹褐虾（131.77 kg/km²）和寄居蟹类（107.02 kg/km²）。资源量在 10～50 kg/km² 的有 12 种，依次为短鳍鲾（36.15 kg/km²）、大泷六线鱼（35.66 kg/km²）、李氏鲻（28.65 kg/km²）、隆背黄道蟹（21.88 kg/km²）、长绵鳚（20.97 kg/km²）、口虾蛄（19.49 kg/km²）、细纹狮子鱼（18.22 kg/km²）、日本蚂（17.93 kg/km²）、枯瘦突眼蟹（13.64 kg/km²）、黄鮟鱇（12.55 kg/km²）、斑纹狮子鱼（11.37 kg/km²）和短蛸（10.86 kg/km²）。

2015 年夏季 6 月黄海北部渔业生物平均资源量为 1 832.68 kg/km²，包括鱼类 1 207.98 kg/km²，甲壳类 562.37 kg/km²，头足类 62.33 kg/km²。资源量在 100 kg/km² 以上的有 5 种，依次为脊腹褐虾（401.10 kg/km²）、细纹狮子鱼（226.34 kg/km²）、大泷六线鱼（222.09 kg/km²）、长绵鳚（191.09 kg/km²）和短鳍鲾（112.91 kg/km²）。资源量在 50～100 kg/km² 的有 6 种，依次为孔鳐（89.51 kg/km²）、黄鮟鱇（69.82 kg/km²）、高眼鲽（67.97 kg/km²）、隆背黄道蟹（65.98 kg/km²）、李氏鲻（65.71 kg/km²）和枪乌贼类（50.33 kg/km²）。资源量在 10～50 kg/km² 的有 10 种，依次为鳀（33.39 kg/km²）、绒杜父鱼（30.71 kg/km²）、枯瘦突眼蟹（27.17 kg/km²）、寄居蟹类（23.49 kg/km²）、方氏云鳚（19.87 kg/km²）、斑纹狮子鱼（19.44 kg/km²）、口虾蛄（18.73 kg/km²）、绯鲔（23.49 kg/km²）、钝吻黄盖鲽（10.19 kg/km²）和戴氏赤虾（10.13 kg/km²）。

2015 年夏季 8 月黄海北部渔业生物平均资源量为 3 194.55 kg/km²，包括鱼类 2 345.63 kg/km²，甲壳类 468.75 kg/km²，头足类 380.17 kg/km²。资源量在 100 kg/km² 以上的有 12 种，依次为长绵鳚（409.32 kg/km²）、细纹狮子鱼（359.39 kg/km²）、枪乌贼类（328.29 kg/km²）、斑纹狮子鱼（315.35 kg/km²）、绯鲔（185.85 kg/km²）、脊腹褐虾（178.71 kg/km²）、短鳍鲾（146.94 kg/km²）、许氏平鲉（141.32 kg/km²）、大泷六线鱼（139.03 kg/km²）、隆背黄道蟹（119.80 kg/km²）、高眼鲽（117.36 kg/km²）和黄鮟鱇

（103.37 kg/km²）。资源量在 50～100 kg/km² 的有 2 种，分别为李氏鮻（98.96 kg/km²）和枯瘦突眼蟹（52.38 kg/km²）。资源量在 10～50 kg/km² 的有 16 种，依次为鲐（48.07 kg/km²）、太平洋褶柔鱼（45.95 kg/km²）、口虾蛄（38.80 kg/km²）、鳀（38.70 kg/km²）、绒杜父鱼（34.89 kg/km²）、方氏云鳚（33.56 kg/km²）、矛尾鰕虎鱼（30.29 kg/km²）、角木叶鲽（28.51 kg/km²）、戴氏赤虾（23.61 kg/km²）、寄居蟹类（17.30 kg/km²）、石鲽（16.70 kg/km²）、孔鳐（15.84 kg/km²）、三疣梭子蟹（14.57 kg/km²）、日本蟳（14.37 kg/km²）、大头鳕（12.33 kg/km²）和短吻红舌鳎（12.04 kg/km²）。

2015 年秋季 10 月黄海北部渔业生物平均资源量为 3 443.91 kg/km²，包括鱼类 2 613.46 kg/km²，甲壳类 657.84 kg/km²，头足类 172.61 kg/km²。资源量在 100 kg/km² 以上的有 8 种，依次为斑纹狮子鱼（900.90 kg/km²）、短鳍鮻（431.57 kg/km²）、鹰爪虾（277.80 kg/km²）、长绵鳚（209.29 kg/km²）、矛尾鰕虎鱼（179.09 kg/km²）、大泷六线鱼（169.42 kg/km²）、黄鮟鱇（151.89 kg/km²）和戴氏赤虾（116.32 kg/km²）。资源量在 50～100 kg/km² 的有 6 种，依次为细纹狮子鱼（90.11 kg/km²）、绯鮻（88.18 kg/km²）、隆背黄道蟹（83.17 kg/km²）、脊腹褐虾（72.41 kg/km²）、长蛸（70.48 kg/km²）和枪乌贼类（66.45 kg/km²）。资源量在 10～50 kg/km² 的有 18 种，依次为口虾蛄（45.85 kg/km²）、三疣梭子蟹（42.74 kg/km²）、孔鳐（41.07 kg/km²）、六丝钝尾鰕虎鱼（37.15 kg/km²）、石鲽（36.89 kg/km²）、短蛸（32.62 kg/km²）、绿鳍鱼（28.44 kg/km²）、角木叶鲽（23.80 kg/km²）、钝吻黄盖鲽（22.46 kg/km²）、许氏平鲉（22.16 kg/km²）、白姑鱼（20.67 kg/km²）、高眼鲽（19.97 kg/km²）、绒杜父鱼（18.17 kg/km²）、李氏鮻（17.65 kg/km²）、皮氏叫姑鱼（17.31 kg/km²）、短吻红舌鳎（15.56 kg/km²）、鲬（13.96 kg/km²）和褐牙鲆（12.50 kg/km²）。

六、资源特征季节变化分析

（一）种类组成

2015 年 5 个月辽东湾水域共捕获渔业生物 104 种，其中鱼类 58 种，甲壳类 40 种，头足类 6 种，黄海北部共捕获渔业生物 87 种，其中鱼类 53 种，甲壳类 27 种，头足类 7 种。20 世纪 80 年代全国海岸带生物资源综合调查数据及历史资料的统计分析表明黄渤海沿岸水域渔业生物共有 185 种（渤海 114 种，黄海 181 种），其中鱼类 177 种，头足类 8 种（朱鑫华等，1994）。程济生等（2004）于 1998 年两个季度的调查显示，辽东湾近岸海域发现鱼类 35 种，无脊椎动物 28 种，黄海北部近岸水域常见经济鱼类有 36 种，甲壳类 15 种，头足类 5 种。刘修泽等（2014）于 2006—2007 年在辽宁近海四个季度的拖网调查结果显示，辽东湾近岸水域共发现渔业生物 70 种，鱼类 38 种，甲壳类 28 种，头足类 4

种，黄海北部共发现渔业生物76种，鱼类47种，甲壳类22种，头足类7种。与历史数据相比，2015年辽宁近海海域调查所获渔业生物种类数未发生较大变化，捕获的渔业生物种类数甚至高于1998年及2006—2007年调查结果。相较于历史资料，本次辽宁近海底拖网调查频次多，覆盖范围广，同时调查网具也与20世纪80年代及1998年调查不一致，这是本次调查渔获种类数高于1998年及2006—2007年调查的主要原因。与历史资料相比，2015年调查渔获种类数虽多，但渔业主要种类组成变化不甚明显，2015年捕获的部分种类，其出现频率、资源密度占总渔获量的比例均较低，属于偶见种或少见种，其捕获的随机性较大。

2015年5个月调查显示，辽宁近海海域渔业生物种类组成具有明显的季节变化。辽东湾基本表现为春季较少，夏、秋季多的趋势（表1-24）。夏季8月渔业生物种类数明显增多，洄游性鱼类（中上层鱼类中仅日本下鱵鱼为地方性种，其余均为洄游性种）在8月和10月的种类数最多，包括斑鰶、黄鲫、鳀、赤鼻棱鳀、鲐、蓝点马鲛等。

表1-24　辽东湾水域渔业生物种类组成季节变化（2015年）

生态类别	3月	5月	6月	8月	10月
中上层鱼类	0	1	3	8	7
底层鱼类	14	20	34	31	27
甲壳类	20	13	23	30	15
头足类	3	4	6	4	3
总计	37	38	66	73	52

黄海北部整体上表现为渔获种类数随着水温升高而增加的趋势（表1-25）。3月水温较低，渔业生物主要为土著种，共43种，其中鱼类均为底层种类，以冷温性种为主，随着水温升高，5月种类数增加5种，中上层鱼类鳀、赤鼻棱鳀、黄鲫和洄游性鱼类小黄鱼开始出现。夏秋季渔业生物种类数明显增多，8月和10月洄游性种类相对较多，主要有鳀、小黄鱼、蓝点马鲛、鲐、黄鲫、斑鰶、细条天竺鲷、绿鳍鱼、中国明对虾、太平洋褶柔鱼等。

表1-25　黄海北部渔业生物种类组成季节变化（2015年）

生态类别	3月	5月	6月	8月	10月
中上层鱼类	0	3	3	3	7
底层鱼类	26	23	32	36	37
甲壳类	14	18	19	19	15
头足类	3	4	6	4	5
总计	43	48	60	62	64

（二）优势种

生态优势度分析表明2015年辽东湾水域鱼类优势种有一定程度的季节更替，短吻红舌鳎和矛尾鰕虎鱼均以优势种出现在各个调查月，洄游性鱼类如黄鲫、小黄鱼在夏季的生态优势度大幅度提升（表1-26）。无脊椎动物优势种的季节变化相对较小，口虾蛄、葛氏长臂虾和脊腹褐虾为辽东湾水域2015年各调查季节稳定的优势种（表1-27）。

表1-26 辽东湾水域2015年鱼类前5位优势种组成（IRI值）

种类	3月	5月	6月	8月	10月
短吻红舌鳎	2 530	7 980	10 834	4 404	1 311
黄鲫			596		
小黄鱼				193	
皮氏叫姑鱼		720		817	
鲬					444
黄鮟鱇		290			
长绵鳚			340		789
矛尾鰕虎鱼	14 334	1 289	1 226	9 936	8 906
斑尾复鰕虎鱼	104				
裸项蜂巢鰕虎鱼	120				
许氏平鲉	206	265	211	219	1 876

表1-27 辽东湾水域2015年无脊椎动物前5位优势种组成（IRI值）

种类	3月	5月	6月	8月	10月
口虾蛄	3 712	7 448	9 594	7 305	1 801
葛氏长臂虾	2 090	627	1 414	2 659	1 337
脊腹褐虾	1 717	1 164	2 217	3 219	
日本鼓虾	8 186	2 865		341	
泥脚隆背蟹		1 314	724		
枪乌贼类				1 846	7 900
长蛸	778	705	608		

2015年黄海北部鱼类优势种的季节变化不显著，大泷六线鱼、长绵鳚、鲬属鱼类成为每个调查月的共同优势种，优势种中具有较高经济价值的种类有大泷六线鱼、高眼鲽和许氏平鲉，洄游性中上层鱼类鲐和鳀在夏季的生态优势度大幅度提升（表1-28）。无脊椎动物优势种的季节变化也相对较小，脊腹褐虾、隆背黄道蟹和枪乌贼类为黄海北部各调查季节稳定的优势种（表1-29）。

表1-28 黄海北部2015年鱼类优势种组成（IRI值）

种类	3月	5月	6月	8月	10月
斑纹狮子鱼				962	3 350
大泷六线鱼	1 306	3 186	3 027	809	651
短鳍鲬		2 127	1 970	876	4 746
短吻红舌鳎	586				
绯鲬				946	
高眼鲽			602		
李氏鲬	3 004	1 954	690	605	
矛尾鰕虎鱼	3 596			524	1 837

（续）

种类	3月	5月	6月	8月	10月
细纹狮子鱼		947	2 535	1 147	
许氏平鲉				1 919	
长绵鳚	2 191	957	3 191	3 160	1 541
鲐				199	3
鳀		0.99	206	256	8

表 1-29　黄海北部 2015 年无脊椎动物优势种组成（IRI 值）

种类	3月	5月	6月	8月	10月
寄居蟹类	5 262	3 284	430		
枯瘦突眼蟹	3 127	245	162		
隆背黄道蟹	440	478	1 067	1 548	507
日本鼓虾	276				
口虾蛄	241	479	99	370	268
枪乌贼类	109		580	4 376	867
脊腹褐虾	5 713	8 313	12 832	5 809	983
短蛸		155			266
日本蟳		137			
戴氏赤虾			129	465	1 866
三疣梭子蟹				50	345
鹰爪虾					2 811
长蛸					250

（三）资源密度季节变化

辽东湾渔业生物资源密度的季节变化趋势与渔业生物种类的季节变化相似，也表现为夏秋季高，春季低，特别是夏季的 8 月和秋季 10 月，其资源密度提升幅度较大（表 1-30）。

表 1-30　辽东湾水域渔业生物资源密度季节变化（kg/h）

生态类别	3月	5月	6月	8月	10月
鱼类	3.04	2.70	3.66	15.60	19.43
甲壳类	3.76	2.89	7.09	15.45	7.89
头足类	0.46	0.32	0.69	2.33	5.39
总计	7.26	5.91	11.44	33.38	32.71

黄海北部渔业生物资源密度变化趋势与辽东湾基本一致。3 月水温较低，资源密度处于较低水平，5 月密度略有升高，夏季 6 月伴随着鱼类密度的增加，资源密度出现第一次大幅度升高，8 月鱼类和头足类密度增加引起渔业生物资源密度第二次大幅升高，秋季 10 月资源密度继续小幅度增加，相较上月，鹰爪虾密度增长较快（表 1-31）。

表 1-31 黄海北部渔业生物资源密度季节变化 （kg/h）

生态类别	3月	5月	6月	8月	10月
鱼类	3.48	5.56	33.56	65.16	72.60
甲壳类	8.43	8.75	15.62	13.02	18.27
头足类	0.14	0.38	1.73	10.56	4.80
总计	12.05	14.69	50.91	88.74	95.67

辽宁近海海域主要种类资源密度的季节变化显示，夏秋季8月和10月地方性资源如大泷六线鱼、长绵鳚、矛尾鰕虎鱼、狮子鱼类、鲆鲽类、口虾蛄、日本鼓虾、枪乌贼类、蛸类和脊腹褐虾等的资源密度远高于其他月，洄游性资源如小黄鱼、斑鰶、黄鲫、鳀、蓝点马鲛、鲐、中国明对虾、三疣梭子蟹的资源密度高值月也出现在夏季8月或秋季10月（表1-32和表1-33）。辽宁省近海位于我国海域最北端，水温的季节变化显著，在深度梯度变化不大的温带水域的鱼类群落组成在很大程度上存在温度依赖性（程济生，2004；单秀娟，2013），渔业生物自身的繁殖生长、洄游习性等与水温密切相关，水温变化引起的地方性物种优势度的变动和洄游性资源季节性洄游导致渔业资源聚集强度和资源量的改变可能是导致群落结构季节变化的主要因素。

表 1-32 辽东湾水域主要渔业生物的资源密度 （kg/h）

种类	3月	5月	6月	8月	10月
矛尾鰕虎鱼	2.17	0.004	0.14	5.81	6.53
斑尾复鰕虎鱼	0.12			0.19	0.12
小黄鱼		0.51	0.00	0.34	0.32
斑鰶				0.46	0.42
黄鲫		0.17	0.22	0.07	0.34
鳀			0.00	0.04	0.20
口虾蛄	1.58	3.36	4.93	9.84	1.66
中国明对虾				0.13	0.06
日本鼓虾	1.40	0.06	0.07	0.20	0.08
鲜明鼓虾	0.05	0.01	0.13	0.18	0.09
日本蟳	0.01	0.00	0.19	0.65	0.26
三疣梭子蟹	0.01	0.04	0.11	0.63	5.33
许氏平鲉	0.15	0.10	0.21	0.19	2.43
大泷六线鱼	0.01	0.01	0.02	0.09	0.05
黄鮟鱇		0.00	0.58	0.48	0.92
枪乌贼	0.001	0.63	0.10	1.99	2.77
短蛸				0.01	2.28
长蛸	0.45	0.00	0.56	0.34	0.34
孔鳐		0.00	0.13	0.17	2.12
鲬		0.49	0.01	0.09	1.04
脊腹褐虾	0.21	0.02	0.43	1.57	0.01
棘头梅童鱼			0.01	0.01	0.02

注：表格中数字空白表示该月未捕获该种。

表 1 - 33　黄海北部主要渔业生物的资源密度（kg/h）

种类	3 月	5 月	6 月	8 月	10 月
斑鰶					0.10
黄鲫		0.06	0.06		0.00
鳀		0.00	0.93	1.08	0.14
许氏平鲉	0.20	0.13	0.06	3.93	0.62
小黄鱼		0.05	0.00	0.16	0.19
大泷六线鱼	0.50	0.99	6.17	3.86	4.71
黄鮟鱇	0.11	0.35	1.94	2.87	4.22
方氏云鳚	0.05	0.09	0.55	0.93	0.03
长绵鳚	0.66	0.58	5.31	11.37	5.81
狮子鱼类	0.01	0.82	6.83	18.74	27.53
短吻红舌鳎	0.14	0.13	0.18	0.33	0.43
矛尾鰕虎鱼	0.46	0.01	0.03	0.84	4.98
鲆鲽类	0.41	0.05	2.34	4.99	3.21
蓝点马鲛				0.01	
葛氏长臂虾	0.00	0.03		0.10	
口虾蛄	0.19	0.54	0.52	1.08	1.27
三疣梭子蟹				0.40	1.19
鹰爪虾				0.00	7.72
日本蟳	0.01	0.50	0.07	0.40	0.18
脊腹褐虾	0.79	3.66	11.14	4.96	2.01
枪乌贼类	0.03	0.06	1.40	9.12	1.85
蛸类	0.09	0.31	0.24	0.16	2.86
中国明对虾			0.00	0.01	0.12

注：表格中数字空白表示该月未捕获该种。

第三节　年际变化

一、种类组成

2014—2017 年 8 月辽宁近海水域共计捕获渔业生物 117 种，其中鱼类 68 种，隶属于 13 目、38 科、61 属，以鲈形目种类中最多（31 种），鲽形目次之（9 种）；甲壳类 41 种，隶属于 2 目、21 科、31 属，其中虾类（包括口虾蛄）24 种，蟹类 17 种；头足类 8 种，隶属于 4 目、6 科、6 属（表 1 - 34）。

表 1-34　辽宁近海水域渔业生物种类组成（2014—2017 年）

种名	拉丁名	辽东湾	黄海北部
美鳐	*Raja pulchra* Liu	√	√
孔鳐	*Raja porosa* Gunther	√	√
星康吉鳗	*Conger myriaster* （Brevoort）		√
青鳞小沙丁鱼	*Sardinella zunasi* （Bleeker，1854）	√	√
斑鰶	*Konosirus punctatus* （Temminck et Schlegel）	√	√
鳀	*Engraulis japonicus* Sehlegel et Schlegel	√	√
黄鲫	*Setipinna taty* （Cuvier et Valenciennes）	√	√
赤鼻棱鳀	*Thrissa kammalensis* （Bleeker）	√	√
中颌棱鳀	*Thrissa mystax* （Bloch et schneider）	√	
凤鲚	*Coilia mystus* （Linnaeus）	√	
长蛇鲻	*Saurida elongata* （Temminck et Schlegel）	√	√
大头鳕	*Gadus macrocephalus* Tilesius		√
黄鮟鱇	*Lophius litulon* （Jordan）	√	√
鲹	*Liza haematocheila* （Temminck et Schlegel）		√
尖海龙	*Syngnathus acus* Linnaeus	√	√
许氏平鲉	*Sebastes schlegeli* Valenciennes	√	√
绿鳍鱼	*Chelidonichthys kumu* （Cuvier）		√
鲬	*Platycephalus indicus* （Linnaeus）	√	√
大泷六线鱼	*Hexagrammos otakii* （Snyder）	√	
小杜父鱼	*Cottiusculus gonez* Schmidt		√
绒杜父鱼	*Hemitripterus villosus* （Pallas）		√
斑纹狮子鱼	*Liparis maculatus* Ding	√	√
细纹狮子鱼	*Liparis tanakae* （Gilbert et Burke）	√	√
细条天竺鲷	*Apogon lineatus* Jordan et Snyder	√	√
多鳞鱚	*Sillago sihama* （Forsskal）		√
竹筴鱼	*Trachurus japonicus* （Temminck et Schlegel）		√
黄条鰤	*Seriola aureovittata* Temminck et Schlegel		√
真鲷	*Pagrus major* （Temminck et Schlegel）	√	√
白姑鱼	*Argyrosomus argentatus* Houttuyn	√	√
棘头梅童鱼	*Collichthys lucidus* （Richardson）	√	√
皮氏叫姑鱼	*Johnius belengerii* （Cuvier）	√	√
鮸	*Miichthys miiuy* （Basilewsky）	√	√
小黄鱼	*Larimichthys polyactis* （Bleeker）	√	√
绦鳚	*Chirolophis japonicus* Herzenstein	√	√
方氏云鳚	*Enedrias fangi* Wang et Wang	√	√
长绵鳚	*Enchelyopus elongatus* （Kner）	√	√
玉筋鱼	*Ammodytes personatus* Girard		√
绯鲻	*Callionymus beniteguri* Jordan et Snyder	√	√

（续）

种名	拉丁名	辽东湾	黄海北部
短鳍鯙	*Callionymus kitaharae* Jordan et Seale	√	√
李氏鯙	*Repomucenus richardsoni*（Bleeker）	√	√
髭缟鰕虎鱼	*Tridentiger barbatus*（Gunther）	√	
普氏缰鰕虎鱼	*Amoya pflaumi*（Bleeker）	√	√
对马阿匍鰕虎鱼	*Aboma tsushimae* Jordan et Snyder	√	
乳色刺鰕虎鱼	*Acanthogobius Lactipes*（Hilgendorf）	√	
斑尾复鰕虎鱼	*Acanthogobius hasta*（Temminck et Schlegel）	√	√
矛尾鰕虎鱼	*Chaeturichthys stigmatias* Richardson	√	√
六丝钝尾鰕虎鱼	*Amblychaeturichthys hexanema*（Bleeker）	√	√
黄带克丽鰕虎鱼	*Chloea laevis*（Steindachner）		√
中华栉孔鰕虎鱼	*Ctenotrypauchen chinensis* Steindachner	√	
小头栉孔鰕虎鱼	*Ctenotrypauchen microcephalus*（Bleeker）	√	√
油魣	*Sphyraena pinguis* Gunther		√
小带鱼	*Eupleurogrammus muticus*（Gray）	√	√
鲐	*Scomber japonicus*（Houttuyn）	√	√
蓝点马鲛	*Scomberomorus niphonius*（Cuvier et Valenciennes）	√	√
银鲳	*Pampus argenteus*（Euphrasen）	√	
褐牙鲆	*Paralichthys olivaceus*（Temminck et Schlegel）	√	√
桂皮斑鲆	*Pseudorhombus cinnamoneus*（Temminck et Schlegel）		√
高体大鳞鲆	*Tarphops oligolepis*（Bleeker）	√	
高眼鲽	*Cleisthenes herzensteini*（Schmidt）		√
石鲽	*Kareius bicoloratus*（Basilewsky）		√
角木叶鲽	*Pleuronichthys cornutus*（Temminck et Schlegel）		√
钝吻黄盖鲽	*Pseudopleuronectes yokohamae*（Gunther）	√	√
短吻红舌鳎	*Cynoglossus joyneri* Gunther	√	√
半滑舌鳎	*Cynoglossus semilaevis* Gunther	√	
绿鳍马面鲀	*Thamnaconus modestus*（Gunther）		√
丝鳍单角鲀	*Monacanthus setifer* Bennett		√
红鳍东方鲀	*Takifugu rubripes*（Temminck et Schlegel）	√	√
黄鳍东方鲀	*Takifugu xanthopterus*（Temminck et Schlegel）		√
口虾蛄	*Oratosguilla oratoria*（De Haan）	√	√
中国明对虾	*Fenneropenaeus chinensis*（Osbeck）	√	√
日本对虾	*Marsupenaeus japonicus*（Bate）	√	√
戴氏赤虾	*Metapenaeopsis dalei*（Rathbun）	√	√
周氏新对虾	*Metapenaens joyneri*（Miers）		√
鹰爪虾	*Trachypenaeus curvirostris*（Stimpson）	√	√
中国毛虾	*Acetes chinensis* Hansen	√	
鲜明鼓虾	*Alpheus distinguendus* De Man	√	√
日本鼓虾	*Alpheus japonicus* Miers	√	√
中华安乐虾	*Eualus sinensis*（Yu）	√	

（续）

种名	拉丁名	辽东湾	黄海北部
长足七腕虾	*Heptacarpus futilirostris*（Bate）	√	√
海蜇虾	*Latreutes anoplonyx* Kemp	√	√
疣背深额虾	*Latreutes planirostris*（De Haan）	√	
安波鞭腕虾	*Lysmata amboinensis*（De Man）	√	
脊腹褐虾	*Crangon affinis* Haan	√	√
双刺南褐虾	*Philocheras bidentatus*（de Haan）		√
脊尾白虾	*Exopalaemon carinicauda*（Holthuis）	√	
葛氏长臂虾	*Palaemon gravieri*（Yu）	√	√
敖氏长臂虾	*Palaemon ortmanni* Rathbun		√
锯齿长臂虾	*Palaemon serrifer*（Stimpson）	√	√
细鳌虾	*Leptochela gracilis*（Stimpson）	√	
大蝼蛄虾	*Upogebia major*（De Haan）	√	
伍氏蝼蛄虾	*Upgoebia wuhsienweni* Yu	√	
艾氏活额寄居蟹	*Diogenes edwardsii*（De Haan）	√	√
大寄居蟹	*Pagurus ochtensis* Brandt		√
海绵寄居蟹	*Pagurus pectinatus*（Stimpson）		√
红线黎明蟹	*Matuta planipes* Fabricius	√	
颗粒关公蟹	*Paradorippe granulate*（De Haan）	√	√
尖齿拳蟹	*Philyra acutidens* Chen	√	
隆线强蟹	*Eucrate crenata*（De Haan）	√	
泥脚隆背蟹	*Carcinoplax vestita*（De Haan）	√	√
圆十一刺栗壳蟹	*Arcania novemsponosa*（Adams et White）	√	√
慈母互敬蟹	*Hyastenus pleione*（Herbs）	√	
枯瘦突眼蟹	*Oregonia gracilis* Dana	√	√
三疣梭子蟹	*Portunus trituberculatus*（Miers）	√	√
日本蟳	*Charybdis japonica*（A. Milne-Edwards）	√	√
变态蟳	*Charybdis*（*Charybdis*）*variegata*（Fabricius）	√	√
双斑蟳	*Charybdis bimaculata*（Miers）	√	√
霍氏三强蟹	*Tritodynamia horvathi* Nobili	√	
日本关公蟹	*Dorippe japonica* Von Siebold	√	√
隆背黄道蟹	*Cancer gibbosulus*（De Haan）	√	√
太平洋褶柔鱼	*Todarodes pacificus*（Steenstrup）		√
枪乌贼类	*Loliolus* sp.	√	√
金乌贼	*Sepia esculenta* Hoyle	√	√
针乌贼	*Sepia andreana* Steenstrup		√
双喙耳乌贼	*Sepiola birostrata* Sasaki	√	√
玄妙微鳍乌贼	*Idiosepius paradoxa*（Ortmann）	√	
短蛸	*Octopus fangsiao* Orbigny	√	√
长蛸	*Octopus* cf. *minor* Sasaki	√	√

（一）辽东湾渔业生物种类组成

2014—2017 年辽东湾水域共计捕获渔业生物 92 种，隶属于 14 目、52 科、78 属；其中鱼类 49 种，隶属于 9 目、26 科、42 属，以鲈形目种类中最多（26 种），鲱形目次之（7 种）；甲壳类 37 种，隶属于 2 目、21 科、31 属，其中虾类（包括口虾蛄）20 种，蟹类 17 种；头足类为 6 种，隶属于 3 目、5 科、5 属。

49 种鱼类以底层鱼类居多，为 40 种，占鱼类种类数的 81.36%；中上层鱼类 9 种，占鱼类种类数的 18.37%。适温性上以暖温性鱼类居多，为 30 种，占鱼类种类数的 61.22%；冷温性种次之，10 种，占鱼类种类数的 20.41%；暖水性种最少，9 种，占鱼类种类数的 18.37%。

甲壳类主要有口虾蛄、脊腹褐虾、葛氏长臂虾、日本鼓虾、鲜明鼓虾、中国明对虾、鹰爪虾、日本对虾、大寄居蟹、泥脚隆背蟹、三疣梭子蟹、日本蟳、隆背黄道蟹、颗粒关公蟹等。

头足类主要有枪乌贼类、双喙耳乌贼、长蛸和短蛸等。

2014 年共计捕获渔业生物 61 种，2015 年 73 种，2016 年 59 种，2017 年 65 种（表 1-35）。2014—2017 年，辽东湾水域渔业生物种类数变化不明显，2015 年渔业生物种类数最高，2017 年居于 4 年间的第二位，2016 年捕获的渔业生物种类数最少。4 个年份的共有种为 47 种，其中中上层鱼类 6 种，为斑鲦、青鳞小沙丁鱼、鳀、赤鼻棱鳀、黄鲫和蓝点马鲛，底层鱼类 22 种；甲壳类 16 种，包括口虾蛄、中国明对虾、鲜明鼓虾、日本鼓虾、葛氏长臂虾、脊腹褐虾、大寄居蟹、颗粒关公蟹、日本关公蟹、隆背黄道蟹、三疣梭子蟹、日本蟳等；头足类 3 种，为枪乌贼类、短蛸和长蛸。

表 1-35 辽东湾渔业生物种类组成

类别	2014 年	2015 年	2016 年	2017 年
中上层鱼类	6	7	8	8
底层鱼类	30	32	26	30
甲壳类	20	30	21	23
头足类	5	4	4	4
总计	61	73	59	65

（二）黄海北部渔业生物种类组成

2014—2017 年黄海北部水域共计捕获渔业生物 94 种，隶属于 14 目、52 科、78 属；其中鱼类 59 种，隶属于 13 目、34 科、53 属，以鲈形目种类中最多（26 种），鲉形目次之（8 种）；甲壳类 28 种，隶属于 2 目、13 科、21 属，其中虾类（包括口虾蛄）15 种，蟹类 13 种；头足类为 7 种，隶属于 3 目、6 科、5 属。

59 种鱼类以底层鱼类居多，50 种，占鱼类种类数的 84.75％；中上层鱼类 9 种，占鱼类种类数的 15.25％。适温性上以暖温性鱼类居多，为 29 种，占鱼类种类数的 49.15％；暖水性鱼类次之，16 种，占鱼类种类数的 27.12％；冷温性鱼类 13 种，占鱼类种类数的 22.03％；冷水性鱼类仅有 1 种，为大头鳕。

甲壳类主要有口虾蛄、戴氏赤虾、脊腹褐虾、鹰爪虾、日本鼓虾、鲜明鼓虾、海蜇虾、中国明对虾、日本对虾、枯瘦突眼蟹、泥脚隆背蟹、三疣梭子蟹、日本蟳、寄居蟹类和日本关公蟹等。

头足类主要有枪乌贼类、双喙耳乌贼、长蛸、短蛸和太平洋褶柔鱼等。

2014 年共计捕获渔业生物 58 种，2015 年 62 种，2016 年 68 种，2017 年 80 种（表 1-36）。黄海北部水域捕获的渔业生物种类数逐年增加，2017 年渔业生物种类数最多为 80 种，主要是底层鱼类和甲壳类种类数的增加所致。黄海北部 4 个年份的共有种为 44 种，其中中上层鱼类 3 种，为鳀、鲅和蓝点马鲛，底层鱼类 26 种；甲壳类 12 种，包括口虾蛄、鹰爪虾、脊腹褐虾、葛氏长臂虾、三疣梭子蟹、日本蟳、泥脚隆背蟹、枯瘦突眼蟹、双斑蟳、颗粒关公蟹、大寄居蟹和艾氏活额寄居蟹；头足类 3 种，为枪乌贼类、短蛸和长蛸。

表 1-36　黄海北部渔业生物种类组成

类别	2014 年	2015 年	2016 年	2017 年
中上层鱼类	7	3	5	8
底层鱼类	29	36	36	44
甲壳类	15	19	22	23
头足类	7	4	5	5
总计	58	62	68	80

二、优势种

（一）鱼类优势种组成

1. 辽东湾鱼类优势种组成及年际变化

2014 年 8 月辽东湾水域鱼类优势种 4 种，分别为矛尾鰕虎鱼、短吻红舌鳎、黄鮟鱇和许氏平鲉，其中矛尾鰕虎鱼占据绝对优势地位（IRI 为 9 190），短吻红舌鳎次之（IRI 为 1 943），其单位时间渔获量分别为 9.24 kg/h、3.03 kg/h，累计渔获量和渔获尾数分别占鱼类总渔获量、总渔获尾数的 44.93％和 71.62％。重要种 6 种，分别为小黄鱼、鳀、皮氏叫姑鱼、长绵鳚、细纹狮子鱼和斑尾复鰕虎鱼。除了 4 种优势种，单位时间渔获量超过 0.5 kg/h 的鱼类还有 6 种，分别是孔鳐、长绵鳚、细纹狮子鱼、小黄鱼、斑尾复鰕虎鱼和斑纹狮子鱼，除孔鳐和斑纹狮子鱼外，剩下 4 种均为鱼类群落的重要种。上述 12

种鱼类的累计渔获量、渔获尾数分别占鱼类总渔获量、总渔获尾数的 97.38％和 98.72％
（表 1-37）。

表 1-37　辽东湾 2014 年 8 月主要鱼类种类组成

种类	单位时间渔获量（kg/h）	重量百分比（％）	尾数百分比（％）	出现频率（％）	相对重要性指数 IRI
矛尾鰕虎鱼	9.24	33.82	60.78	97.14	9 190
黄鮟鱇	4.31	15.79	4.76	62.86	1 292
短吻红舌鳎	3.03	11.11	10.84	88.57	1 943
孔鳐	2.46	9.01	0.31	5.71	53
长绵鳚	1.81	6.63	2.60	22.86	211
许氏平鲉	1.32	4.82	4.81	62.86	605
细纹狮子鱼	1.04	3.82	1.52	22.86	122
小黄鱼	0.97	3.55	2.09	77.14	435
斑尾复鰕虎鱼	0.96	3.50	1.43	22.86	113
斑纹狮子鱼	0.82	3.01	0.53	8.57	30
鳀	0.32	1.17	5.30	45.71	296
皮氏叫姑鱼	0.31	1.15	3.75	57.14	280

2015 年 8 月辽东湾水域鱼类优势种 3 种，分别为矛尾鰕虎鱼、短吻红舌鳎和皮氏叫
姑鱼，其中矛尾鰕虎鱼和短吻红舌鳎占据优势地位，其单位时间渔获量分别为 5.81 kg/h、
5.59 kg/h，累计渔获量和渔获尾数分别占鱼类总渔获量、总渔获尾数的 73.07％和
77.66％。重要种 4 种，分别为许氏平鲉、小黄鱼、斑鰶和黄鮟鱇。上述 7 种鱼类的累计
渔获量、渔获尾数分别占鱼类总渔获量、总渔获尾数的 86.18％和 93.12％。单位时间渔
获量超过 0.19 kg/h 的鱼类还有 4 种，分别是斑纹狮子鱼、细纹狮子鱼、长绵鳚和斑尾复
鰕虎鱼（表 1-38）。

表 1-38　辽东湾 2015 年 8 月主要鱼类种类组成

种类	单位时间渔获量（kg/h）	重量百分比（％）	尾数百分比（％）	出现频率（％）	相对重要性指数 IRI
矛尾鰕虎鱼	5.81	37.25	62.10	100.00	9 936
短吻红舌鳎	5.59	35.82	15.56	85.71	4 404
皮氏叫姑鱼	0.57	3.68	9.32	62.86	817
黄鮟鱇	0.48	3.08	0.59	42.86	157
斑鰶	0.46	2.93	2.47	34.29	185
斑纹狮子鱼	0.41	2.63	1.51	17.14	71
小黄鱼	0.34	2.18	1.37	54.29	193
细纹狮子鱼	0.27	1.73	0.95	25.71	69
长绵鳚	0.25	1.63	0.39	25.71	52
许氏平鲉	0.193	1.24	1.71	74.29	219
斑尾复鰕虎鱼	0.193	1.24	0.49	14.29	25

2016 年 8 月辽东湾水域鱼类优势种 5 种，分别为矛尾鰕虎鱼、短吻红舌鳎、皮氏叫姑鱼、黄鲫和黄鮟鱇，其单位时间渔获量分别为 8.75 kg/h、5.74 kg/h、2.10 kg/h、0.76 kg/h 和 1.59 kg/h，累计渔获量和渔获尾数分别占鱼类总渔获量、总渔获尾数的 82.45％和 92.56％。重要种 3 种，分别为斑尾复鰕虎鱼、小黄鱼和鰻。上述 8 种鱼类的累计渔获量、渔获尾数分别占鱼类总渔获量、总渔获尾数的 92.39％和 96.99％。单位时间渔获量超过 0.15 kg/h 的鱼类还有 4 种，分别是斑鰶、许氏平鲉、细纹狮子鱼和鲔（表 1-39）。

表 1-39　辽东湾 2016 年 8 月主要鱼类种类组成

种类	单位时间渔获量 （kg/h）	重量百分比 （%）	尾数百分比 （%）	出现频率 （%）	相对重要性指数 IRI
矛尾鰕虎鱼	8.75	38.08	54.79	100.00	9 288
短吻红舌鳎	5.74	25.00	12.28	91.30	3 404
皮氏叫姑鱼	2.10	9.14	17.39	69.57	1 846
斑尾复鰕虎鱼	1.67	7.26	1.70	34.78	312
黄鮟鱇	1.59	6.92	1.42	69.57	580
黄鲫	0.76	3.31	6.68	60.87	608
斑鰶	0.51	2.20	0.64	8.70	25
小黄鱼	0.46	2.00	1.21	73.91	237
许氏平鲉	0.20	0.89	0.73	56.52	91
细纹狮子鱼	0.16	0.70	0.15	30.43	26
鰻	0.16	0.68	1.52	47.83	105
鲔	0.153	0.67	0.19	60.87	52

2017 年 8 月辽东湾水域鱼类优势种 4 种，分别为矛尾鰕虎鱼、黄鲫、皮氏叫姑鱼和短吻红舌鳎，其单位时间渔获量分别为 18.16 kg/h、2.28 kg/h、1.77 kg/h 和 2.63 kg/h，累计渔获量和渔获尾数分别占鱼类总渔获量、总渔获尾数的 78.04％和 92.04％。重要种 3 种，分别为许氏平鲉、斑鰶和斑尾复鰕虎鱼。上述 7 种鱼类的累计渔获量、渔获尾数分别占鱼类总渔获量、总渔获尾数的 91.54％和 96.93％。单位时间渔获量超过 0.20 kg/h 的鱼类还有 4 种，分别是鲐、鲔、赤鼻棱鳀和小黄鱼（表 1-40）。

表 1-40　辽东湾 2017 年 8 月主要鱼类种类组成

种类	单位时间渔获量 （kg/h）	重量百分比 （%）	尾数百分比 （%）	出现频率 （%）	相对重要性指数 IRI
矛尾鰕虎鱼	18.16	57.05	59.11	100.00	11 616
短吻红舌鳎	2.63	8.25	3.89	100.00	1 214
斑尾复鰕虎鱼	2.33	7.30	2.06	13.04	122
黄鲫	2.28	7.17	21.91	86.96	2 529
皮氏叫姑鱼	1.77	5.57	7.13	100.00	1 269
斑鰶	1.21	3.80	1.56	43.48	233

（续）

种类	单位时间渔获量 （kg/h）	重量百分比 （%）	尾数百分比 （%）	出现频率 （%）	相对重要性指数 *IRI*
许氏平鲉	0.76	2.40	1.27	65.22	239
鲐	0.47	1.46	0.68	30.43	65
鲬	0.27	0.86	0.02	17.39	15
赤鼻棱鳀	0.23	0.74	0.49	26.09	32
小黄鱼	0.23	0.73	0.37	56.52	62

矛尾鰕虎鱼和短吻红舌鳎为 2014—2017 年 8 月鱼类群落的共有优势种，均为小型、地方性的渔业生物；皮氏叫姑鱼在 3 个年份出现，其优势地位相对稳定，小黄鱼以重要种出现在 3 个年份；2017 年洄游性鱼类的优势地位有所回升，特别是黄鲫作为优势种出现在辽东湾水域。

2. 黄海北部鱼类优势种组成及年际变化

2014 年 8 月黄海北部鱼类优势种有大泷六线鱼、长绵鳚、斑纹狮子鱼、细纹狮子鱼、鲹、李氏鮄和矛尾鰕虎鱼，重要种有高眼鲽、方氏云鳚、黄鮟鱇、许氏平鲉、绯鲻和短鳍鲻，以上 13 种鱼类累计渔获量占总渔获量的 92.66%，累计渔获尾数占总渔获尾数的 93.60%。重量组成百分比超过 1% 的种类还有大头鳕（1.56%）和绒杜父鱼（1.41%）；尾数组成百分比超过 2% 的种类还有小杜父鱼（3.15%）。相对重要性指数值居于前四位的优势种均为冷温性鱼类，其重量组成百分比之和为 62.47%，尾数组成百分比之和为 44.64%（表 1-41）。

表 1-41 黄海北部 2014 年 8 月主要鱼类种类组成

种类	单位时间渔获量 （kg/h）	重量百分比 （%）	尾数百分比 （%）	出现频率 （%）	相对重要性指数 *IRI*
大泷六线鱼	13.21	13.29	9.65	93.33	2 141
长绵鳚	12.37	12.44	11.98	86.67	2 116
斑纹狮子鱼	27.42	27.59	7.24	60.00	2 090
细纹狮子鱼	9.09	9.15	15.77	53.33	1 329
鲹	3.34	3.36	15.55	53.33	1 009
李氏鮄	4.12	4.14	9.85	60.00	839
矛尾鰕虎鱼	1.84	1.85	6.09	73.33	582
高眼鲽	9.58	9.64	5.05	33.33	490
方氏云鳚	1.85	1.86	5.01	66.67	458
黄鮟鱇	5.05	5.08	0.84	53.33	316
许氏平鲉	1.42	1.43	1.99	80.00	273
绯鲻	1.48	1.49	1.87	40.00	134
短鳍鲻	1.33	1.34	2.71	26.67	108

2015 年 8 月黄海北部鱼类优势种有长绵鳚、许氏平鲉、细纹狮子鱼、斑纹狮子鱼、绯鲻、短鳍鲔、大泷六线鱼、李氏鲔和矛尾鰕虎鱼，重要种有黄鲅鳒、高眼鲽、鳀、方氏云鳚和鲐，以上 14 种鱼类累计渔获量占总渔获量的 92.40%，累计渔获尾数占总渔获尾数的 95.78%。重量组成百分比超过 1% 的种类还有绒杜父鱼（1.49%）和角木叶鲽（1.22%）；尾数组成百分比超过 1% 的种类还有尖海龙（1.01%）。优势种主要由冷温性鱼类组成，其重量组成百分比之和为 58.17%，尾数组成百分比之和为 57.35%。鲔属鱼类也占据重要地位，其重量组成百分比之和为 18.40%，尾数组成百分比之和为 26.27%（表 1-42）。

表 1-42　黄海北部 2015 年 8 月主要鱼类种类组成

种类	单位时间渔获量 （kg/h）	重量百分比 （%）	尾数百分比 （%）	出现频率 （%）	相对重要性指数 IRI
长绵鳚	11.37	17.45	22.77	78.57	3 160
许氏平鲉	3.93	6.03	18.40	78.57	1 919
细纹狮子鱼	9.98	15.32	7.61	50.00	1 147
斑纹狮子鱼	8.76	13.44	5.79	50.00	962
绯鲻	5.16	7.92	8.64	57.14	946
短鳍鲔	4.08	6.26	11.26	50.00	876
大泷六线鱼	3.86	5.93	2.78	92.86	809
李氏鲔	2.75	4.22	6.37	57.14	605
矛尾鰕虎鱼	0.84	1.29	4.35	92.86	524
黄鲅鳒	2.87	4.41	0.37	64.29	307
高眼鲽	3.26	5.00	2.17	35.71	256
鳀	1.08	1.65	2.33	64.29	256
方氏云鳚	0.93	1.43	2.20	57.14	207
鲐	1.34	2.05	0.74	71.43	199

2016 年 8 月黄海北部鱼类优势种有大泷六线鱼、长绵鳚、方氏云鳚、斑纹狮子鱼、短鳍鲔、细纹狮子鱼、许氏平鲉和矛尾鰕虎鱼，重要种有鳀、李氏鲔、绯鲻、鲐、角木叶鲽、黄鲅鳒、钝吻黄盖鲽和短吻红舌鳎，以上 16 种鱼类累计渔获量占总渔获量的 89.48%，累计渔获尾数占总渔获尾数的 92.56%。重量组成百分比超过 2% 的种类还有孔鳐（2.62%）、高眼鲽（1.66%）和绒杜父鱼（1.61%），尾数组成百分比超过 1% 的种类还有尖海龙（2.42%）。冷温性鱼类在优势种组成中占据重要地位，其重量组成百分比之和为 69.06%，尾数组成百分比之和为 60.06%（表 1-43）。

表 1－43　黄海北部 2016 年 8 月主要鱼类种类组成

种类	单位时间渔获量 （kg/h）	重量百分比 （%）	尾数百分比 （%）	出现频率 （%）	相对重要性指数 IRI
大泷六线鱼	19.50	24.77	18.42	92.31	3 987
长绵鳚	12.09	15.35	19.57	76.92	2 686
方氏云鳚	4.09	5.20	7.74	84.62	1 095
斑纹狮子鱼	9.54	12.11	4.61	53.85	901
短鳍鲔	1.82	2.31	6.42	76.92	671
细纹狮子鱼	6.52	8.28	3.83	53.85	652
许氏平鲉	2.63	3.34	5.90	69.23	640
矛尾鰕虎鱼	1.20	1.52	6.52	69.23	557
鳀	2.57	3.26	6.51	46.15	451
李氏鲔	0.88	1.12	3.41	76.92	348
绯鲔	1.84	2.34	3.41	53.85	310
鲐	1.02	1.30	1.77	76.92	236
角木叶鲽	1.28	1.63	1.53	69.23	219
黄鮟鱇	2.35	2.99	0.98	53.85	214
钝吻黄盖鲽	2.22	2.82	0.67	46.15	161
短吻红舌鳎	0.90	1.14	1.27	53.85	130

2017 年 8 月黄海北部鱼类优势种有鲐、鳀、大泷六线鱼、皮氏叫姑鱼、短鳍鲔、许氏平鲉、绯鲔和矛尾鰕虎鱼，重要种有斑纹狮子鱼、细纹狮子鱼、方氏云鳚、短吻红舌鳎和长绵鳚，以上 13 种鱼类累计渔获量占总渔获量的 76.99%，累计渔获尾数占总渔获尾数的 89.45%。重量组成百分比超过 2% 的种类还有大头鳕（3.67%）、钝吻黄盖鲽（3.57%）、黄鮟鱇（3.10%）和绒杜父鱼（2.30%）；尾数组成百分比超过 1% 的种类还有赤鼻棱鳀（2.03%）、黄鲫（1.67%）和六丝钝尾鰕虎鱼（1.03%）。中上层鱼类鲐和鳀的相对重要性指数居于前两位，其重量组成百分比之和为 21.59%，尾数组成百分比之和为 33.78%。冷温性鱼类优势地位有所下降，优势种中仅有大泷六线鱼和许氏平鲉，细纹狮子鱼和斑纹狮子鱼虽未成为优势种，但其渔获量相对较高，重量组成百分比之和高达 27.66%（表 1－44）。

表 1－44　黄海北部 2017 年 8 月鱼类优势种及其特征值

种类	单位时间渔获量 （kg/h）	重量百分比 （%）	尾数百分比 （%）	出现频率 （%）	相对重要性指数 IRI
鲐	14.89	16.25	20.93	92.86	3 453
鳀	4.89	5.34	12.85	78.57	1 429
大泷六线鱼	7.35	8.02	3.42	92.86	1 062
皮氏叫姑鱼	2.15	2.35	10.39	71.43	910
短鳍鲔	2.89	3.16	7.72	71.43	777
许氏平鲉	2.69	2.93	6.95	71.43	706

（续）

种类	单位时间渔获量 （kg/h）	重量百分比 （%）	尾数百分比 （%）	出现频率 （%）	相对重要性指数 IRI
绯鲵	6.19	6.75	9.28	42.86	687
矛尾鰕虎鱼	1.87	2.04	8.51	64.29	678
斑纹狮子鱼	13.67	14.91	2.43	28.57	495
细纹狮子鱼	11.68	12.75	1.80	21.43	312
方氏云鳚	0.52	0.57	2.05	64.29	169
短吻红舌鳎	0.96	1.04	1.84	57.14	165
长绵鳚	0.81	0.88	1.28	71.43	154

（二）无脊椎动物优势种组成

1. 辽东湾无脊椎动物优势种组成及年际变化

2014年8月辽东湾水域无脊椎动物优势种5种，分别为口虾蛄、葛氏长臂虾、枪乌贼类、三疣梭子蟹和日本蟳，其单位时间渔获量分别为8.34 kg/h、0.78 kg/h、2.49 kg/h、1.04 kg/h和1.11 kg/h，累计渔获量和渔获尾数分别占鱼类总渔获量、总渔获尾数的85.02%和86.35%。重要种4种，分别为泥脚隆背蟹、颗粒关公蟹、脊腹褐虾和中国明对虾。单位时间渔获量超过0.2 kg/h的无脊椎动物还有长蛸。上述10种生物的累计渔获量、渔获尾数分别占无脊椎动物总渔获量、总渔获尾数的96.16%和96.50%（表1-45）。

表1-45 辽东湾2014年8月主要无脊椎动物种类组成

种类	单位时间渔获量 （kg/h）	重量百分比 （%）	尾数百分比 （%）	出现频率 （%）	相对重要性指数 IRI
口虾蛄	8.34	51.48	24.33	100.00	7 581
枪乌贼类	2.49	15.37	18.21	100.00	3 358
日本蟳	1.11	6.88	1.38	85.71	708
三疣梭子蟹	1.04	6.45	2.11	82.86	709
葛氏长臂虾	0.78	4.84	40.32	94.29	4 258
泥脚隆背蟹	0.54	3.36	2.27	68.57	387
颗粒关公蟹	0.45	2.76	2.95	40.00	228
中国明对虾	0.35	2.18	0.53	65.71	177
长蛸	0.25	1.56	0.15	45.71	78
脊腹褐虾	0.21	1.28	4.25	34.29	189

2015年8月辽东湾水域无脊椎动物优势种4种，分别为口虾蛄、脊腹褐虾、葛氏长臂虾和枪乌贼类，其单位时间渔获量分别为9.84 kg/h、1.57 kg/h、0.91 kg/h和1.99 kg/h，累计渔获量、渔获尾数占无脊椎动物总渔获量、总渔获尾数的80.44%、90.26%。重要种6种，为日本鼓虾、泥脚隆背蟹、日本蟳、鲜明鼓虾、颗粒关公蟹和三疣梭子蟹。单位

时间渔获量超过 0.18 kg/h 的种类还有长蛸和隆背黄道蟹，上述 12 种生物的累计渔获量、渔获尾数占无脊椎动物总渔获量、总渔获尾数的 98.44%、98.89%（表 1-46）。

表 1-46 辽东湾 2015 年 8 月主要无脊椎动物种类组成

种类	单位时间渔获量（kg/h）	重量百分比（%）	尾数百分比（%）	出现频率（%）	相对重要性指数 IRI
口虾蛄	9.84	55.31	17.74	100.00	7 305
枪乌贼类	1.99	11.20	8.38	94.29	1 846
脊腹褐虾	1.57	8.81	40.18	65.71	3 219
葛氏长臂虾	0.91	5.12	23.96	91.43	2 659
日本蚂	0.65	3.67	0.60	62.86	268
泥脚隆背蟹	0.63	3.56	1.83	57.14	308
三疣梭子蟹	0.63	3.53	0.14	31.43	115
长蛸	0.34	1.89	0.16	45.71	94
颗粒关公蟹	0.31	1.75	1.51	42.86	140
隆背黄道蟹	0.25	1.43	0.51	11.43	22
日本鼓虾	0.20	1.13	2.48	94.29	341
鲜明鼓虾	0.18	1.04	1.40	85.71	209

2016 年 8 月辽东湾水域无脊椎动物优势种 4 种，分别为口虾蛄、葛氏长臂虾、枪乌贼类和日本鼓虾，口虾蛄占据无脊椎动物群落的绝对优势地位，其单位时间渔获量为 26.18 kg/h，渔获量和渔获尾数占无脊椎动物总渔获量、总渔获尾数的 79.80%、52.88%。重要种 5 种，为日本蚂、鲜明鼓虾、泥脚隆背蟹、艾氏活额寄居蟹和中国明对虾。单位时间渔获量超过 0.2 kg/h 的种类还有三疣梭子蟹和日本关公蟹，上述 11 种生物的累计渔获量、渔获尾数占无脊椎动物总渔获量、总渔获尾数的 98.20%、97.01%（表 1-47）。

表 1-47 辽东湾 2016 年 8 月主要无脊椎动物种类组成

种类	单位时间渔获量（kg/h）	重量百分比（%）	尾数百分比（%）	出现频率（%）	相对重要性指数 IRI
口虾蛄	26.18	79.80	52.88	100.00	13 268
枪乌贼类	1.86	5.67	9.48	95.65	1 449
日本蚂	0.79	2.40	0.73	78.26	245
葛氏长臂虾	0.67	2.05	17.45	82.61	1 611
泥脚隆背蟹	0.62	1.89	1.41	52.17	172
日本鼓虾	0.47	1.44	5.85	78.26	571
中国明对虾	0.43	1.32	0.61	69.57	134
艾氏活额寄居蟹	0.33	1.02	5.33	26.09	166
三疣梭子蟹	0.32	0.98	0.05	30.43	31
日本关公蟹	0.31	0.94	1.23	39.13	85
鲜明鼓虾	0.23	0.69	1.99	73.91	198

2017 年 8 月辽东湾水域无脊椎动物优势种 4 种，分别为口虾蛄、葛氏长臂虾、枪乌贼类和日本蟳，口虾蛄占据无脊椎动物群落的绝对优势地位，其单位时间渔获量为 12.44 kg/h，渔获量和渔获尾数占无脊椎动物总渔获量、总渔获尾数的 59.53%、27.05%。重要种 8 种，为日本鼓虾、三疣梭子蟹、中国明对虾、脊腹褐虾、鲜明鼓虾、颗粒关公蟹、日本关公蟹和泥脚隆背蟹。上述 12 种生物的累计渔获量、渔获尾数占无脊椎动物总渔获量、总渔获尾数的 96.85%、95.90%。单位时间渔获量超过 0.15 kg/h 的种类还有隆线强蟹（表 1-48）。

表 1-48　辽东湾 2017 年 8 月主要无脊椎动物种类组成

种类	单位时间渔获量（kg/h）	重量百分比（%）	尾数百分比（%）	出现频率（%）	相对重要性指数 IRI
口虾蛄	12.44	59.53	27.05	100.00	8 657
枪乌贼类	2.41	11.54	14.85	100.00	2 639
日本蟳	1.23	5.87	1.11	78.26	546
葛氏长臂虾	0.87	4.17	31.76	78.26	2 812
三疣梭子蟹	0.79	3.76	0.55	65.22	281
日本关公蟹	0.54	2.58	2.67	34.78	183
中国明对虾	0.52	2.48	0.69	82.61	262
颗粒关公蟹	0.46	2.20	2.67	39.13	190
泥脚隆背蟹	0.33	1.56	1.24	56.52	158
日本鼓虾	0.32	1.51	5.36	69.57	478
隆线强蟹	0.29	1.37	1.14	39.13	98
脊腹褐虾	0.18	0.85	5.99	34.78	238
鲜明鼓虾	0.17	0.80	1.96	78.26	215

2014—2017 年 8 月辽东湾水域无脊椎动物群落共计出现 7 种优势种，为口虾蛄、葛氏长臂虾、日本鼓虾、脊腹褐虾、三疣梭子蟹、日本蟳和枪乌贼类，其中口虾蛄、葛氏长臂虾和枪乌贼类为 4 年共有优势种。口虾蛄在辽东湾水域无脊椎动物群落中占据绝对优势地位，4 个年度均以第一优势种出现在该水域中。

2. 黄海北部无脊椎动物优势种组成及年际变化

2014 年 8 月黄海北部无脊椎动物优势种为脊腹褐虾、枪乌贼类和隆背黄道蟹，重要种有三疣梭子蟹、寄居蟹类、日本蟳和口虾蛄，以上 7 种生物累计渔获量占无脊椎动物总渔获量的 92.95%，累计渔获尾数占无脊椎动物总渔获尾数的 97.59%。重量组成百分比超过 2% 的种类还有枯瘦突眼蟹（2.87%）和太平洋褶柔鱼，除优势种外没有尾数组成百分比超过 1% 的种类。脊腹褐虾和枪乌贼类占绝对优势，其重量百分比之和为 61.43%，尾数百分比之和为 93.12%（表 1-49）。

表 1-49　黄海北部 2014 年 8 月主要无脊椎动物种类组成

种类	单位时间渔获量 （kg/h）	重量百分比 （%）	尾数百分比 （%）	出现频率 （%）	相对重要性指数 IRI
脊腹褐虾	18.31	30.32	75.12	53.33	5 623
枪乌贼类	18.79	31.11	18.00	80.00	3 929
隆背黄道蟹	4.59	7.60	1.83	73.33	691
三疣梭子蟹	8.28	13.70	0.27	26.67	372
寄居蟹类	1.83	3.03	0.97	73.33	294
日本蟳	3.00	4.96	0.60	40.00	222
口虾蛄	1.35	2.23	0.80	46.67	142

2015 年 8 月黄海北部无脊椎动物优势种有脊腹褐虾、枪乌贼类和隆背黄道蟹，重要种有戴氏赤虾和口虾蛄，以上 5 种生物累计渔获量占无脊椎动物总渔获量的 81.18%，累计渔获尾数占无脊椎动物总渔获尾数的 95.73%。重量组成百分比超过 2% 的种类还有枯瘦突眼蟹（6.17%），尾数组成百分比超过 2% 的种类还有葛氏长臂虾（2.08%）。脊腹褐虾和枪乌贼类仍占据绝对优势，其重量百分比之和为 59.72%，尾数百分比之和为 82.88%。三疣梭子蟹和日本蟳作为常见种出现，相对渔获量较低，而偶见种类中国明对虾的单位时间渔获量仅为 0.01 kg/h（表 1-50）。

表 1-50　黄海北部 2015 年 8 月主要无脊椎动物种类组成

种类	单位时间渔获量 （kg/h）	重量百分比 （%）	尾数百分比 （%）	出现频率 （%）	相对重要性指数 IRI
脊腹褐虾	4.96	21.05	60.28	71.43	5 809
枪乌贼类	9.12	38.67	22.60	71.43	4 376
隆背黄道蟹	3.33	14.11	5.58	78.57	1 548
戴氏赤虾	0.66	2.78	5.36	57.14	465
口虾蛄	1.08	4.57	1.91	57.14	370
日本蟳	0.40	1.69	0.19	35.71	67
三疣梭子蟹	0.40	1.72	0.04	28.57	50
中国明对虾	0.01	0.04	0.01	7.14	0.31

2016 年 8 月黄海北部无脊椎动物优势种有枪乌贼类、脊腹褐虾、口虾蛄、三疣梭子蟹和隆背黄道蟹，重要种有日本蟳、鹰爪虾、长足七腕虾、葛氏长臂虾和戴氏赤虾，以上 10 种生物累计渔获量占无脊椎动物总渔获量的 95.46%，累计渔获尾数占无脊椎动物总渔获尾数的 98.10%。重量组成百分比超过 1% 的种类还有长蛸（1.29%），除优势种和重要种外没有尾数组成百分比超过 1% 的种类。枪乌贼类的优势地位相对明显，其单位时间渔获量为 7.90 kg/h，重量百分比为 31.21%，尾数百分比为 30.86%；三疣梭子蟹成为优势种，其单位时间渔获量为 6.59 kg/h，居于无脊椎动物渔获量第二位（表 1-51）。

表 1-51 黄海北部 2016 年 8 月主要无脊椎动物种类组成

种类	单位时间渔获量（kg/h）	重量百分比（%）	尾数百分比（%）	出现频率（%）	相对重要性指数 IRI
枪乌贼类	7.90	31.21	30.86	84.62	5 252
脊腹褐虾	1.25	4.95	20.69	46.15	1 184
口虾蛄	3.36	13.26	6.87	53.85	1 084
三疣梭子蟹	6.59	26.02	1.45	38.46	1 057
隆背黄道蟹	1.25	4.92	2.56	69.23	518
日本蟳	2.45	9.69	1.56	38.46	433
鹰爪虾	0.61	2.40	4.89	38.46	280
长足七腕虾	0.10	0.40	14.39	15.38	228
葛氏长臂虾	0.31	1.24	11.11	15.38	190
戴氏赤虾	0.34	1.36	3.72	23.08	117
中国明对虾	0.003	0.01	0.00	7.69	0.11

2017 年 8 月黄海北部无脊椎动物优势种有枪乌贼类、口虾蛄、鹰爪虾、脊腹褐虾和三疣梭子蟹，重要种有日本蟳、短蛸、戴氏赤虾、隆背黄道蟹和枯瘦突眼蟹，以上 10 种生物累计渔获量占无脊椎动物总渔获量的 93.83%，累计渔获尾数占无脊椎动物总渔获尾数的 94.50%。重量组成百分比超过 2% 的种类还有长蛸（2.29%），尾数组成百分比超过 1% 的还有葛氏长臂虾（1.65%）和双斑蟳（1.21%）。优势种主要由重要经济种类枪乌贼类、口虾蛄、鹰爪虾和三疣梭子蟹组成，其重量百分比之和为 72.06%，尾数百分比之和为 67.42%。另外，中国明对虾也以常见种出现，其单位时间渔获量和渔获尾数分别为 0.26 kg/h 和 8.68 个/h（表 1-52）。

表 1-52 黄海北部 2017 年 8 月主要无脊椎动物种类组成

种类	单位时间渔获量（kg/h）	重量百分比（%）	尾数百分比（%）	出现频率（%）	相对重要性指数 IRI
枪乌贼类	8.24	28.89	27.45	92.86	5 231
口虾蛄	6.71	23.53	18.25	57.14	2 387
鹰爪虾	2.24	7.84	21.23	50.00	1 453
脊腹褐虾	1.02	3.56	18.83	35.71	800
三疣梭子蟹	3.37	11.80	0.49	64.29	790
日本蟳	2.13	7.46	1.20	42.86	371
短蛸	0.87	3.06	1.60	64.29	300
戴氏赤虾	0.32	1.11	3.68	57.14	274
隆背黄道蟹	0.62	2.16	1.06	50.00	161
枯瘦突眼蟹	1.26	4.42	0.71	21.43	110
中国明对虾	0.26	0.90	0.27	28.57	33

三、数量分布

（一）渔业生物总密度分布

1. 辽东湾渔业生物密度分布

2014年8月辽东湾水域渔业资源平均密度为45.52 kg/h，其中鱼类为27.32 kg/h，甲壳类为13.44 kg/h，头足类为2.76 kg/h。各调查站位最高密度为262.28 kg/h，分布在辽东湾南部水域，以孔鳐、长绵鳚、细纹狮子鱼、许氏平鲉、矛尾鰕虎鱼、黄鮟鱇和葛氏长臂虾为主，其中孔鳐、长绵鳚和细纹狮子鱼密度分别为80.10 kg/h、55.91 kg/h和31.38 kg/h，分别占这3种生物资源密度的93.01％、88.20％和85.82％。资源密度最低为3.24 kg/h，分布在辽东湾西北部水域。密度超过100 kg/h的站位有2个，密度为30～100 kg/h的站位17个，共计占有效站位数的54.29％。资源密度高值区主要位于辽东湾东部及南部沿岸水域，中部及北部水域资源密度相对较低（图1-32）。

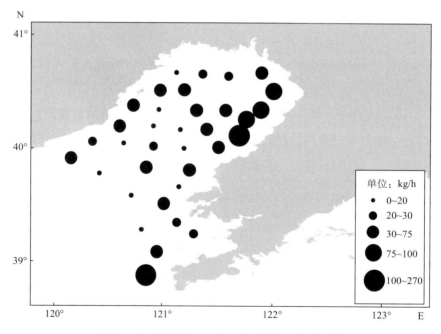

图1-32 辽东湾2014年8月渔业资源密度分布

2015年8月辽东湾水域渔业资源平均密度为33.38 kg/h，其中鱼类为15.60 kg/h，甲壳类为15.45 kg/h，头足类为2.33 kg/h。各调查站位中最高密度为82.14 kg/h，分布在辽东湾东部水域，以枪乌贼类、口虾蛄、短吻红舌鳎和矛尾鰕虎鱼为主，其中枪乌贼类和口虾蛄密度分别为2.42 kg/h、18.84 kg/h。资源密度最低为4.72 kg/h，分布于辽东湾西部水域。资源密度超过30 kg/h的站位有17个，占有效站位数的48.57％，资源密度高值区主要位于辽东湾中部及东部水域，西南部水域资源密度相对较少。斑鰶主要分布在辽东湾中北部水域及南部金州湾水域，密度最高值为 8.93 kg/h；中国明对虾主要分布在辽东湾中部及北部水域，高值区位于中部偏西海域附近，资源密度最高值为 1.00 kg/h；脊腹褐虾分布范围较广，高值区主要位于南部深水区域，资源密度最高值为 36.07 kg/h（图 1-33）。

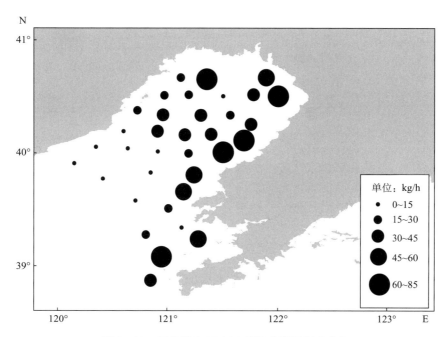

图 1-33　辽东湾 2015 年 8 月渔业资源密度分布

2016 年 8 月辽东湾水域渔业资源平均密度为 55.78 kg/h，其中鱼类为 22.97 kg/h，甲壳类为 30.77 kg/h，头足类为 2.04 kg/h。各调查站位中最高密度为 152.90 kg/h，分布在辽东湾东部水域，以口虾蛄和皮氏叫姑鱼为主，其密度分别为 127.66 kg/h、7.17 kg/h。资源密度最低为 15.95 kg/h，分布于辽东湾西南部水域。资源密度超过 100 kg/h 的站位有 3 个，介于 30～100 kg/h 的站位 13 个，共计占有效站位数的 69.57%。资源密度高值区主要位于辽东湾中部及东部水域，西部及南部水域资源密度相对较少。黄鲫主要分布在辽东湾中部及北部水域，平均资源密度为 0.76 kg/h；小黄鱼分布范围较广，出现频率为 73.91%，主要分布在辽东湾中北部水域，平均资源密度为 0.46 kg/h；鲬主要分布在辽东湾中南部水域，平均资源密度为 0.11 kg/h；中国明对虾主要分布在辽东湾中北部水域，出现频率为 69.57%，平均资源密度为 0.43 kg/h；鲆鲽类分布范围较小，主要分布在辽东湾南部水域（图 1-34）。

2017 年 8 月辽东湾水域渔业资源平均密度为 52.73 kg/h，其中鱼类为 31.84 kg/h，甲壳类为 18.35 kg/h，头足类为 2.54 kg/h。各调查站位中最高密度为 239.41 kg/h，分布在辽东湾东部水域，以矛尾鰕虎鱼、斑尾复鰕虎鱼和口虾蛄为主，其密度分别为

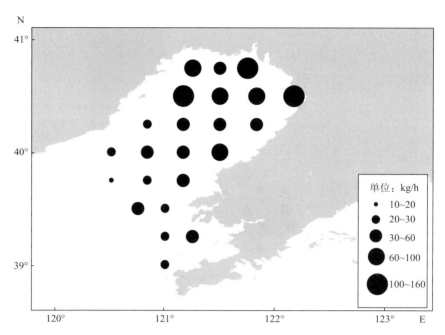

图 1-34　辽东湾 2016 年 8 月渔业资源密度分布

143.37 kg/h、41.14 kg/h 和 25.71 kg/h。资源密度最低为 9.00 kg/h，分布于辽东湾中部水域。资源密度超过 100 kg/h 的站位有 2 个，介于 30～100 kg/h 的站位 13 个，共计占有效站位数的 65.22%。资源密度高值区主要位于辽东湾东部水域，西部及南部水域资源密度相对较少。黄鲫在辽东湾水域广泛分布，出现频率为 86.96%，平均资源密度为 2.28 kg/h；斑鰶分布在辽东湾北部及南部水域，平均资源密度为 1.21 kg/h；小黄鱼出现频率较高，为 56.52%，平均资源密度为 0.23 kg/h；鲐分布主要在辽东湾南部水域，平均资源密度为 0.47 kg/h；中国明对虾出现频率较高，为 82.61%，平均资源密度为 0.52 kg/h；三疣梭子蟹主要分布在辽东湾水域的北部及南部水域，平均资源密度为 0.79 kg/h（图 1-35）。

2. 黄海北部渔业生物密度分布

2014 年 8 月黄海北部渔业资源平均密度为 159.79 kg/h，同比 2009 年大幅升高，其中鱼类为 99.39 kg/h，甲壳类为 39.55 kg/h，头足类为 20.84 kg/h。各调查站位中渔业资源密度最高为 366.35 kg/h，最低为 24.01 kg/h，有 7 个站密度超过 100 kg/h，5 个站密度为 50～100 kg/h，密度低于 50 kg/h 的有 3 个站。西南部海域渔业资源密度较高，西北近岸水域密度相对较低（图 1-36）。渔业资源主要由斑纹狮子鱼、枪乌贼类、脊腹褐虾、长绵鳚、大泷六线鱼、高眼鲽、细纹狮子鱼、三疣梭子蟹、黄鮟鱇、隆背黄道蟹、李氏鮻、鳀、日本蚂等组成，斑纹狮子鱼密度为 27.14 kg/h，有 1 个站密度高达 196.10 kg/h，位于大窑湾近岸水域，近岸浅水海域密度较低，西南深水海域密度较高；枪乌贼类密度为 18.79 kg/h，密度较高的站大都位于近岸浅水海域，有 2 个站密度超过 50 kg/h；脊腹褐

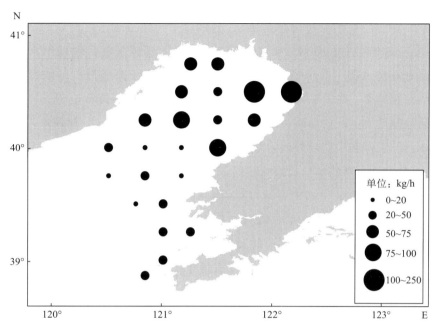

图 1-35　辽东湾 2017 年 8 月渔业资源密度分布

虾密度为 18.31 kg/h，密度较高的站分布在 122°30′E 以西水域，1 站密度高达 175.68 kg/h；大泷六线鱼密度为 13.21 kg/h，有 5 个站密度超过 10 kg/h，其中密度较高的 2 个站均位于大窑湾外侧水域；长绵鳚密度为 12.37 kg/h，密度较高的站位主要位于西南部较深水域；其余种类密度均低于 10 kg/h。

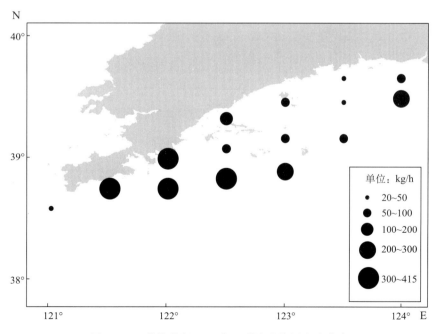

图 1-36　黄海北部 2014 年 8 月渔业资源密度分布

2015 年 8 月黄海北部渔业资源平均密度为 88.74 kg/h，其中鱼类为 65.16 kg/h，甲壳类为 13.02 kg/h，头足类为 10.56 kg/h。各调查站位中资源密度最高为 256.63 kg/h，最低为 31.27 kg/h，超过 100 kg/h 的站有 3 个。渔业资源密度呈现近岸水域低，外部水域高的分布趋势（图 1-37）。渔业资源以长绵鳚、细纹狮子鱼、斑纹狮子鱼、枪乌贼类、绯鲉、短鳍鲔、许氏平鲉、大泷六线鱼、脊腹褐虾、隆背黄道蟹、高眼鲽、黄鮟鱇、李氏鮻等种类为主，长绵鳚密度为 11.37 kg/h，超过 30 kg/h 的站有 3 个，最高为 37.78 kg/h，位于青堆子湾最外侧水域；细纹狮子鱼密度为 9.98 kg/h，有 3 个站密度超过 20 kg/h，密度最高的站与长绵鳚相同，为 57.66 kg/h；枪乌贼类密度为 9.12 kg/h，密度分布相对均匀，有 7 个站密度超过 10 kg/h，密度最高的站为 22.24 kg/h，位于石城岛附近；斑纹狮子鱼密度为 8.76 kg/h，有 3 个站密度超过 10 kg/h，密度最高的站位分布于旅顺西南部外侧水域，为 37.29 kg/h；绯鲉密度为 5.16 kg/h，有 3 个站密度超过 10 kg/h，最高密度为 31.55 kg/h，位于青堆子湾最外侧水域；其余种类密度均低于 5 kg/h。

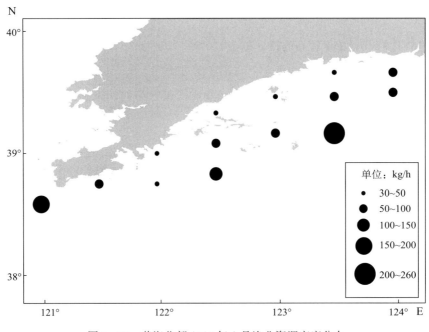

图 1-37　黄海北部 2015 年 8 月渔业资源密度分布

2016 年 8 月黄海北部渔业资源平均密度为 104.06 kg/h，其中鱼类为 78.74 kg/h，甲壳类为 16.95 kg/h，头足类为 8.37 kg/h。各调查站位中渔业资源密度最高为 272.14 kg/h，最低为 33.63 kg/h，有 4 个站密度超过 100 kg/h，6 个站密度介于 50～100 kg/h，其余 3 个站密度介于 30～50 kg/h，长海县周边及海洋岛东侧水域资源密度相对较高（图 1-38）。渔业资源主要由大泷六线鱼、长绵鳚、斑纹狮子鱼、枪乌贼类、三疣梭子蟹、细纹狮子鱼、方氏云鳚、口虾蛄、许氏平鲉、鳀、矛尾鰕虎鱼、隆背黄道蟹等组成，大泷六线鱼密度为 19.50 kg/h，有 5 个站密度超过 10 kg/h，密度最高的站位于长海县北部水域；长绵鳚密度为 12.09 kg/h，密度较高的站大都位于海岛周边海域，有 4 个站密度超过 10 kg/h；斑纹狮子鱼密度为 9.54 kg/h，有 3 个站密度超过 10 kg/h，密度最高的 1 个站位于长海县南部海域，为 74.69 kg/h；枪乌贼类密度为 7.90 kg/h，有 5 个站密度超过 10 kg/h，密度较高的站分布在东北部近岸水域；三疣梭子蟹密度为 6.59 kg/h，有 2 个站密度超过 10 kg/h，密度较高的站大都位于东北部浅水水域；细纹狮子鱼密度为 6.52 kg/h，有 3 个站密度超过 10 kg/h，密度最高的站位于长海县南部水域，为 38.20 kg/h；其余种类密度均低于 5 kg/h。

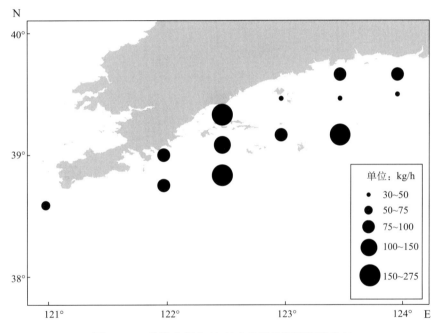

图 1-38　黄海北部 2016 年 8 月渔业资源密度分布

2017 年 8 月黄海北部渔业资源平均密度为 120.17 kg/h，其中鱼类为 91.66 kg/h，甲壳类为 18.73 kg/h，头足类为 9.78 kg/h。各调查站位中渔业资源密度最高为 319.54 kg/h，最低为 28.84 kg/h，有 7 个站密度超过 100 kg/h，5 个站密度为 50～100 kg/h，其余 2 个站密度为 25～50 kg/h，密度较高的站多数分布于西南部深水区域，东北部近岸浅水区域资源密度相对较低（图 1-39）。渔业资源主要由鲐、枪乌贼类、鳀、口虾蛄、大泷六线鱼、鹰爪虾、口虾蛄、三疣梭子蟹、斑纹狮子鱼、细纹狮子鱼、绯鲻、短鳍鲻、皮氏叫姑鱼、许氏平鲉、脊腹褐虾、日本蟳等组成，鲐密度为 14.89 kg/h，有 3 个站密度超过 10 kg/h，密度最高的站位于大窑湾外部水域，为 90.46 kg/h；斑纹狮子鱼密度为 13.67 kg/h，仅 4 个站采到，均分布在深水区域；细纹狮子鱼密度为 11.68 kg/h，仅 3 个站采到，密度均超过 10 kg/h，密度最高的站位于长海县南部深水海域，为 104.84 kg/h；枪乌贼类密度为 8.24 kg/h，有 4 个站密度超过 10 kg/h，密度较高的站分布在近岸水深较浅水域；大泷六线鱼密度为 7.35 kg/h，有 2 个站密度超过 10 kg/h，均位于西南部部深水区域；口虾蛄密度为 6.71 kg/h，有 3 个站密度超过 10 kg/h，位于庄河以西的沿岸水域；绯䲗密度为 6.19 kg/h，密度最高的站位于青堆子湾最外侧海域，为 43.28 kg/h；其余种类密度均低于 5 kg/h（图 1 - 39）。

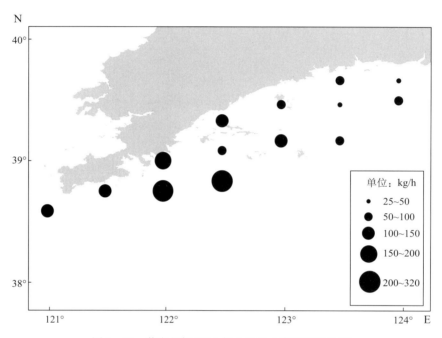

图 1 - 39　黄海北部 2017 年 8 月渔业资源密度分布

（二）鱼类密度分布

1. 辽东湾鱼类密度分布

2014 年 8 月辽东湾鱼类平均密度为 27.32 kg/h，以矛尾鰕虎鱼的密度最大，为 9.24 kg/h，出现频率为 97.14%；黄鮟鱇次之，为 4.31 kg/h，出现频率为 62.86%。孔鳐的资源密度居第四位，为 2.46 kg/h，出现频率为 5.71%，分布在辽东湾南部水域。小黄鱼的资源密度居第八位，为 0.97 kg/h，出现频率为 77.14%。各调查站位最高密度为 247.28 kg/h，分布在辽东湾南部水域，西部水域的鱼类资源密度相对较小。密度超过 100 kg/h 的站位仅 1 个，介于 20～100 kg/h 的站位 12 个，共计占有效站位数的 37.14%（图 1 - 40）。

2015 年 8 月辽东湾鱼类平均密度为 15.60 kg/h，以矛尾鰕虎鱼的密度最大，为 5.81 kg/h，每个站位均有出现；短吻红舌鳎次之，为 5.59 kg/h，出现频率为 85.71%；其他鱼类资源密度均小于 1 kg/h。斑鰶的资源密度居第五位，为 0.46 kg/h，出现频率为 34.29%；

小黄鱼的资源密度居第七位，为 0.34 kg/h，出现频率为 54.29%。各调查站位最高密度为 69.30 kg/h，分布在辽东湾北部水域，中部和西部水域的鱼类资源密度相对较小。密度超过 10 kg/h 的站位有 17 个，占有效站位数的 48.57%（图 1 - 41）。

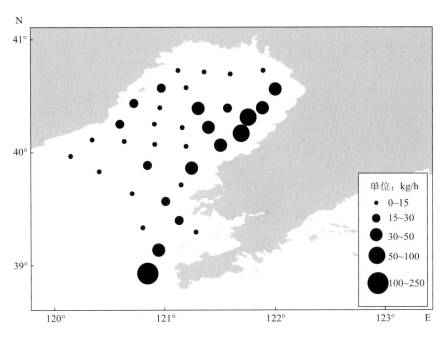

图 1 - 40　辽东湾 2014 年 8 月鱼类密度分布

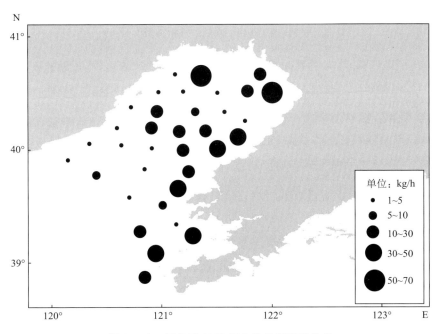

图 1 - 41　辽东湾 2015 年 8 月鱼类密度分布

2016年8月辽东湾鱼类平均密度为22.97 kg/h，以矛尾鰕虎鱼的密度最大，为8.75 kg/h，每个站位均有出现；短吻红舌鳎次之，为5.74 kg/h，出现频率为91.30%；其他鱼类资源密度均小于2.5 kg/h。斑鰶的资源密度居第五位，为0.46 kg/h，出现频率为34.29%；小黄鱼的资源密度居第四位，为0.76 kg/h，出现频率为60.87%。各调查站位最高密度为71.43 kg/h，分布在辽东湾东部水域，中部和西部水域的鱼类资源密度相对较小。密度超过20 kg/h的站位有8个，占有效站位数的34.78%（图1-42）。

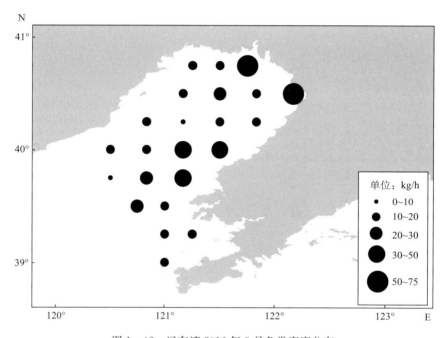

图1-42 辽东湾2016年8月鱼类密度分布

2017年8月辽东湾鱼类平均密度为31.87 kg/h，以矛尾鰕虎鱼的密度最大，为18.16 kg/h，每个站位均有出现；其他鱼类资源密度均小于3 kg/h。黄鲫的资源密度居第四位，为2.28 kg/h，出现频率为86.96%；鮻的资源密度居第八位，为0.47 kg/h，出现频率为30.43%。各调查站位最高密度为196.38 kg/h，分布在辽东湾东部水域，中部和西部水域的鱼类资源密度相对较小。密度超过100 kg/h的站位有1个，介于20~100 kg/h的站位10个，共计占有效站位数的47.83%（图1-43）。

2. 黄海北部鱼类密度分布

2014年8月黄海北部鱼类平均密度为99.39 kg/h，各站最高密度为310.92 kg/h，最低为1.61 kg/h，有6个站密度超过100 kg/h，介于50~100 kg/h的站有2个，低于50 kg/h的站有7个，密度较高的站多数分布122°30′E以西的较深海域，东北近岸水域密度较低（图1-44）。斑纹狮子鱼密度最高，为27.42 kg/h，占鱼类总密度的27.59%，尾数占总尾数密度的7.24%，有2个站密度超过90 kg/h；其次为大泷六线鱼，密度为

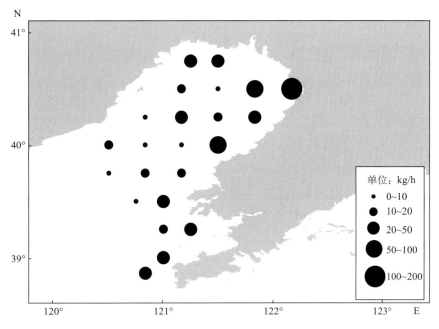

图 1-43　辽东湾 2017 年 8 月鱼类密度分布

13.21 kg/h，占鱼类总密度的 13.29%，尾数密度占 9.65%，有 2 个站密度大于 30 kg/h，均位于大窑湾外侧海域；长绵鳚密度为 12.37 kg/h，占鱼类总密度的 12.44%，尾数密度占 11.98%，有 5 个站密度超过 20 kg/h；高眼鲽密度为 9.58 kg/h，占鱼类总密度的 9.64%，位于长海县南部 1 个站密度较高，为 100.93 kg/h；细纹狮子鱼密度为 9.09 kg/h，

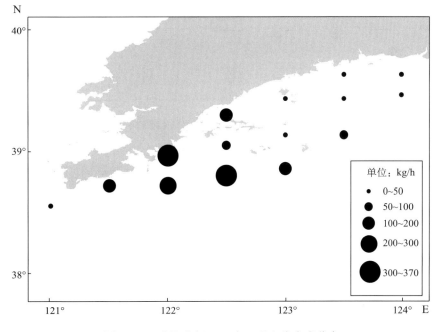

图 1-44　黄海北部 2014 年 8 月鱼类密度分布

占鱼类总密度的 9.15%，尾数密度占 15.77%，仅有 1 个站密度较高，为 103.54 kg/h，位于长海县南部海域；黄鲅鳒密度为 5.05 kg/h，占鱼类总密度的 5.08%，尾数密度仅占 0.84%，仅有 3 个站密度超过 10 kg/h，均位于海岛周边；其余种类密度均低于 5 kg/h。

2015 年 8 月黄海北部鱼类平均密度为 65.16 kg/h，约为 6 月的 2 倍，各站的最高密度为 214.73 kg/h，最低为 3.43 kg/h，超过 100 kg/h 的站有 3 个，介于 50～100 kg/h 的站有 4 个，低于 20 kg/h 的站仅有 2 个，密度较高的站多数分布在离岸较远的外侧深水区域（图 1-45）。长绵鳚密度最高，为 11.37 kg/h，占鱼类总密度的 17.45%，有 4 个站密度大于 30 kg/h，均位于长海县周边水域；其次为细纹狮子鱼，密度为 9.98 kg/h，占鱼类总密度的 15.32%，有 3 个站密度大于 20 kg/h，分布在离岸较远的深水区域；斑纹狮子鱼密度为 8.76 kg/h，占鱼类总密度的 13.44%，有 3 个站密度超过 20 kg/h；绯鲔密度为 5.16 kg/h，占鱼类总密度的 7.92%，有 3 个站密度超过 10 kg/h，均分布在东北部海域；其余种类密度均低于 5 kg/h。

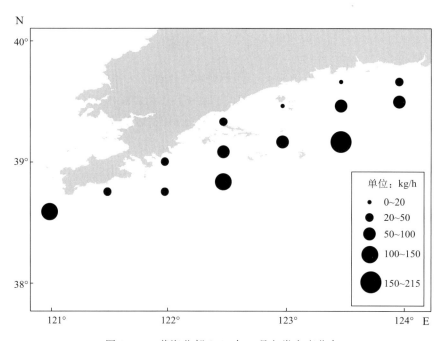

图 1-45　黄海北部 2015 年 8 月鱼类密度分布

2016 年 8 月黄海北部鱼类平均密度为 78.74 kg/h，各站最高密度为 268.59 kg/h，最低为 14.18 kg/h，有 3 个站密度超过 100 kg/h，介于 50～100 kg/h 的站有 4 个，其余站位密度均介于 10～50 kg/h，密度较高的站多数分布在长海县周边及海洋岛东侧水域（图 1-46）。大泷六线鱼密度最高，为 19.50 kg/h，占鱼类总密度的 24.77%，尾数占总尾数密度的 18.42%，有 2 个站密度超过 50 kg/h；其次为长绵鳚，密度为 12.09 kg/h，占鱼类总密度的 15.35%，尾数密度占 19.57%，仅有 1 个站密度大于 50 kg/h，位于长海县南部海域；斑纹狮子鱼密度为 9.54 kg/h，占鱼类总密度的 12.11%，尾数密度占 4.61%，有 6 个站密度为 0，均位于东北部近岸水域；细纹狮子鱼密度为 6.52 kg/h，占鱼类总密度的 8.28%，尾数密度占 3.83%，东北部近岸水域有 6 个站未捕获到细纹狮子鱼；方氏云鳚密度为 4.09 kg/h，占鱼类总密度的 5.20%，尾数密度占 7.74%，有 2 个站密度超过 10 kg/h，均位于外部深水区域；其余种类密度均低于 4 kg/h。

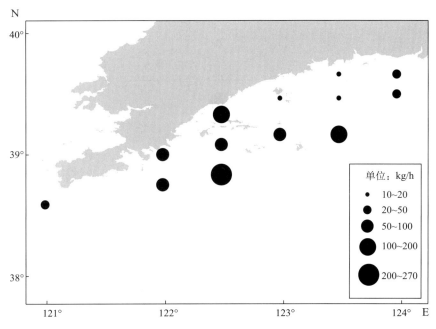

图 1-46　黄海北部 2016 年 8 月鱼类密度分布

2017 年 8 月黄海北部鱼类平均密度为 91.66 kg/h，各站最高密度为 311.58 kg/h，最低为 13.80 kg/h，有 4 个站密度超过 100 kg/h，介于 50～100 kg/h 的站有 5 个，其余站位密度均介于 10～50 kg/h，密度较高的站多数分布在西南部深水区域（图 1-47）。鲐密度最高，为 14.89 kg/h，占鱼类总密度的 16.25%，尾数占总尾数密度的 20.93%，大窑湾外侧站位密度最高，为 90.46 kg/h；其次为斑纹狮子鱼，密度为 13.67 kg/h，占鱼类总密度的 14.91%，尾数密度占 2.43%；细纹狮子鱼密度为 11.68 kg/h，占鱼类总密度的 12.75%，尾数密度占 1.80%；大泷六线鱼密度为 7.35 kg/h，占鱼类总密度的 8.02%，尾数密度占 3.42%，东北部浅水区域密度相对较低；绯鲣密度为 6.19 kg/h，占鱼类总密度的 6.75%，尾数密度占 9.28%，有 2 个站密度超过 10 kg/h，均位于东北部外侧深水区域；鳀密度为 4.89 kg/h，占鱼类总密度的 5.34%，尾数密度占 12.85%，有 2 个站密度超过 10 kg/h，密度最高的站位于大窑湾外部深水区域，为 43.57 kg/h；大头鳕密度为 3.36 kg/h，占鱼类总密度的 3.67%，尾数密度仅占 0.35%，有 3 个站采到，密度超过 10 kg/h 的 2 个站位于西南部深水区域；钝吻黄盖鲽密度为 3.27 kg/h，占鱼类总密度的

3.57%，尾数密度占 0.21%，仅 2 个站采到，密度最高的站位于长海县南部深水区域，为 44.58 kg/h；其余种类密度均低于 3 kg/h。

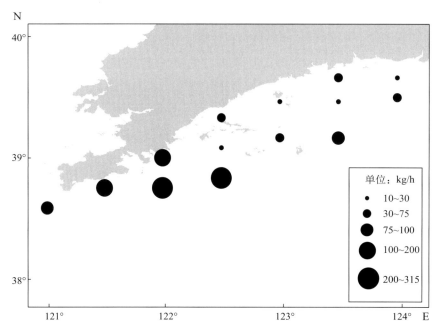

图 1-47　黄海北部 2017 年 8 月鱼类密度分布

（三）无脊椎动物密度分布

1. 辽东湾无脊椎动物密度分布

2014 年 8 月辽东湾水域无脊椎动物平均密度为 16.20 kg/h，虾类（含口虾蛄）占据无脊椎动物群落的优势地位，密度为 9.79 kg/h，密度、尾数分别占无脊椎动物总密度、总尾数的 60.43%、71.02%。蟹类平均密度次之，为 3.65 kg/h，头足类最少，为 2.76 kg/h。辽东湾东部及西部水域有高值站位出现，最高资源密度为 45.37 kg/h，辽东湾中部水域无脊椎动物资源密度相对较低，最低资源密度为 2.61 kg/h（图 1-48）。以重量密度计，无脊椎动物群落前五位分别为口虾蛄（8.34 kg/h）、枪乌贼类（2.49 kg/h）、日本蟳（1.11 kg/h）、三疣梭子蟹（1.04 kg/h）和葛氏长臂虾（0.78 kg/h）；以尾数密度计，无脊椎动物群落的前五位分别为葛氏长臂虾（903 个/h）、口虾蛄（545 个/h）、枪乌贼类（408 个/h）、脊腹褐虾（95 个/h）和颗粒关公蟹（66 个/h）。

2015 年 8 月辽东湾水域无脊椎动物平均密度为 17.78 kg/h，虾类（含口虾蛄）占据无脊椎动物群落的优势地位，密度为 12.85 kg/h，密度、尾数分别占无脊椎动物总密度、总尾数的 72.24%、86.38%。蟹类密度次之，为 2.60 kg/h，头足类最少，为 2.33 kg/h。辽东湾中部及南部水域为无脊椎动物的主要分布区，西南部水域资源密度相对较低

（图 1-49）。以重量密度计，无脊椎动物群落前五位分别为口虾蛄（9.84 kg/h）、枪乌贼类（1.99 kg/h）、脊腹褐虾（1.57 kg/h）、葛氏长臂虾（0.91 kg/h）、日本蚂（0.65 kg/h）；以尾数密度计，无脊椎动物群落的前五位分别为脊腹褐虾（1 447 个/h）、葛氏长臂虾（863 个/h）、口虾蛄（639 个/h）、枪乌贼类（302 个/h）、日本鼓虾（89 个/h）。

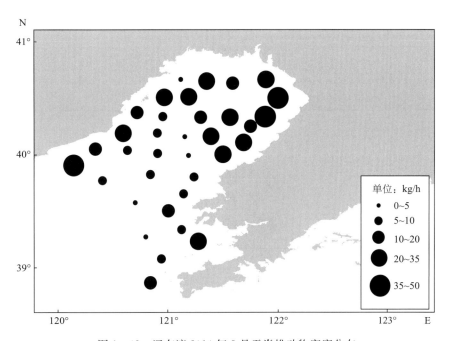

图 1-48　辽东湾 2014 年 8 月无脊椎动物密度分布

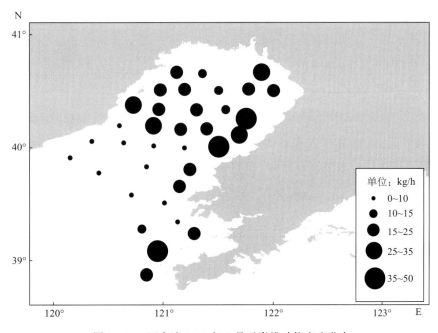

图 1-49　辽东湾 2015 年 8 月无脊椎动物密度分布

2016 年 8 月辽东湾水域无脊椎动物平均密度为 32.81 kg/h，虾类（含口虾蛄）占据无脊椎动物群落的绝对优势地位，密度为 28.05 kg/h，密度、尾数分别占无脊椎动物总密度、总尾数的 85.48%、80.52%。蟹类和头足类的平均密度分别为 2.72 kg/h 和 2.04 kg/h。辽东湾北部及东部水域为无脊椎动物的主要分布区，最高密度为 136.55 kg/h，西部及南部水域资源密度相对较低，最低密度为 4.01 kg/h（图 1-50）。以重量密度计，无脊椎动物群落前五位分别为口虾蛄（26.18 kg/h）、枪乌贼类（1.86 kg/h）、日本蟳（0.79 kg/h）、葛氏长臂虾（0.67 kg/h）、泥脚隆背蟹（0.62 kg/h）；以尾数密度计，无脊椎动物群落的前五位分别为口虾蛄（1 825 个/h）、葛氏长臂虾（602 个/h）、枪乌贼类（327 个/h）、日本鼓虾（202 个/h）、艾氏活额寄居蟹（184 个/h）。

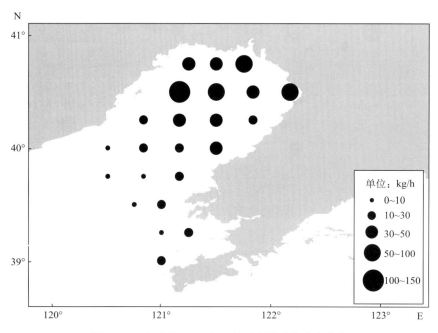

图 1-50　辽东湾 2016 年 8 月无脊椎动物密度分布

2017 年 8 月辽东湾水域无脊椎动物平均密度为 20.89 kg/h，虾类（含口虾蛄）占据无脊椎动物群落的优势地位，密度为 14.57 kg/h，密度、尾数分别占无脊椎动物总密度、总尾数的 69.72%、75.12%。蟹类和头足类的平均密度分别为 3.78 kg/h 和 2.54 kg/h。辽东湾中北部水域为无脊椎动物的主要分布区，最高密度为 63.00 kg/h，中南部水域资源密度相对较低，最低密度为 4.39 kg/h（图 1-51）。以重量密度计，无脊椎动物群落前五位分别为口虾蛄（12.44 kg/h）、枪乌贼类（2.41 kg/h）、日本蟳（1.23 kg/h）、葛氏长臂虾（0.87 kg/h）、三疣梭子蟹（0.79 kg/h）；以尾数密度计，无脊椎动物群落的前五位分别为葛氏长臂虾（817 个/h）、口虾蛄（696 个/h）、枪乌贼类（382 个/h）、脊腹褐虾（154 个/h）、日本鼓虾（138 个/h）。

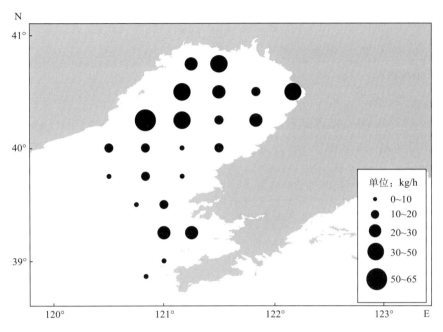

图 1-51　辽东湾 2017 年 8 月无脊椎动物密度分布

2. 黄海北部无脊椎动物密度分布

2014 年 8 月黄海北部无脊椎动物平均密度为 60.40 kg/h，各站密度最高为 212.44 kg/h，最低为 5.06 kg/h，超过 100 kg/h 的站有 3 个，介于 10~100 kg/h 的站有 10 个，仅有 2 个站密度低于 10 kg/h，123°E 以东海域密度相对较低（图 1-52）。头足类密度在无脊椎

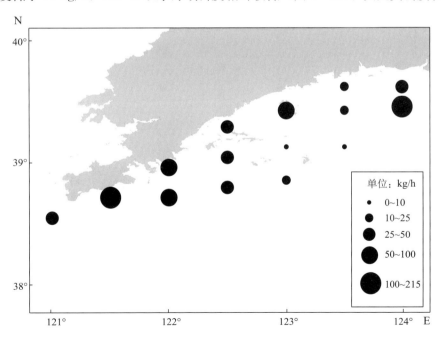

图 1-52　黄海北部 2014 年 8 月无脊椎动物密度分布

动物密度组成中比例最高，占 34.51％，其次是虾类，占 32.77％，蟹类最低，占 32.70％；尾数组成中虾类的比例最高，占 76.79％，其次是头足类，占 18.32％，蟹类最低，仅占 4.89％。枪乌贼类的密度最高，为 18.79 kg/h，占无脊椎动物总密度的 31.11％，尾数密度占 18.00％；其次是脊腹褐虾，密度为 18.31 kg/h，其密度和尾数密度分别占 30.32％和 75.12％；三疣梭子蟹密度为 8.28 kg/h，其密度和尾数密度分别占 13.70％和 0.27％；隆背黄道蟹密度为 4.59 kg/h，其密度和尾数密度分别占 7.60％和 1.83％，密度较高的站大都位于西南部较深海域；日本蟳密度为 3.00 kg/h，其密度和尾数密度分别占 4.96％和 1.60％，密度较高的站分布于海岛近岸水域；其余种类密度均低于 3 kg/h。

2015 年 8 月黄海北部无脊椎动物平均密度为 23.58 kg/h，各站密度最高为 62.98 kg/h，最低为 4.73 kg/h，超过 50 kg/h 的站有 1 个，介于 10～50 kg/h 的站有 12 个，无脊椎动物密度呈现两头高、中间低的分布趋势（图 1-53）。头足类密度在无脊椎动物密度组成中比例最高，占 44.78％，其次是虾类，占 29.01％，蟹类最低，占 26.21％；尾数组成中虾类的比例最高，占 69.94％，其次是头足类，占 22.88％，蟹类最低，占 7.18％。枪乌贼类的密度最高，为 9.12 kg/h，占无脊椎动物总密度的 38.67％，尾数密度占 22.60％；其次是脊腹褐虾，其密度和尾数密度分别占 21.05％和 60.28％；隆背黄道蟹的密度和尾数密度分别占 14.11％和 5.58％；其余种类密度均低于 3 kg/h。

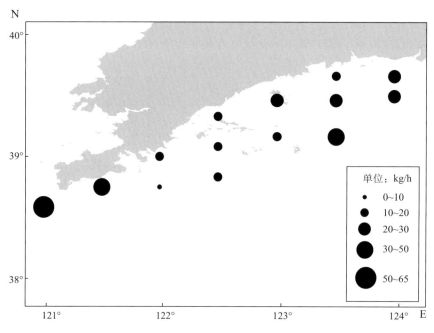

图 1-53 黄海北部 2015 年 8 月无脊椎动物密度分布

2016 年 8 月黄海北部无脊椎动物平均密度为 25.32 kg/h，各站密度最高为 71.72 kg/h，最低为 3.10 kg/h，超过 50 kg/h 的站有 2 个，介于 10～50 kg/h 的站有 8 个，仅有 3 个站密度低于 10 kg/h，密度较高的站多数分布于东北部近岸水域，外部深水区域密度相对较低（图 1-54）。蟹类密度在无脊椎动物密度组成中比例最高，占 42.97%，其次是头足类，占 33.35%，虾类最低，占 23.69%；尾数组成中虾类的比例最高，占 61.81%，其次是头足类，占 31.47%，蟹类最低，仅占 6.72%。枪乌贼类的密度最高，为 7.90 kg/h，占无脊椎动物总密度的 31.21%，尾数密度占 30.86%；其次是三疣梭子蟹，密度为 6.59 kg/h，其密度和尾数密度分别占 26.02% 和 1.45%；口虾蛄密度为 3.36 kg/h，其密度和尾数密度分别占 13.26% 和 6.87%，仅有 3 个站密度超过 10 kg/h，西南部深水区域密度较低，庄河附近浅水水域密度相对较高；日本蟳密度为 2.45 kg/h，其密度和尾数密度分别占 9.69% 和 1.56%，仅有 1 个站密度超过 10 kg/h，位于长海县北部海域；脊腹褐虾密度为 1.25 kg/h，其密度和尾数密度分别占 4.69% 和 20.69%，密度相对较高的站分布于西南部水域；隆背黄道蟹密度为 1.25 kg/h，其密度和尾数密度分别占 4.92% 和 2.56%，各站密度较低，密度最高的站位于旅顺口西南部水域，为 8.17 kg/h；其余种类密度均低于 1 kg/h。

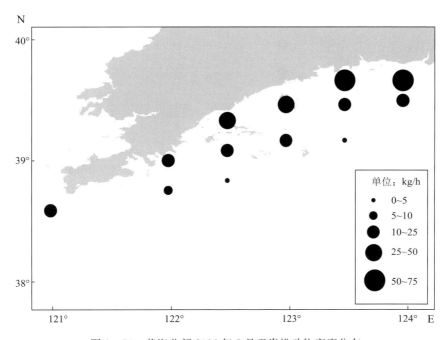

图 1-54　黄海北部 2016 年 8 月无脊椎动物密度分布

2017 年 8 月黄海北部无脊椎动物平均密度为 28.51 kg/h，各站密度最高为 91.24 kg/h，最低为 3.49 kg/h，超过 50 kg/h 的站有 2 个，介于 10~50 kg/h 的站有 9 个，仅有 3 个站密度低于 10 kg/h，密度较高的站多数分布于东北部近岸水域，西南部深水区域密度相对较低（图 1-55）。虾类密度在无脊椎动物密度组成中比例最高，占 37.35%，其次是头足类，占 34.30%，蟹类最低，占 28.35%；尾数组成中虾类的比例最高，占 64.85%，其次是头足类，占 29.39%，蟹类最低，仅占 5.76%。枪乌贼类的密度最高，为 8.24 kg/h，占无脊椎动物总密度的 28.89％，尾数密度占 27.45％；其次是口虾蛄，密度为 6.71 kg/h，其密度和尾数密度分别占 23.53％和 18.25％；三疣梭子蟹密度为 3.37 kg/h，其密度和尾数密度分别占 11.80％和 0.49％，有 2 个站密度超过 10 kg/h，东北部近岸浅水海域密度相对较高；鹰爪虾密度为 2.24 kg/h，其密度和尾数密度分别占 7.84％和 21.23％，有 2 个站密度超过 10 kg/h，位于长海县附近水域；日本蟳密度为 2.13 kg/h，其密度和尾数密度分别占 7.46％和 1.20％，西南部深水区域大部分站位未能采到，长海县附近海域密度相对较高；其余种类密度均低于 2 kg/h。

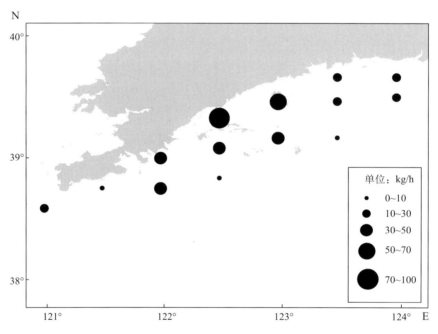

图 1-55　黄海北部 2017 年 8 月无脊椎动物密度分布

四、生物多样性

(一) 辽东湾渔业生物多样性

2014—2017 年 8 月辽东湾水域渔业资源生物多样性指数见表 1-53。

2014 年 8 月，根据生物量计算可得渔业生物的丰富度指数均值为 1.67，均匀度指数均值为 0.61，Shannon-Wiener 多样性指数均值为 1.77；根据尾数，丰富度指数均值为 2.14，均匀度指数均值为 0.57，Shannon-Wiener 多样性指数均值为 1.64。

2015 年 8 月，根据生物量计算可得渔业生物的丰富度指数均值为 1.68，均匀度指数均值为 0.59，Shannon-Wiener 多样性指数均值为 1.70；根据尾数丰富度指数均值为

2.05，均匀度指数均值为 0.57，Shannon-Wiener 多样性指数均值为 1.63。

2016 年 8 月，根据生物量计算可得渔业生物的丰富度指数均值为 1.84，均匀度指数均值为 0.53，Shannon-Wiener 多样性指数均值为 1.61；根据尾数，丰富度指数均值为 2.27，均匀度指数均值为 0.55，Shannon-Wiener 多样性指数均值为 1.67。

2017 年 8 月，根据生物量计算可得渔业生物的丰富度指数均值为 1.89，均匀度指数均值为 0.60，Shannon-Wiener 多样性指数均值为 1.82；根据尾数，丰富度指数均值为 2.36，均匀度指数均值为 0.56，Shannon-Wiener 多样性指数均值为 1.68。

表 1 - 53   辽东湾 2014—2017 年渔业资源生物多样性指数（8 月）

航次	生物量			尾数		
	指数	均值	幅度	指数	均值	幅度
2014 年 8 月	D	1.67	1.24~2.27	D	2.14	1.51~2.87
	J'	0.61	0.33~0.78	J'	0.57	0.33~0.77
	H'	1.77	0.88~2.39	H'	1.64	0.96~2.17
2015 年 8 月	D	1.68	0.97~2.31	D	2.05	1.28~2.85
	J'	0.59	0.31~0.85	J'	0.57	0.16~0.77
	H'	1.70	0.91~2.38	H'	1.63	0.49~2.11
2016 年 8 月	D	1.84	1.42~2.56	D	2.27	1.77~3.17
	J'	0.53	0.28~0.71	J'	0.55	0.38~0.72
	H'	1.61	0.82~2.18	H'	1.67	1.07~2.11
2017 年 8 月	D	1.89	1.21~3.09	D	2.36	1.46~4.00
	J'	0.60	0.28~0.74	J'	0.56	0.27~0.77
	H'	1.82	0.90~2.36	H'	1.68	0.79~2.27

（二）黄海北部渔业生物多样性

2014—2017 年 8 月黄海北部水域渔业资源生物多样性指数见表 1 - 54。

2014 年 8 月，根据生物量计算可得渔业生物的丰富度指数均值为 1.44，均匀度指数均值为 0.63，Shannon-Wiener 多样性指数均值为 1.79；根据尾数，丰富度指数均值为 1.85，均匀度指数均值为 0.46，Shannon-Wiener 多样性指数均值为 1.31。

2015 年 8 月，根据生物量计算可得渔业生物的丰富度指数均值为 1.77，均匀度指数均值为 0.68，Shannon-Wiener 多样性指数均值为 2.04；根据尾数，丰富度指数均值为 2.20，均匀度指数均值为 0.53，Shannon-Wiener 多样性指数均值为 1.60。

2016 年 8 月，根据生物量计算可得渔业生物的丰富度指数均值为 1.96，均匀度指数均值为 0.69，Shannon-Wiener 多样性指数均值为 2.14；根据尾数，丰富度指数均值为

2.57，均匀度指数均值为 0.63，Shannon-Wiener 多样性指数均值为 1.97。

2017 年 8 月，根据生物量计算可得渔业生物的丰富度指数均值为 2.14，均匀度指数均值为 0.63，Shannon-Wiener 多样性指数均值为 2.02；根据尾数，丰富度指数均值为 2.84，均匀度指数均值为 0.59，Shannon-Wiener 多样性指数均值为 1.91。

表 1-54　黄海北部 2014—2017 年渔业资源生物多样性指数（8 月）

航次	生物量			尾数		
	指数	均值	幅度	指数	均值	幅度
2014 年 8 月	D	1.44	1.02～2.20	D	1.85	1.11～2.86
	J'	0.63	0.38～0.82	J'	0.46	0.15～0.69
	H'	1.79	1.04～2.53	H'	1.31	0.41～2.01
2015 年 8 月	D	1.77	1.23～2.64	D	2.20	1.47～3.32
	J'	0.68	0.39～0.79	J'	0.53	0.32～0.69
	H'	2.04	1.21～2.23	H'	1.60	1.05～2.08
2016 年 8 月	D	1.96	1.04～2.69	D	2.57	1.36～3.55
	J'	0.69	0.51～0.78	J'	0.63	0.54～0.77
	H'	2.14	1.70～2.49	H'	1.97	1.76～2.56
2017 年 8 月	D	2.14	1.42～2.73	D	2.84	1.91～3.71
	J'	0.63	0.46～0.74	J'	0.59	0.44～0.75
	H'	2.02	1.45～2.50	H'	1.91	1.35～2.37

五、资源量评估

（一）辽东湾

2014 年 8 月辽东湾水域平均资源量为 1 566.68 kg/km²，包括鱼类 983.51 kg/km²，甲壳类 483.85 kg/km²，头足类 99.32 kg/km²。资源量在 100 kg/km² 以上的有 4 种，依次为矛尾鰕虎鱼（332.64 kg/km²）、口虾蛄（300.19 kg/km²）、黄鮟鱇（155.30 kg/km²）和短吻红舌鳎（109.23 kg/km²）。资源量在 50～100 kg/km² 的有 3 种，为枪乌贼（89.63 kg/km²）、孔鳐（88.57 kg/km²）和长绵鳚（65.19 kg/km²）；资源量在 10～50 kg/km² 的有 13 种，依次为许氏平鲉（47.43 kg/km²）、日本蟳（40.11 kg/km²）、细纹狮子鱼（37.61 kg/km²）、三疣梭子蟹（37.59 kg/km²）、小黄鱼（34.92 kg/km²）、斑尾复鰕虎鱼（34.44 kg/km²）、斑纹狮子鱼（29.57 kg/km²）、葛氏长臂虾（28.21 kg/km²）、泥脚隆背蟹（19.61 kg/km²）、颗粒关公蟹（16.08 kg/km²）、中国明对虾（12.69 kg/km²）、

鲲（11.52 kg/km²）和皮氏叫姑鱼（11.28 kg/km²）。

2015 年 8 月辽东湾水域平均资源量为 1 201.62 kg/km²，包括鱼类 561.53 kg/km²，甲壳类 556.05 kg/km²，头足类 84.04 kg/km²。资源量在 100 kg/km² 以上的有 3 种，依次为口虾蛄（354.05 kg/km²）、矛尾鰕虎鱼（209.19 kg/km²）和短吻红舌鳎（201.15 kg/km²）。资源量在 50~100 kg/km² 的有 2 种，为枪乌贼（71.66 kg/km²）、脊腹褐虾（56.37 kg/km²）；资源量在 10~50 kg/km² 的有 11 种，依次为葛氏长臂虾（32.79 kg/km²）、日本蟳（23.48 kg/km²）、泥脚隆背蟹（22.81 kg/km²）、三疣梭子蟹（22.61 kg/km²）、皮氏叫姑鱼（20.65 kg/km²）、黄鮟鱇（17.28 kg/km²）、斑鰶（16.45 kg/km²）、斑纹狮子鱼（14.79 kg/km²）、小黄鱼（12.24 kg/km²）、长蛸（12.12 kg/km²）和颗粒关公蟹（11.19 kg/km²）。

2016 年 8 月辽东湾水域平均资源量为 2 007.96 kg/km²，包括鱼类 826.92 kg/km²，甲壳类 1 107.63 kg/km²，头足类 73.41 kg/km²。资源量在 100~1 000 kg/km² 的有 3 种，依次口虾蛄（942.50 kg/km²）、矛尾鰕虎鱼（314.92 kg/km²）和短吻红舌鳎（206.72 kg/km²）。资源量在 50~100 kg/km² 的有 4 种，依次皮氏叫姑鱼（75.57 kg/km²）、枪乌贼（66.94 kg/km²）、斑尾复鰕虎鱼（60.03 kg/km²）和黄鮟鱇（57.21 kg/km²）。资源量在 10~50 kg/km² 的有 11 种，依次为日本蟳（28.33 kg/km²）、黄鲫（27.34 kg/km²）、葛氏长臂虾（24.26 kg/km²）、泥脚隆背蟹（22.36 kg/km²）、斑鰶（18.18 kg/km²）、日本鼓虾（17.01 kg/km²）、小黄鱼（16.55 kg/km²）、中国明对虾（15.63 kg/km²）、艾氏活额寄居蟹（12.01 kg/km²）、三疣梭子蟹（11.53 kg/km²）和日本关公蟹（11.05 kg/km²）。

2017 年 8 月辽东湾水域平均资源量为 1 898.07 kg/km²，包括鱼类 1 146.02 kg/km²，甲壳类 660.44 kg/km²，头足类 91.61 kg/km²。资源量在 100 kg/km² 以上的有 2 种，依次为矛尾鰕虎鱼（653.77 kg/km²）和口虾蛄（447.67 kg/km²）。资源量在 50~100 kg/km² 的有 5 种，为吻红舌鳎（94.56 kg/km²）、枪乌贼（86.80 kg/km²）、斑尾复鰕虎鱼（83.71 kg/km²）、黄鲫（82.13 kg/km²）和皮氏叫姑鱼（63.78 kg/km²）。资源量在 10~50 kg/km² 的有 12 种，依次为日本蟳（44.14 kg/km²）、斑鰶（43.57 kg/km²）、葛氏长臂虾（31.36 kg/km²）、三疣梭子蟹（28.29 kg/km²）、许氏平鲉（27.45 kg/km²）、日本关公蟹（19.44 kg/km²）、中国明对虾（18.67 kg/km²）、鲐（16.75 kg/km²）、颗粒关公蟹（16.55 kg/km²）、泥脚隆背蟹（11.76 kg/km²）、日本鼓虾（11.35 kg/km²）和隆线强蟹（10.32 kg/km²）。

（二）黄海北部

2014 年 8 月黄海北部渔业生物平均资源量为 5 751.83 kg/km²，包括鱼类 3 577.74 kg/km²，甲壳类 1 423.73 kg/km²，头足类 750.36 kg/km²。资源量在 100 kg/km² 以上的有 13 种，

依次为斑纹狮子鱼（987.09 kg/km²）、枪乌贼类（676.37 kg/km²）、脊腹褐虾（659.13 kg/km²）、大泷六线鱼（475.61 kg/km²）、长绵鳚（445.16 kg/km²）、高眼鲽（344.91 kg/km²）、细纹狮子鱼（327.34 kg/km²）、三疣梭子蟹（297.92 kg/km²）、黄鮟鱇（181.69 kg/km²）、隆背黄道蟹（165.22 kg/km²）、李氏鮨（148.19 kg/km²）、鳀（120.35 kg/km²）和黄鮟鱇（103.37 kg/km²）。资源量在 50～100 kg/km² 的有 9 种，依次为方氏云鳚（66.47 kg/km²）、矛尾虾虎鱼（66.27 kg/km²）、寄居蟹类（65.69 kg/km²）、枯瘦突眼蟹（62.40 kg/km²）、太平洋褶柔鱼（59.43 kg/km²）、大头鳕（55.69 kg/km²）、绯鮨（53.30 kg/km²）、许氏平鲉（51.04 kg/km²）和绒杜父鱼（50.55 kg/km²）。资源量在 10～50 kg/km² 的有 9 种，依次为口虾蛄（48.54 kg/km²）、短鳍鮨（47.95 kg/km²）、小杜父鱼（28.21 kg/km²）、角木叶鲽（27.17 kg/km²）、斑鰶（18.01 kg/km²）、孔鳐（13.91 kg/km²）、钝吻黄盖鲽（12.43 kg/km²）、赤鼻棱鳀（12.03 kg/km²）和日本关公蟹（11.26 kg/km²）。

2015 年 8 月黄海北部渔业生物平均资源量为 3 194.55 kg/km²，包括鱼类 2 345.63 kg/km²，甲壳类 468.75 kg/km²，头足类 380.17 kg/km²。资源量在 100 kg/km² 以上的有 12 种，依次为长绵鳚（409.32 kg/km²）、细纹狮子鱼（359.39 kg/km²）、枪乌贼类（328.29 kg/km²）、斑纹狮子鱼（315.35 kg/km²）、绯鮨（185.85 kg/km²）、脊腹褐虾（178.71 kg/km²）、短鳍鮨（146.94 kg/km²）、许氏平鲉（141.32 kg/km²）、大泷六线鱼（139.03 kg/km²）、隆背黄道蟹（119.80 kg/km²）、高眼鲽（117.36 kg/km²）和黄鮟鱇（103.37 kg/km²）。资源量在 50～100 kg/km² 的有 2 种，分别为李氏鮨（98.96 kg/km²）和枯瘦突眼蟹（52.38 kg/km²）。资源量在 10～50 kg/km² 的有 16 种，依次为鲐（48.07 kg/km²）、太平洋褶柔鱼（45.95 kg/km²）、口虾蛄（38.80 kg/km²）、鳀（38.70 kg/km²）、绒杜父鱼（34.89 kg/km²）、方氏云鳚（33.56 kg/km²）、矛尾虾虎鱼（30.29 kg/km²）、角木叶鲽（28.51 kg/km²）、戴氏赤虾（23.61 kg/km²）、寄居蟹类（17.30 kg/km²）、石鲽（16.70 kg/km²）、孔鳐（15.84 kg/km²）、三疣梭子蟹（14.57 kg/km²）、日本蚂（14.37 kg/km²）、大头鳕（12.33 kg/km²）和短吻红舌鳎（12.04 kg/km²）。

2016 年 8 月黄海北部渔业生物平均资源量为 3 745.88 kg/km²，包括鱼类 2 834.53 kg/km²，甲壳类 610.13 kg/km²，头足类 301.22 kg/km²。资源量在 100 kg/km² 以上的有 8 种，依次为大泷六线鱼（702.08 kg/km²）、长绵鳚（435.20 kg/km²）、斑纹狮子鱼（343.40 kg/km²）、枪乌贼类（284.39 kg/km²）、三疣梭子蟹（237.17 kg/km²）、细纹狮子鱼（234.72 kg/km²）、方氏云鳚（147.30 kg/km²）和口虾蛄（120.82 kg/km²）。资源量在 50～100 kg/km² 的也有 8 种，依次为许氏平鲉（94.78 kg/km²）、鳀（92.40 kg/km²）、日本蚂（88.28 kg/km²）、黄鮟鱇（84.75 kg/km²）、钝吻黄盖鲽（80.04 kg/km²）、孔鳐（74.26 kg/km²）、绯鮨（66.37 kg/km²）和短鳍鮨（65.38 kg/km²）。资源量在 10～50 kg/km² 的有 19 种，依次为高眼鲽（47.03 kg/km²）、角木叶鲽（46.17 kg/km²）、绒杜父鱼（45.65 kg/km²）、

脊腹褐虾（45.14 kg/km²）、隆背黄道蟹（44.83 kg/km²）、矛尾鰕虎鱼（43.20 kg/km²）、鲐（36.80 kg/km²）、短吻红舌鳎（32.33 kg/km²）、李氏䲗（31.67 kg/km²）、鹰爪虾（21.87 kg/km²）、大头鳕（21.35 kg/km²）、石鲽（17.54 kg/km²）、皮氏叫姑鱼（15.80 kg/km²）、蓝点马鲛（15.76 kg/km²）、小黄鱼（12.86 kg/km²）、戴氏赤虾（12.37 kg/km²）、长蛸（11.79 kg/km²）、星康吉鳗（11.69 kg/km²）和葛氏长臂虾（11.34 kg/km²）。

2017 年 8 月黄海北部渔业生物平均资源量为 4 325.82 kg/km²，包括鱼类 3 299.67 kg/km²、甲壳类 674.19 kg/km²、头足类 351.96 kg/km²。资源量在 100 kg/km² 以上的有 13 种，依次为鲐（536.14 kg/km²）、斑纹狮子鱼（492.00 kg/km²）、细纹狮子鱼（420.57 kg/km²）、枪乌贼类（269.45 kg/km²）、大泷六线鱼（264.48 kg/km²）、口虾蛄（241.44 kg/km²）、绯䲗（222.84 kg/km²）、鳀（176.05 kg/km²）、三疣梭子蟹（121.13 kg/km²）、大头鳕（121.04 kg/km²）、钝吻黄盖鲽（117.65 kg/km²）、短鳍䱵（104.16 kg/km²）和黄鮟鱇（102.43 kg/km²）。资源量在 50~100 kg/km² 的有 7 种，依次为许氏平鲉（96.75 kg/km²）、鹰爪虾（80.48 kg/km²）皮氏叫姑鱼（77.45 kg/km²）、日本蟳（76.52 kg/km²）、绒杜父鱼（75.81 kg/km²）、矛尾鰕虎鱼（67.32 kg/km²）和孔鳐（58.05 kg/km²）。资源量在 10~50 kg/km² 的有 20 种，依次为枯瘦突眼蟹（45.35 kg/km²）、石鲽（44.71 kg/km²）、脊腹褐虾（36.55 kg/km²）、短吻红舌鳎（34.46 kg/km²）、小黄鱼（31.88 kg/km²）、短蛸（31.43 kg/km²）、褐牙鲆（30.32 kg/km²）、长绵鳚（28.98 kg/km²）、黄鲫（24.88 kg/km²）、长蛸（23.51 kg/km²）、隆背黄道蟹（22.14 kg/km²）、鮸（21.68 kg/km²）、赤鼻棱鳀（19.84 kg/km²）、方氏云鳚（18.72 kg/km²）、斑鰶（14.87 kg/km²）、高眼鲽（14.43 kg/km²）、六丝钝尾鰕虎鱼（14.36 kg/km²）、寄居蟹类（13.62 kg/km²）、角木叶鲽（12.57 kg/km²）和戴氏赤虾（11.42 kg/km²）。

六、资源特征年际变化分析

（一）辽东湾

辽东湾水域 2014—2017 年 8 月航次调查共捕获渔业生物 92 种，其中鱼类 49 种，甲壳类 37 种，头足类 6 种。1998 年至 2017 年夏季 8 月航次的渔业生物种类组成如表 1-55 所示，渔业生物种类数捕获最多年份出现在 2015 年，为 73 种，其次为 2017 年，65 种。1998 年 8 月调查网具与其他年份不一致（1998 年为双船底拖网，其他年份为单船底拖网），调查区域为辽东湾中部及北部，因此捕获的渔业种类数相对较少。2006 年 8 月调查范围为辽东湾沿岸水域，辽东湾中部及南部水域的渔业生物种类数未调查到。总体上看，2006—2017 年渔业生物种类数未出现减少的趋势。

表 1-55　辽东湾水域 8 月渔业生物种类组成

生态类别	1998 年	2006 年	2008 年	2014 年	2015 年	2016 年	2017 年
中上层鱼类	14	7	7	6	7	8	8
底层鱼类		22	23	30	32	26	30
甲壳类	8	17	16	20	30	21	23
头足类		4	4	5	4	4	4
总计	22	50	50	61	73	59	65

注：1998 年 8 月调查辽东湾水域捕获鱼类种类数 14 种，无脊椎动物 8 种，共计 22 种（程济生，2004）。

　　由鱼类群落优势种组成可见，矛尾鰕虎鱼和短吻红舌鳎是辽东湾水域 8 月稳定的优势种，2014 年以来矛尾鰕虎鱼的生态优势度居第一位，且生态优势度有逐渐增加的趋势。小黄鱼的优势地位明显下降，2008 年占据绝对优势地位，2014—2017 年生态优势度下降明显，不再以优势种身份出现。斑鰶的生态优势度相对平稳，为辽东湾水域的重要种；黄鲫在 2016 年和 2017 年成为辽东湾水域的优势种，2017 年其生态优势度居于第二位，仅次于矛尾鰕虎鱼。皮氏叫姑鱼的生态优势度基本呈增加的趋势，逐渐占据鱼类群落的重要地位（表 1-56）。

表 1-56　辽东湾水域 8 月鱼类前 7 位优势种类组成（IRI 值）

种类	2008 年	2014 年	2015 年	2016 年	2017 年
斑鰶	258		185		233
黄鲫				608	2 529
鳀		296			
青鳞沙丁鱼	468				
小黄鱼	10 180	435	193	237	
皮氏叫姑鱼		280	817	1 846	1 269
矛尾鰕虎鱼	1 565	9 190	9 936	9 288	11 616
斑尾复鰕虎鱼				312	122
短吻红舌鳎	1 914	1 943	4 404	3 404	1 214
黄鮟鱇		1 292	157	580	
许氏平鲉	728	605	219		239
大泷六线鱼	164				

　　1998 年 8 月调查，辽东湾水域鱼类群落的优势种为银鲳（IRI 为 6 260）、蓝点马鲛（IRI 为 5 863）、小黄鱼（IRI 为 2 540）、黄鲫（IRI 为 1 028）和小带鱼（IRI 为 538）（程济生，2004）。1998—2017 年，辽东湾水域的优势种发生了一定的更替，洄游性鱼类银鲳、蓝点马鲛等的生态优势度下降明显，地方性鱼类如矛尾鰕虎鱼、短吻红舌鳎的优势地位上升快速。小黄鱼的资源量年间波动幅度较大，作为经济鱼类仍存在捕捞过度的现象，导致其在群落中的优势地位变化剧烈，2014—2017 年的调查数据表明小黄鱼的优势地位较 1998 年和 2008 年下降明显，仅作为常见种或少见种出现。黄鲫、斑鰶、鳀等次

级经济鱼类近年的捕捞利用强度增加，同样存在过度捕捞的风险，其优势地位的波动也较大。矛尾鰕虎鱼、短吻红舌鳎等因其生命周期短，生长速度快，同时因无经济价值被捕捞过度的风险较小，故在鱼类群落中具有较高的优势地位。

口虾蛄、枪乌贼类为辽东湾水域8月无脊椎动物群落的稳定优势种，口虾蛄处于绝对优势地位，5个年份调查均居于生态优势度第一位。葛氏长臂虾在2008年为重要种，2014年以来其生态优势度大幅度增加，成为该水域的优势种。中国明对虾和三疣梭子蟹的优势地位有所提升，2017年均成为辽东湾水域的重要种（表1-57）。

表1-57 辽东湾水域8月无脊椎动物前7位优势种类组成（IRI值）

种类	2008年	2014年	2015年	2016年	2017年
口虾蛄	15 088	7 581	7 305	13 268	8 657
中国明对虾					262
葛氏长臂虾	154	4 258	2 659	1 611	2 812
脊腹褐虾			3 219		
日本鼓虾	30		341	571	478
鲜明鼓虾				198	
颗粒关公蟹		228			
日本关公蟹	50				
泥脚隆背蟹		387	308	172	
日本蟳	477	708	268	245	546
三疣梭子蟹		709			281
枪乌贼类	1 888	3 358	1 846	1 449	2 639
长蛸	289				

辽东湾水域渔业生物资源密度的年际变化显示，总资源密度呈现一定的年际波动，鱼类资源密度的年际变动相对平稳，无明显增加或减少趋势；无脊椎动物的资源密度表现为增加的趋势。2015年8月总资源密度最高，甲壳类资源密度占比55.16%。2006—2016年，鱼类资源密度占据总资源密度比例表现为逐渐下降，分别为71.60%、49.40%、62.78%、46.73%、41.18%，2018年后渔业资源密度占总资源密度的比例低于50%；2017年鱼类资源密度占比升高，为60.38%（表1-58）。

表1-58 辽东湾水域8月渔业生物资源密度组成（kg/h）

生态类别	2006年	2008年	2014年	2015年	2016年	2017年
鱼类	27.26	14.41	27.32	15.60	22.97	31.84
甲壳类	10.58	12.97	13.44	15.45	30.77	18.35
头足类	0.23	1.79	2.76	2.33	2.04	2.54
总计	38.07	29.17	43.52	33.38	55.78	52.73

由主要优势种和经济种渔获质量可见，相比2008年，2014—2017年大部分主要优势种和经济种的平均体重有下降趋势，如黄鲫、皮氏叫姑鱼、矛尾鰕虎鱼、葛氏长臂虾、

脊腹褐虾、日本蟳、枪乌贼类；蓝点马鲛、黄鮟鱇、口虾蛄在 2008—2016 年表现为平均体重下降，2017 又提升至平均体重最高值；小黄鱼、长绵鳚和中国明对虾的平均体重出现一定幅度的波动。总体上，主要优势种和经济种的平均体重均小于 150 g/个，当年生幼鱼和 1 龄个体占据渔获的绝对优势（表 1 - 59）。

表 1 - 59　辽东湾水域 8 月主要优势种和经济种平均体重（g/个）

种类	2008 年	2014 年	2015 年	2016 年	2017 年
黄鲫	7.8	5.1	4.5	2.9	2.5
皮氏叫姑鱼	7.2	3.8	3	3.1	5.9
短吻红舌鳎	11.5	12.8	17.8	12.1	16
矛尾鰕虎鱼	8.0	7	4.6	4.1	7.3
小黄鱼	12.6	21.3	12.2	9.8	15
长绵鳚	19.7	31.9	32.5	48.6	12
蓝点马鲛	91.3	31.7	50.6	44.8	114.7
黄鮟鱇	64.0	41.5	39.9	29	112.2
中国明对虾	24.5	30	21.6	20.7	29.3
葛氏长臂虾	1.6	0.9	1.1	1.1	1.1
脊腹褐虾	2.1	2.2	1.1	0.9	1.2
口虾蛄	16.3	15.3	15.4	14.3	17.9
日本蟳	49.6	36.1	30.3	31.2	42.9
三疣梭子蟹	58.8	22.1	125.6	175.5	55.9
枪乌贼类	10.4	6.1	6.6	5.7	6.3

（二）黄海北部

2014—2017 年，黄海北部 8 月航次调查共捕获渔业生物 94 种，其中鱼类 59 种，甲壳类 28 种，头足类 7 种。2009 年至 2017 年夏季 8 月航次的渔业生物种类组成如表 1 - 60 所示，渔业生物种类数捕获最多年份出现在 2017 年，为 80 种，其次为 2016 年，68 种。总体上看，除 2017 年休渔期延长导致种类数相对较多外，2009—2016 年，渔业生物种类数变化较小。

表 1 - 60　黄海北部 8 月渔业生物种类组成

生态类别	2009 年	2014 年	2015 年	2016 年	2017 年
中上层鱼类	5	7	3	5	8
底层鱼类	37	29	36	36	44
甲壳类	17	15	19	22	23
头足类	6	7	4	5	5
总计	65	58	62	68	80

大泷六线鱼和鰕属鱼类是黄海北部夏季 8 月共同的优势种，优势种中具有较高经济价值的种类有鲐、大泷六线鱼和许氏平鲉。2009 年优势种为 5 种，2014 年优势种增加为 7 种，李氏鮨、长绵鳚和大泷六线鱼仍为优势种，角木叶鲽和短吻红舌鳎被斑纹狮子鱼、细纹狮子鱼、鳀和矛尾鰕虎鱼所代替；2015 年，优势种增加为 9 种，鳀退出优势种行列，许氏平鲉、绯鲻和短鳍鮪成为新增加的优势种；2016 年，优势种减为 8 种，李氏鮨和绯鲻退出优势种行列，方氏云鳚成为新增加的优势种；2017 年优势种仍为 8 种，长绵鳚、方氏云鳚、斑纹狮子鱼和细纹狮子鱼退出优势种行列，鲐、鳀、绯鲻和皮氏叫姑鱼成为新增加的优势种。中上层鱼类成为优势种的仅有鳀和鲐，黄海北部鱼类优势种仍以底层鱼类为主。2009 年至 2017 年夏季 8 月，黄海北部鱼类优势种发生了一定程度的更替，洄游性鱼类小黄鱼、蓝点马鲛的生态优势度下降明显，中上层鱼类鳀、鲐和小型土著鱼类方氏云鳚、矛尾鰕虎鱼优势度呈现上升趋势，地方性鱼类狮子鱼类、鰕属鱼类和大泷六线鱼优势地位则比较稳定（表 1-61）。

表 1-61　黄海北部 8 月鱼类优势种和重要种组成（IRI 值）

种类	2009 年	2014 年	2015 年	2016 年	2017 年
斑纹狮子鱼		2 090	962	901	495
细纹狮子鱼	245	1 329	1 147	652	312
大泷六线鱼	1 691	2 141	809	3 987	1 062
短鳍鮪		108	876	671	777
绯鲻		134	946	310	687
李氏鮨	4 713	839	605	348	
短吻红舌鳎	810			130	165
方氏云鳚		458	207	1 095	169
角木叶鲽	737		219		
矛尾鰕虎鱼	199	582	524	557	678
皮氏叫姑鱼	157				910
鲐			199	236	3 453
鳀		1 009	256	451	1 429
许氏平鲉	355	273	1 919	640	706
长绵鳚	2 740	2 116	3 160	2 686	154
小黄鱼	290				
蓝点马鲛	182				
高眼鲽		490	256		
黄鮟鱇		316	307	214	
钝吻黄盖鲽			161		

2009—2014 年的 5 个航次调查数据显示，黄海北部 8 月无脊椎动物稳定的优势种为枪乌贼类，有 3 个年份生态优势度居第一位。2009 年优势种有 3 种，分别为枪乌贼类、三疣梭子蟹和口虾蛄，2014 年优势种也为 3 种，但脊腹褐虾和隆背黄道蟹取代三疣梭子

蟹和口虾蛄成为新的优势种；2015 年优势种和 2014 年保持一致，均为脊腹褐虾、枪乌贼类和隆背黄道蟹；2016 年优势种增加为 5 种，口虾蛄和三疣梭子蟹重新成为优势种；2017 年优势种也为 5 种，鹰爪虾取代隆背黄道蟹成为优势种。相较于 2009 年，2014 年之后经济价值较高品种的优势地位下降，脊腹褐虾、隆背黄道蟹等小型低值甲壳类在无脊椎动物群落中优势地位有所上升（表 1-62）。

表 1-62　黄海北部 8 月无脊椎动物优势种和重要种组成（IRI 值）

种类	2009 年	2014 年	2015 年	2016 年	2017 年
枪乌贼类	6 941	3 929	4 376	5 252	5 231
三疣梭子蟹	3 131	372		1 057	790
口虾蛄	1 049	142	370	1 084	2 387
日本蟳	240	222		433	371
寄居蟹类	136	294			
脊腹褐虾		5 623	5 809	1 184	800
隆背黄道蟹		691	1 548	518	161
戴氏赤虾			465	117	274
鹰爪虾				280	1 453
长足七腕虾				228	
葛氏长臂虾				190	
短蛸					300
枯瘦突眼蟹					110

黄海北部渔业生物资源密度呈现一定的年际波动，表现为 2009 年密度最低，到 2014 年出现峰值，该年度总资源密度、鱼类和无脊椎动物资源密度均为 5 次调查最高，2015—2017 年，资源密度呈现逐年升高趋势。总体上看，鱼类在黄海北部渔业生物组成中占重要地位，占总资源密度比例分别为 50.92%、66.82%、73.25%、75.67% 和 76.28%。长绵鳚、狮子鱼类、大泷六线鱼、脊腹褐虾、枪乌贼类等优势种类数量的爆发性增长是造成 2014 年渔业生物资源密度相对较高的主要原因，2015 年后密度逐年上升可能和休渔（2017 年休渔期延长 1 个月）、渔船减能和采样的偶然性相关（表 1-63）。

表 1-63　黄海北部 8 月渔业生物资源密度组成（kg/h）

生态类别	2009 年	2014 年	2015 年	2016 年	2017 年
鱼类	30.26	106.77	65.16	78.74	91.66
甲壳类	23.08	38.43	13.02	16.95	18.73
头足类	6.08	20.84	10.56	8.37	9.78
总计	59.42	166.04	88.74	104.06	120.17

由主要优势种和经济种渔获质量可见，相比于 2009 年，2014—2016 年大部分主要优势种和经济种的平均体重有下降趋势，如长绵鳚、大泷六线鱼、蓝点马鲛、黄鮟鱇、大头鳕、高眼鲽、鹰爪虾、枪乌贼类和中国明对虾等；而钝吻黄盖鲽、日本蟳、太平洋褶柔鱼

和鳀等种类平均体重程增加趋势；小黄鱼、许氏平鲉、孔鳐、石鲽、鲬、口虾蛄和三疣梭子蟹等平均体重出现一定幅度的年际波动；平均体重的峰值大都出现在 2017 年。总体上，主要优势种和经济种的平均体重均小于 110 g/个，当年生幼鱼和 1 龄个体在渔业生物群体组成中占绝对优势（表 1-64）。

表 1-64　黄海北部 8 月水域主要优势种和经济种平均体重（g/个）

种类	2009 年	2014 年	2015 年	2016 年	2017 年
大泷六线鱼	35.20	34.13	30.14	31.75	63.13
长绵鳚	32.00	25.74	10.85	18.53	18.54
蓝点马鲛	72.23	35.43	62.20	47.44	97.97
黄鮟鱇	921.69	149.43	166.81	72.36	1 327.96
小黄鱼	32.38	19.40	53.32	41.38	34.39
大头鳕	701.11	326.61	239.71	31.09	286.18
许氏平鲉	15.76	17.75	4.64	13.39	11.37
孔鳐	147.95	235.89	362.28	265.01	309.26
白姑鱼	118.30		144.38	39.70	55.29
高眼鲽	138.20	47.30	32.69	52.63	165.11
石鲽	95.30	35.60	108.24	66.21	267.55
钝吻黄盖鲽	23.69	31.93	74.10	100.23	448.61
鲬	19.56	41.70	39.11	17.32	20.92
口虾蛄	15.01	11.72	10.57	15.21	11.63
三疣梭子蟹	139.40	217.60	177.12	141.26	218.11
日本蟳	31.89	35.11	39.91	48.97	55.89
鹰爪虾	8.80	5.39	6.67	3.87	3.33
枪乌贼类	8.53	7.30	7.55	7.97	9.50
太平洋褶柔鱼	32.98	49.32	119.15	271.30	
中国明对虾	28.62		19.33	16.70	29.45
鲕	128.36	165.43	108.13	146.86	125.26
鳀	5.19	5.36	10.02	11.81	11.19
绿鳍马面鲀		21.20		240.10	
斑鰶	71.28	34.74			26.29

第二章
近海产卵场现状及其变动

　　鱼卵和仔稚鱼阶段是鱼类生活史的早期阶段，是鱼类对环境变化敏感性最强的时期，也是数量最大、死亡最多的阶段，鱼卵和仔稚鱼残存量的多寡，将直接影响鱼类补充群体的丰度。本章通过对辽宁省海洋水产科学研究院于 2014—2017 年在辽宁省近海进行的 8 个航次的鱼卵和仔稚鱼的调查与分析，为研究辽宁省近海鱼类资源提供丰富的数据。

第一节　研究方法

一、调查方法及资料来源

　　调查区域为辽宁省近海的辽东湾和黄海北部海域，调查时间为 2014 年（10 月）、2015 年（3 月、5 月、6 月）、2016 年（6 月、7 月、8 月）和 2017 年（6 月），共计 8 个航次。其中鱼卵和仔稚鱼季节变化分析依据 2014—2016 年的 6 个航次的调查结果，分别为：春季（2015 年 5 月）、夏季（2016 年 6 月、7 月、8 月）、秋季（2014 年 10 月）和冬季（2015 年 3 月 *）；鱼卵和仔稚鱼的年际变化分析依据 2015 年 6 月、2016 年 6 月、2017 年 6 月的调查结果。

　　在调查方法上，水平采样使用大型浮游生物网（网长 280 cm、网口内径 80 cm、孔径 0.505 mm）进行，在海水表层 0～3 m 水层，以 2 kn 船速，每站水平拖曳 10 min；垂直采样采用浅水 Ⅰ 型浮游生物网（网长 145 cm、网口内径 50 cm、孔径 0.505 mm），每站停船后从底到表取样。水平和垂直采样网网口均系有流量计，用以计算滤水量。所采集样品以 5% 海水福尔马林溶液固定保存，带回实验室进行样品分析鉴定。

二、优势种分析

　　针对水平调查结果，分别计算鱼卵和仔稚鱼各种类重要性指数（Index of Relative Importance，IRI），IRI 的计算公式如下：

$$IRI=(N\%+W\%) \cdot F\% \tag{1}$$

　　由于鱼卵和仔稚幼鱼个体都很小，因此不考虑生物量，只考虑个体数量这一因素，IRI 的计算公式可以简化为：

$$IRI=N\% \cdot F\% \tag{2}$$

　　并根据 IRI 划分调查区域鱼卵和仔稚鱼优势种类、重要种类、主要种类以及常见种类，划分依据为：$IRI>1\,000$ 的为优势种类；$1\,000>IRI>100$ 的为重要种类；$100>$

---

　　* 由于辽宁省近海纬度较高，在 12 月至翌年 2 月期间部分近海及河口海域处于冰期，所以将 3 月调查作为冬季调查进行本节的季节变化分析。

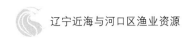

$IRI>10$ 的为主要种类；$10>IRI>1$ 的为常见种类。

三、生物多样性

丰富度（D）、均匀度（J'）和生物多样性（H'）指数计算公式如下：

丰富度指数 D（Margaler，1958）：

$$D=\frac{S-1}{\log_2 N} \tag{3}$$

多样性指数 H'（Shannon-Wiener，1963）：

$$H'=-\sum_{i=1}^{s} P_i \cdot \log_2 P_i \tag{4}$$

式中：

$$P_i=\frac{n_i}{N}$$

均匀度指数（Pielou，1966）：

$$J'=\frac{H'}{\log_2 S} \tag{5}$$

式中：S——种类数；

N——个体总数；

P_i——第 i 种个体占个体总数的比例；

n_i——第 i 种个体数。

四、种类更替率

不同航次、不同季节以及不同年份中鱼卵和仔稚鱼种类变化用种类更替率衡量。
种类更替率：

$$E=A/(A+B) \tag{6}$$

式中：A——相邻两个季节（航次）种类增加数与种类减少数之和；

B——相邻两个季节（航次）相同的种类数。

第二节　季节变化

一、种类组成

调查采集到的鱼卵、仔稚鱼经鉴定，共计 43 种，种类名录见表 2-1，各航次鱼卵和仔稚鱼中有 42 种鉴定到种，1 种鉴定到属。所有种类隶属于 10 目、27 科、38 属，其中鲈形目 20 种、鲉形目 5 种、鲽形目 5 种、鲱形目 5 种、鲻形目 2 种、鲑形目 2 种、刺鱼目 1 种、灯笼鱼目 1 种、颌针鱼目 1 种、银汉鱼目 1 种。

已鉴定到种的 42 个种类，从产卵习性来看，产浮性卵种类共计 23 种，产附着性卵种类 10 种，产黏着性卵种类 7 种，有 2 种为卵胎生；按照适温属性来看，暖温性种类共计 22 种，暖水性种 13 种，冷温性种 7 种。

表 2-1 鱼卵、仔稚鱼种类名录

种类	拉丁名	分类
青鳞小沙丁鱼	*Sardinella zunasi*	鲱形目鲱科沙丁鱼属
斑鰶	*Konosirus punctatus*	鲱形目鲱科斑鰶属
黄鲫	*Setipinna taty*	鲱形目鳀科黄鲫属
鳀	*Engraulis japonicus*	鲱形目鳀科鳀属
赤鼻棱鳀	*Thryssa kammalensis*	鲱形目鳀科棱鳀属
日本下鱵鱼	*Hyporhamphus sajori*	颌针鱼目鱵科下鱵属
白氏银汉鱼	*Allanetta bleekeri*	银汉鱼目银汉鱼科银汉鱼属
中国大银鱼	*Portosalanx chinensis*	鲑形目银鱼科大银鱼属
安氏新银鱼	*Neosalanx anderssoni*	鲑形目银鱼科新银鱼属
尖海龙	*Syngnathus acus*	刺鱼目海龙科海龙属
鲛	*Liza haematocheila*	鲻形目鲻科鲛属
油魣	*Sphyraena pinguis*	鲻形目魣科魣属
蛇鲻	*Saunide* sp.	灯笼鱼目狗母鱼科蛇鲻属
多鳞鱚	*Sillago sichama*	鲈形目鱚科鱚属
绯鳉	*Callionymus beniteguri*	鲈形目鳉科鳉属
李氏鳉	*Repomucenus richardsonii*	鲈形目鳉科鳉属
皮氏叫姑鱼	*Johnius belengerii*	鲈形目石首鱼科叫姑鱼属
黑鳃梅童鱼	*Collichthys niveatus*	鲈形目石首鱼科梅童鱼属
棘头梅童鱼	*Collichthys lucidus*	鲈形目石首鱼科梅童鱼属
花鲈	*Lateolabrax japonicus*	鲈形目鮨科花鲈属
鲯鳅	*Coryphaena hippurus*	鲈形目鲯鳅科鲯鳅属
矛尾鰕虎鱼	*Chaeturichthys stigmatias*	鲈形目鰕虎鱼科矛尾鰕虎鱼属
纹缟鰕虎鱼	*Tridentiger trigonocephalus*	鲈形目鰕虎鱼科缟鰕虎鱼属
暗缟鰕虎鱼	*Tridentiger obscurus*	鲈形目鰕虎鱼科缟鰕虎鱼属
竿鰕虎鱼	*Luciogobius guttatus*	鲈形目鰕虎鱼科竿鰕虎鱼属
横带高鳍鰕虎鱼	*Pterogobius zacalles*	鲈形目鰕虎鱼科高鳍鰕虎鱼属
中华栉孔鰕虎鱼	*Ctenotrypauchen chinensis*	鲈形目鳗鰕虎鱼科栉孔鰕虎鱼属
方氏云鳚	*Enedrias fangi*	鲈形目锦鳚科云鳚属
缝鳚	*Chirolophis japonicus*	鲈形目线鳚科缝鳚属
六线鳚	*Ernogrammus hexagrammus*	鲈形目线鳚科六线鱼鳚属
小带鱼	*Eupleurogrammus muticus*	鲈形目带鱼科小带鱼属
鲐	*Scomber japonicus*	鲈形目鲭科鲐属
蓝点马鲛	*Scomberomorus niphonius*	鲈形目鲭科马鲛属
褐牙鲆	*Paralichthys olivaceus*	鲽形目牙鲆科牙鲆属

（续）

种类	拉丁名	分　类
短吻红舌鳎	*Cynoglossus joyneri*	鲽形目舌鳎科舌鳎属
半滑舌鳎	*Cynoglossus semilaevis*	鲽形目舌鳎科舌鳎属
高眼鲽	*Cleisthenes herzensteini*	鲽形目鲽科高眼鲽属
角木叶鲽	*Pleuronichthys cornutus*	鲽形目鲽科木叶鲽属
大泷六线鱼	*Hexagrammos otakii*	鲉形目六线鱼科六线鱼属
鲬	*Platycephalus indicus*	鲉形目鲬科鲬属
许氏平鲉	*Sebastes schlegelii*	鲉形目鲉科平鲉属
细纹狮子鱼	*Liparis tanakae*	鲉形目狮子鱼科狮子鱼属
斑纹狮子鱼	*Liparis maculatus*	鲉形目狮子鱼科狮子鱼属

　　根据调查结果，并结合相关文献资料，整理了各个种类的产卵时间（图 2 - 1），可以看出，辽宁沿海多数鱼类产卵时间集中在春、夏季（5—8 月）。

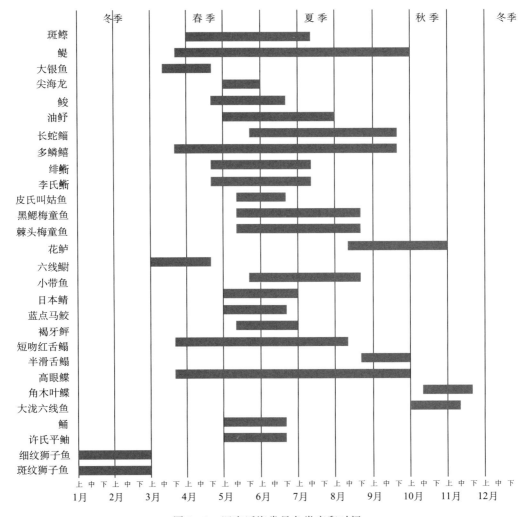

图 2 - 1　辽宁近海常见鱼类产卵时间

（一）鱼卵种类组成

春季（5月）共采集到鱼卵14种，隶属于5目、9科、12属，其中鲈形目6种、鲱形目4种、鲽形目2种、鲻形目1种、鲀形目1种，分别为：青鳞小沙丁鱼、斑鰶、黄鲫、鳀、鲛、绯鲔、李氏鲬、皮氏叫姑鱼、黑鳃梅童鱼、棘头梅童鱼、蓝点马鲛、褐牙鲆、短吻红舌鳎、鲬。

夏季（6月、7月、8月）共采集到鱼卵18种，隶属于6目、14科、17属，其中鲈形目8种、鲱形目3种、鲽形目3种、鲻形目2种、鲀形目1种、灯笼鱼目1种，分别为：斑鰶、黄鲫、鳀、鲛、油魣、蛇鲻、多鳞鱚、绯鲔、皮氏叫姑鱼、棘头梅童鱼、花鲈、小带鱼、鲐、蓝点马鲛、褐牙鲆、短吻红舌鳎、半滑舌鳎、鲬。

秋季（10月）共采集到鱼卵3种，隶属于2目、2科、3属，其中鲽形目2种、鲈形目1种，分别为：花鲈、高眼鲽、角木叶鲽。

冬季（3月）没有采集到鱼卵。

（二）仔稚鱼种类组成

春季（5月）共采集到仔稚鱼10种，隶属于6目、8科、10属，其中鲱形目3种、鲈形目3种、鲻形目1种、刺鱼目1种、鲀形目1种、鲑形目1种，分别为：斑鰶、鳀、赤鼻棱鳀、中国大银鱼、尖海龙、鲛、矛尾鰕虎鱼、横带高鳍鰕虎鱼、六线鳚、许氏平鲉。

夏季（6月、7月、8月）共采集到仔稚鱼23种，隶属于8目、16科、22属，其中鲈形目12种、鲱形目4种、鲀形目2种、鲻形目1种、鲽形目1种、颌针鱼目1种、银汉鱼目1种、鲑形目1种，分别为：斑鰶、黄鲫、鳀、赤鼻棱鳀、日本下鱵鱼、白氏银汉鱼、中国大银鱼、鲛、多鳞鱚、棘头梅童鱼、鳀鳅、矛尾鰕虎鱼、纹缟鰕虎鱼、暗缟鰕虎鱼、竿鰕虎鱼、横带高鳍鰕虎鱼、中华栉孔鰕虎鱼、六线鳚、鲐、蓝点马鲛、短吻红舌鳎、鲬、许氏平鲉。

秋季（10月）共采集到仔稚鱼5种，隶属于5目、5科、5属，其中鲈形目1种、鲱形目1种、鲀形目1种、银汉鱼目1种、鲑形目1种，分别为：鳀、白氏银汉鱼、中国大银鱼、花鲈、大泷六线鱼。

冬季（3月）共采集到仔稚鱼6种，隶属于4目、4科、5属，其中鲀形目2种、鲈形目2种、颌针鱼目1种、鲑形目1种，分别为：日本下鱵鱼、安氏新银鱼、方氏云鳚、缎鳚、细纹狮子鱼、斑纹狮子鱼。

各季节鱼卵、仔稚鱼种类组成见表2-2，各季节鱼卵、仔稚鱼种类数展示见图2-2。

表 2-2　各季节鱼卵、仔稚鱼种类组成

种类	春季		夏季		秋季		冬季
	鱼卵	仔稚鱼	鱼卵	仔稚鱼	鱼卵	仔稚鱼	仔稚鱼
青鳞小沙丁鱼	+						
斑鰶	+	+	+	+			
黄鲫	+		+	+			
鳀	+	+	+	+		+	
赤鼻棱鳀		+		+			
日本下鱵鱼				+			+
白氏银汉鱼				+		+	
中国大银鱼		+		+		+	
安氏新银鱼							+
尖海龙		+					
鲹	+	+	+	+			
油舒			+				
蛇鲻			+				
多鳞鱚			+	+			
绯鲻	+		+				
李氏鲻	+						
皮氏叫姑鱼	+		+				
黑鳃梅童鱼	+						
棘头梅童鱼	+		+	+			
花鲈			+		+	+	
鲯鳅			+				
矛尾鰕虎鱼		+	+				
纹缟鰕虎鱼			+				
暗缟鰕虎鱼			+				
竿鰕虎鱼			+				
横带高鳍鰕虎鱼		+	+				
中华栉孔鰕虎鱼			+				
方氏云鳚							+
缒鳚							+
六线鳚		+		+			
小带鱼			+				
鲐			+				
蓝点马鲛	+		+				
褐牙鲆	+		+				
短吻红舌鳎	+		+	+			
半滑舌鳎			+				
高眼鲽					+		
角木叶鲽					+		
大泷六线鱼						+	
鲬	+		+	+			
许氏平鲉		+		+			
细纹狮子鱼							+
斑纹狮子鱼							+

注：+代表采集到。

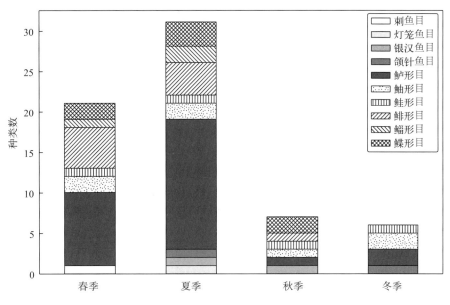

图 2-2 各季节鱼卵、仔稚鱼种类数

二、鱼卵、仔稚鱼的群落多样性特征

生物多样性研究对于认识生物群落的结构与功能、生态环境状况等方面有较大的应用价值，本文选用种类数（S）、物种丰富度指数（D）、物种多样性指数（H'）和均匀度指数（J'），分析辽宁省近海各个季节鱼卵和仔稚鱼的群落结构。表 2-3 显示了各个季节（以及夏季各个月）调查中各站位的鱼卵和仔稚鱼种类数、物种丰富度指数、物种多样性指数和均匀度指数的平均值（$\pm SD$）。

表 2-3 辽宁省近海鱼卵、仔稚鱼群落多样性季节变化

季节	种类数（S）	丰富度指数（D）	多样性指数（H'）	均匀度指数（J'）
春季（5月）	（1.889±0.456）	（0.182±0.060 3）	（0.278±0.098 7）	（0.130±0.042 5）
夏季（6月）	（3.250±0.379）	（0.418±0.060 8）	（0.758±0.107 0）	（0.430±0.056 7）
夏季（7月）	（2.800±0.340）	（0.313±0.049 7）	（0.631±0.109 0）	（0.361±0.057 0）
夏季（8月）	（1.850±0.222）	（0.298±0.062 9）	（0.454±0.088 7）	（0.303±0.059 2）
秋季（10月）	（0.444±0.084 0）			
冬季（3月）	（0.222±0.080 8）	（0.027 8±0.027 8）	（0.027 8±0.027 8）	（0.027 8±0.027 8）

（一）物种丰富度

从各调查站位鱼卵和仔稚鱼物种丰富度（D）的季节变化可以看出，夏季鱼卵和仔稚鱼

的物种丰富度最高（6 月＞7 月＞8 月），分别为：（0.418±0.060 8）、（0.313±0.049 7）、（0.298±0.062 9），春季（0.182±0.060 3）物种丰富度小于夏季（图 2 - 3）。

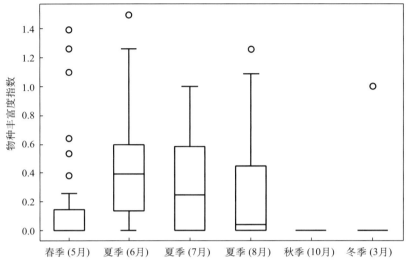

图 2 - 3　辽宁近海鱼卵、仔稚鱼物种丰富度季节变化

（二）物种多样性

从鱼卵和仔稚鱼物种多样性（H'）的季节变化可以看出，夏季物种多样性指数最高（6 月＞7 月＞8 月），分别为：（0.758±0.107）、（0.631±0.109）、（0.454±0.088 7），春季物种多样性指数为（0.278±0.098 7），冬季物种多样性指数为（0.027 8±0.027 8）（图 2 - 4）。

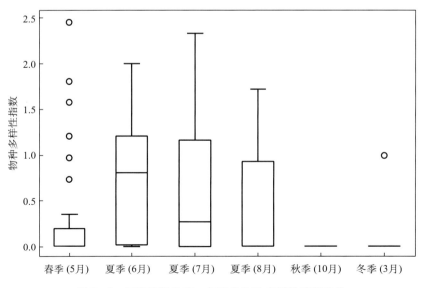

图 2 - 4　辽宁近海鱼卵、仔稚鱼物种多样性季节变化

（三）物种均匀度

从鱼卵和仔稚鱼物种均匀度指数（J'）的季节变化可以看出，夏季物种均匀度指数最高（6月＞7月＞8月），分别为：（0.430±0.0567）、（0.361±0.0570）、（0.303±0.0592），春季物种多样性（0.130±0.0425）小于夏季（图2-5）。

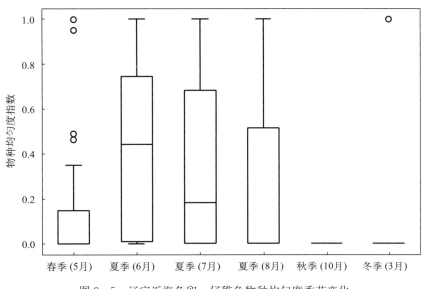

图2-5 辽宁近海鱼卵、仔稚鱼物种均匀度季节变化

三、优势种类分析

根据重要性指数计算公式，分别计算各航次鱼卵和仔稚鱼 IRI 值，并根据 IRI 划分调查区域鱼卵和仔稚鱼优势种类、重要种类、主要种类以及常见种类。在4个季节的鱼卵和仔稚鱼调查中，5—8月，鳀均作为优势种类出现，在6月调查中，采集到大量鲅仔稚鱼，成为该月的仔稚鱼优势种。

（一）鱼卵优势及重要种类（$IRI＞100$）

春季鱼卵优势种类为鳀，主要种类为蓝点马鲛、鲬、李氏鲻；夏季（6—8月）优势种类为鳀，其中6月重要种类为蓝点马鲛，主要种类为短吻红舌鳎、鲬、绯鲻、斑鰶、皮氏叫姑鱼、黄鲫，7月重要种类为短吻红舌鳎，主要种类为多鳞鱚、绯鲻、皮氏叫姑鱼，8月重要种类为短吻红舌鳎，主要种类为多鳞鱚、绯鲻；秋季鱼卵重要种类为花鲈；冬季没有采集到鱼卵（表2-4）。

表 2-4 辽宁近海鱼卵优势及重要种类

种类	春季	夏季（6 月）	夏季（7 月）	夏季（8 月）	秋季	冬季
鳀	★★★★	★★★★	★★★★	★★★★		
短吻红舌鳎		★★	★★★	★★★		
多鳞鱚			★★	★★		
黑鳃梅童鱼						
小带鱼			★			
高眼鰈					★★	
长蛇鲻						
花鲈				★	★★★	
角木叶鲽					★★	
蓝点马鲛	★★	★★★				
鲬	★★	★★				
李氏䲗	★★					
绯䲗	★	★★	★★	★★		
斑鰶	★	★★				
皮氏叫姑鱼		★★	★★			
黄鲫		★★	★			
棘头梅童鱼						
鲅						
褐牙鲆						
青鳞沙丁鱼						
油𩾃		★				
蛇鲻						
日本鲭						
半滑舌鳎						
赤鼻棱鳀						

注：★★★★表示优势种类，★★★表示重要种类，★★表示主要种类，★表示常见种类。

（二）仔稚鱼优势及重要种类（IRI＞100）

辽宁近海只有 6 月调查中采集到了大量鲅仔稚鱼，成为该航次调查的优势种。春季重要种类为矛尾鰕虎鱼；夏季重要种类为斑鰶、赤鼻棱鳀、白氏银汉鱼、日本下鱵鱼、鳀，主要种类为矛尾鰕虎鱼、鳀、斑鰶；秋季重要种类为中国大银鱼、大泷六线鱼，主要种类为白氏银汉鱼、鳀、花鲈；冬季由于采集到的仔稚鱼总数量不多，导致各种类的 IRI 值偏大，有 6 个种类 IRI＞10，重要种类为方氏云鳚，采集到 13 尾；另外，斑纹狮子鱼采集到 2 尾，其他种类均只采集到 1 尾（表 2-5）。

表 2 - 5　辽宁近海仔稚鱼优势及重要种类

种类	春季	夏季（6月）	夏季（7月）	夏季（8月）	秋季	冬季
白氏银汉鱼			★	★★★	★★	
日本下鱵鱼			★	★★★		★★
真燕鳐鱼						
中国大银鱼		★			★★★	
大泷六线鱼					★★★	
鳀	★	★	★★	★★★	★★	
花鲈					★★	
方氏云鳚						★★★
安氏新银鱼						★★
缘鳚						★★
细纹狮子鱼						★★
斑纹狮子鱼						★★
矛尾鰕虎鱼	★★★	★★	★			
鲅	★★	★★★★				
赤鼻棱鳀	★★		★★★			
斑鰶	★	★★★	★★			
许氏平鲉	★	★				
横带高鳍鰕虎鱼		★				
六线鳚				★		
尖海龙						
竿鰕虎鱼		★				
纹缟鰕虎鱼						
鲬						
蓝点马鲛						
黄鲫						
中华栉孔鰕虎鱼			★★★			
暗缟鰕虎鱼			★			
短吻红舌鳎			★			
鲐						
多鳞鱚						
蜞鰍				★		
棘头梅童鱼				★		
绯鲻						
李氏鲻						
松江鲈						

注：★★★★表示优势种类，★★★表示重要种类，★★表示主要种类，★表示常见种类。

四、优势及重要种类密度分布

（一）鱼卵优势及重要种类密度分布

1. 鳀

鳀（*Engraulis japonicus*）为产浮性卵的暖温性种类，隶属于鲱形目鳀科鳀属，在渤海产卵时间为 4 月上旬至 10 月下旬，黄海产卵时间为 3 月下旬至 10 月上旬，产卵周期较长，辽宁省沿海产卵盛期为 7—8 月。其分布以黄海北部为主，是春、夏季辽宁近海鱼卵和仔稚鱼优势种。各个季节鳀鱼卵密度分布见图 2-6 至图 2-9，各季节鳀鱼卵密度变化见图 2-10。

春季（5 月）调查共采集到鳀鱼卵 46 851 粒，出现频率为 52.78%，平均密度为 4.771 粒/m³，密度最大站为 42.080 粒/m³。

夏季（6 月）调查共采集到鳀鱼卵 19 939 粒，出现频率为 47.50%，平均密度为 4.108 粒/m³，密度最大站为 56.051 粒/m³。

夏季（7 月）调查共采集到鳀鱼卵 25 565 粒，出现频率为 52.50%，平均密度为 5.386 粒/m³，密度最大站为 122.703 粒/m³。

夏季（8 月）调查共采集到鳀鱼卵 13 028 粒，出现频率为 22.50%，平均密度为 2.221 粒/m³，密度最大站为 88.308 粒/m³。

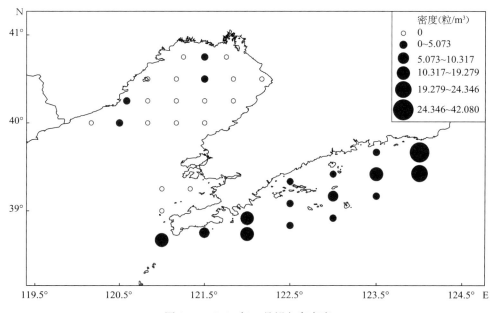

图 2-6　2015 年 5 月鳀鱼卵密度

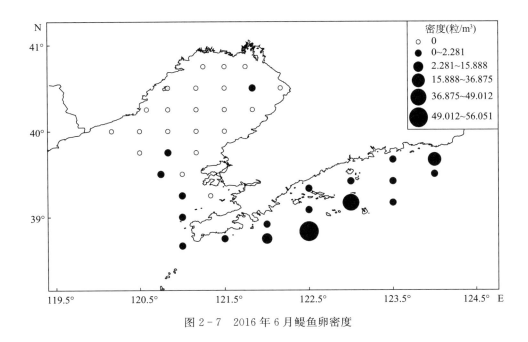

图 2-7 2016 年 6 月鳀鱼卵密度

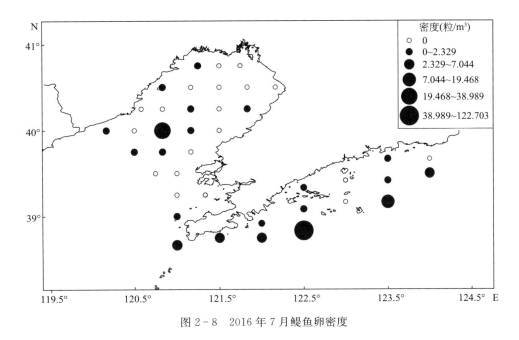

图 2-8 2016 年 7 月鳀鱼卵密度

2. 短吻红舌鳎

短吻红舌鳎（*Cynoglossus joyneri*），隶属于鲽形目舌鳎科舌鳎属，为产浮性鱼卵的暖温性种类，产卵时间为 3 月下旬至 8 月中旬，产卵盛期在 7—8 月。在辽宁省沿海的分布以辽东湾为主。根据 *IRI* 值，短吻红舌鳎在 7 月、8 月作为重要种出现。各个航次短吻红舌鳎鱼卵密度分布见图 2-11 至图 2-14，各航次短吻红舌鳎密度变化见图 2-15。

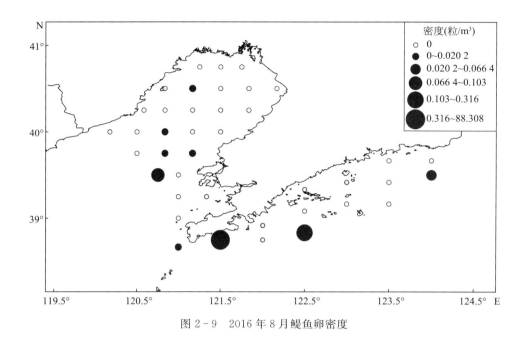

图 2 - 9　2016 年 8 月鳀鱼卵密度

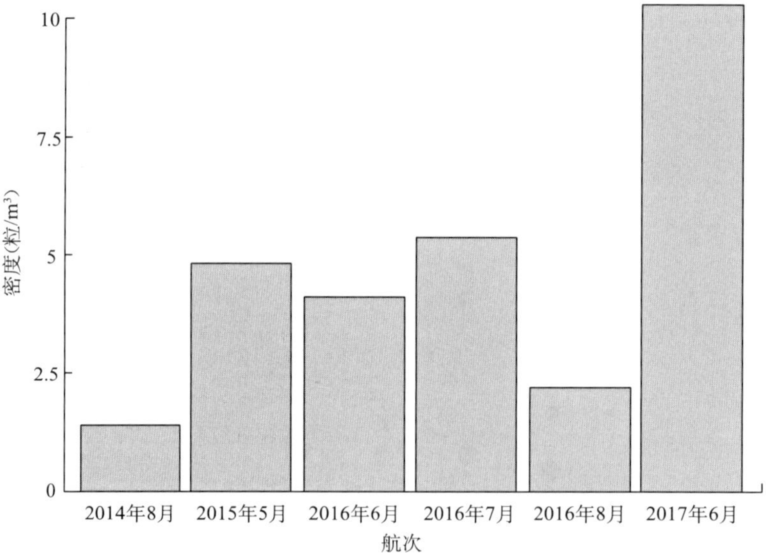

图 2 - 10　鳀鱼卵密度变化

春季（5 月）调查共采集到短吻红舌鳎鱼卵 12 粒，出现频率为 5.56%，平均密度为 0.001 50 粒/m³，密度最大站为 0.038 2 粒/m³。

夏季（6 月）调查共采集到短吻红舌鳎鱼卵 887 粒，出现频率为 17.50%，平均密度为 0.057 7 粒/m³，密度最大站为 0.933 粒/m³。

夏季（7 月）调查共采集到短吻红舌鳎鱼卵 1 368 粒，出现频率为 57.50%，平均密度为 0.138 粒/m³，密度最大站为 1.114 粒/m³。

夏季（8月）调查共采集到短吻红舌鳎鱼卵349粒，出现频率为47.50%，平均密度为0.068 9粒/m³，密度最大站为0.560粒/m³。

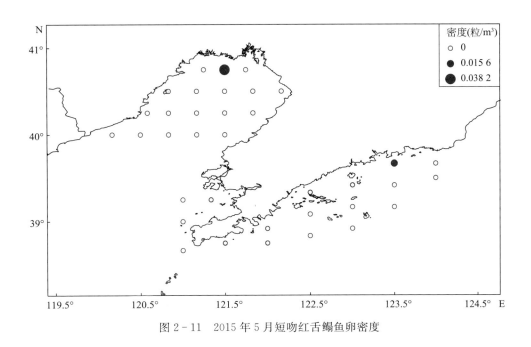

图2-11　2015年5月短吻红舌鳎鱼卵密度

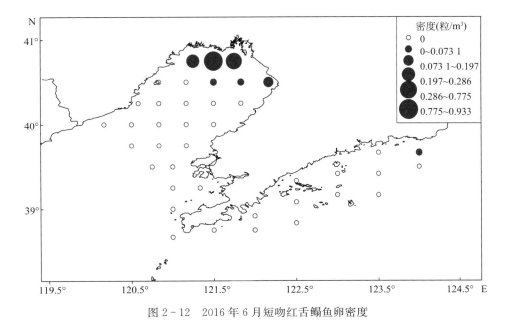

图2-12　2016年6月短吻红舌鳎鱼卵密度

3. 花鲈

花鲈（*Lateolabrax japonicus*）为产浮性卵的暖温性种，隶属于鲈形目鮨科花鲈属。分布以黄海北部为主，产卵时间为8月中旬至11月上旬，在辽东湾的产卵结束时间略晚

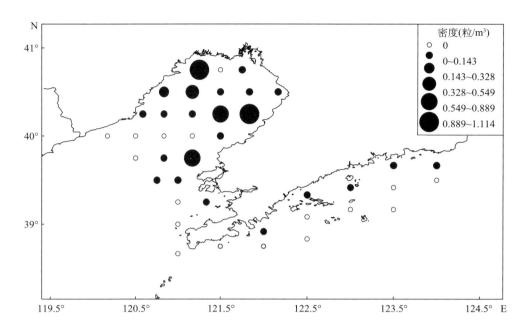

图 2-13 2016 年 7 月短吻红舌鳎鱼卵密度

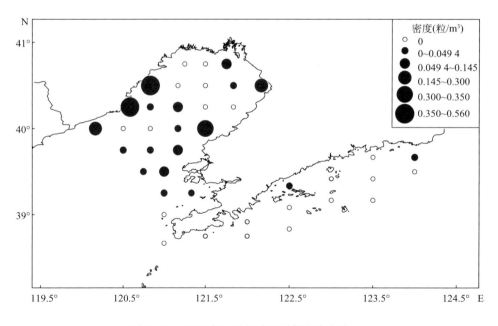

图 2-14 2016 年 8 月短吻红舌鳎鱼卵密度

于黄海北部，8 月黄海北部密度大于辽东湾，到 10 月，只在辽东湾有少量分布。各航次花鲈鱼卵密度分布见图 2-16 和图 2-17，各航次花鲈鱼卵密度变化见图 2-18。

夏季（8 月）调查共采集到花鲈鱼卵 39 粒，出现频率为 25.00%，平均密度为 0.013 7

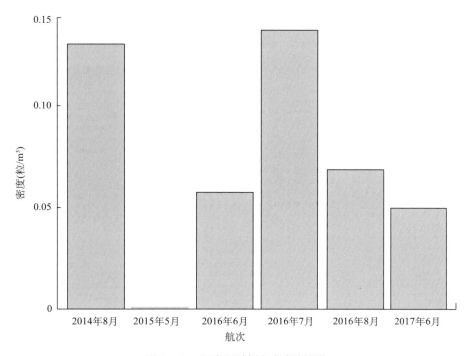

图 2-15 短吻红舌鳎鱼卵密度变化

粒/m³，密度最大站为 0.232 0 粒/m³。

秋季（10 月）调查共采集到花鲈鱼卵 12 粒，出现频率为 8.33%，平均密度为 0.002 33 粒/m³，密度最大站为 0.056 0 粒/m³。

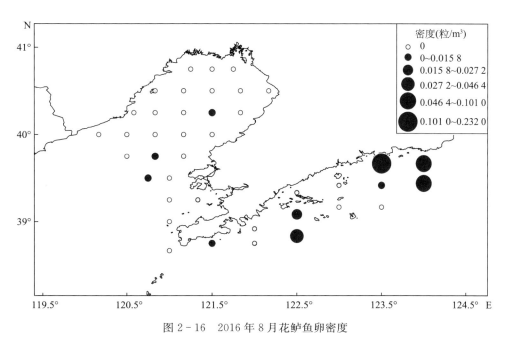

图 2-16 2016 年 8 月花鲈鱼卵密度

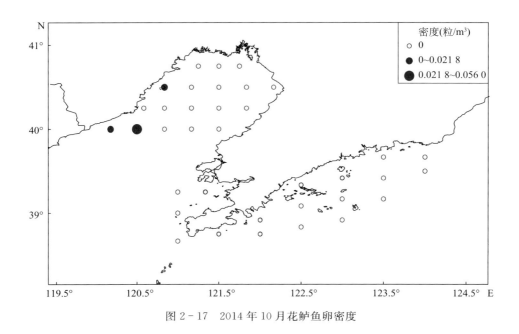

图 2-17 2014 年 10 月花鲈鱼卵密度

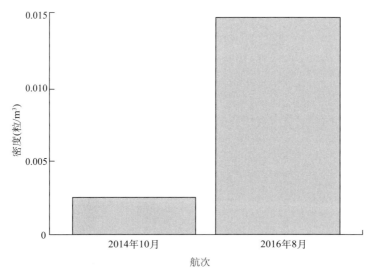

图 2-18 花鲈鱼卵密度变化

4. 蓝点马鲛

蓝点马鲛（*Scomberomorus niphonius*）为产浮性卵的暖温性种，隶属于鲈形目鲭科马鲛属。分布以黄海北部为主，产卵时间为 5 月上旬至 6 月下旬，各航次蓝点马鲛鱼卵密度分布见图 2-19 和图 2-20。各航次蓝点马鲛鱼卵密度变化见图 2-21。

春季（5 月）调查共采集到蓝点马鲛鱼卵 254 粒，出现频率为 25.00%，平均密度为 0.027 0 粒/m³，密度最大站为 0.687 0 粒/m³。

夏季（6 月）调查共采集到蓝点马鲛鱼卵 929 粒，出现频率为 35.00%，平均密度为 0.078 5 粒/m³，密度最大站为 2.774 0 粒/m³。

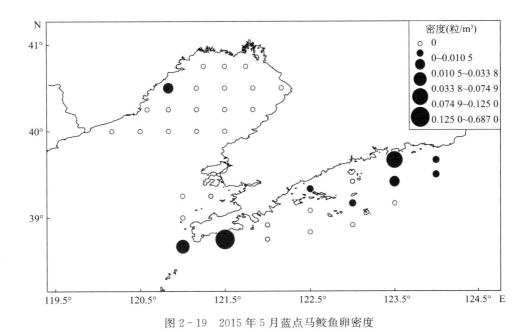

图 2-19　2015 年 5 月蓝点马鲛鱼卵密度

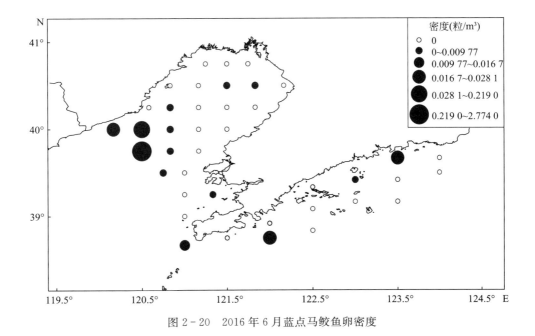

图 2-20　2016 年 6 月蓝点马鲛鱼卵密度

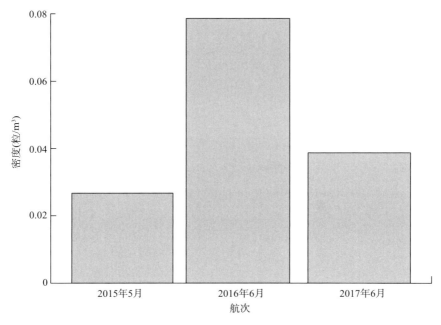

图 2-21　蓝点马鲛鱼卵密度变化

（二）仔稚鱼优势及重要种类密度分布

1. 鲅

鲅（*Liza haematocheila*），隶属于鲻形目鲻科鲅属，为产浮性卵的暖温性种，产卵时间为 4 月下旬至 6 月下旬，主要分布在辽东湾，黄海北部有少量分布，仔稚鱼密度最高出现在 6 月。各个航次鲅仔稚鱼密度分布见图 2-22 和图 2-23，各个航次鲅仔稚鱼密度变化见图 2-24。

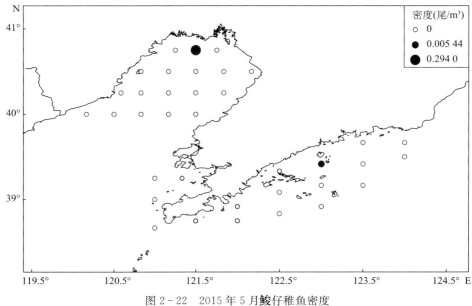

图 2-22　2015 年 5 月鲅仔稚鱼密度

春季（5 月）调查共采集到**鲅**仔稚鱼 78 尾，出现频率为 5.56%，平均密度为 0.008 33 尾/m³，密度最大站为 0.294 0 尾/m³。

夏季（6 月）调查共采集到**鲅**仔稚鱼 2 324 尾，出现频率为 50.00%，平均密度为 0.144 尾/m³，密度最大站为 3.168 0 尾/m³。

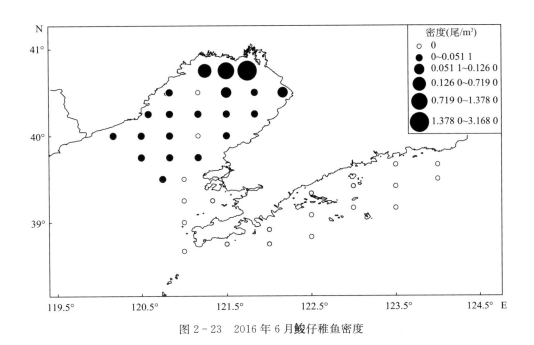

图 2-23　2016 年 6 月**鲅**仔稚鱼密度

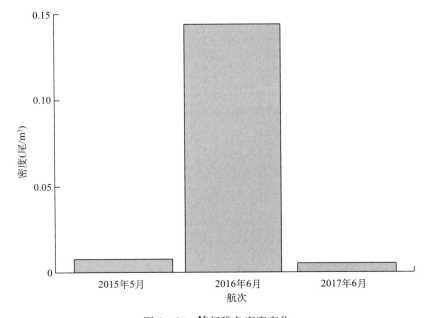

图 2-24　**鲅**仔稚鱼密度变化

2. 鳀

鳀仔稚鱼数量远少于鱼卵数量，是夏季和秋季的重要及主要种类。各个航次鳀仔稚鱼密度分布见图 2 - 25 至图 2 - 27，各个航次鳀仔稚鱼密度变化见图 2 - 28。

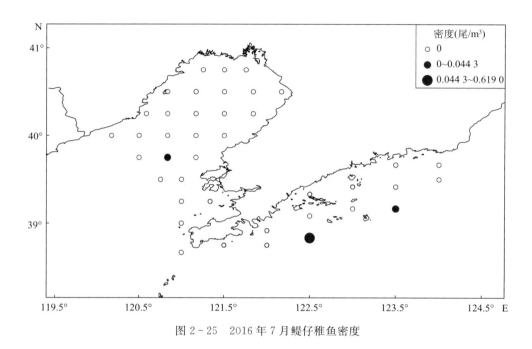

图 2 - 25　2016 年 7 月鳀仔稚鱼密度

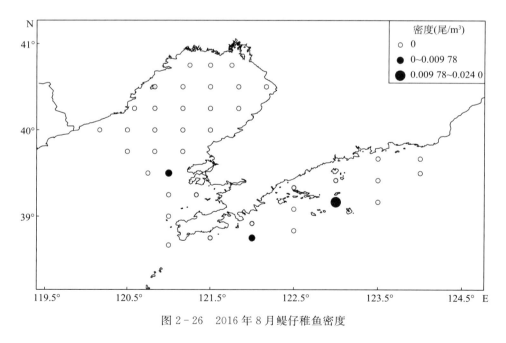

图 2 - 26　2016 年 8 月鳀仔稚鱼密度

夏季（7 月）调查共采集到鳀仔稚鱼 86 尾，出现频率为 7.50%，平均密度为 0.017 3 尾/m³，密度最大站为 0.619 0 尾/m³。

夏季（8月）调查共采集到鳀仔稚鱼5尾，出现频率为7.50%，平均密度为0.000 965尾/m³，密度最大站为0.024 0尾/m³。

秋季（10月）调查共采集到鳀仔稚鱼1尾，出现频率为2.78%，平均密度为0.000 083尾/m³，密度最大站为0.002 99尾/m³。

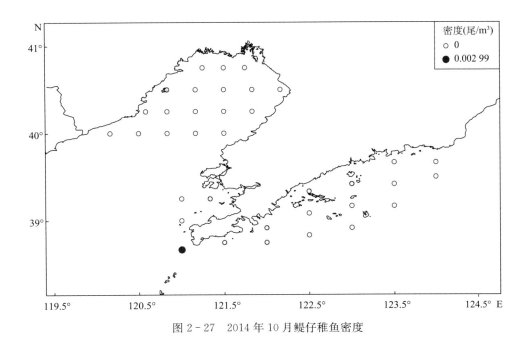

图2-27　2014年10月鳀仔稚鱼密度

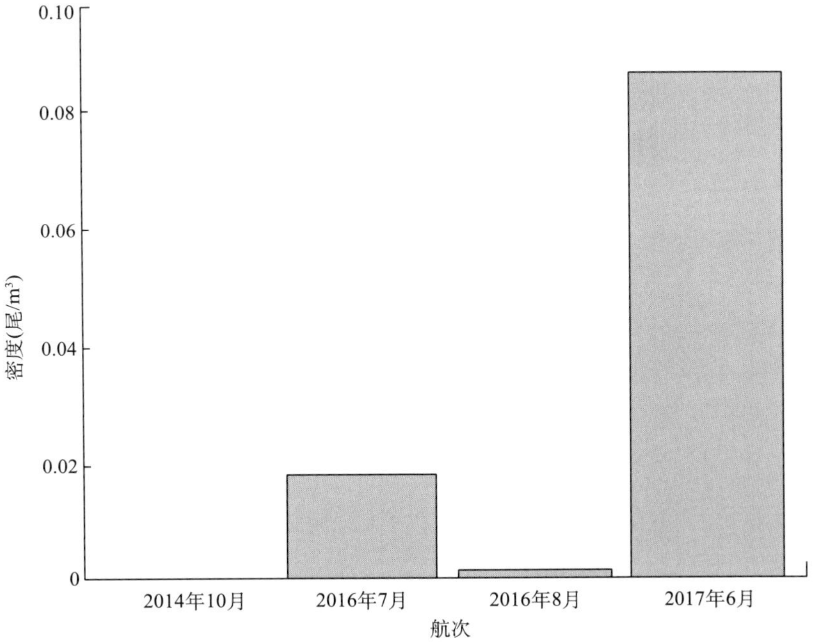

图2-28　鳀仔稚鱼密度变化

3. 斑鰶

斑鰶（*Konosirus punctatus*），隶属于鲱形目鲱科斑鰶属，为产浮性卵的暖水性种，产卵时间为4月上旬至7月中旬，主要分布在辽东湾。各个航次斑鰶仔稚鱼密度分布见图2-29和图2-30，各个航次斑鰶仔稚鱼密度变化见图2-31。

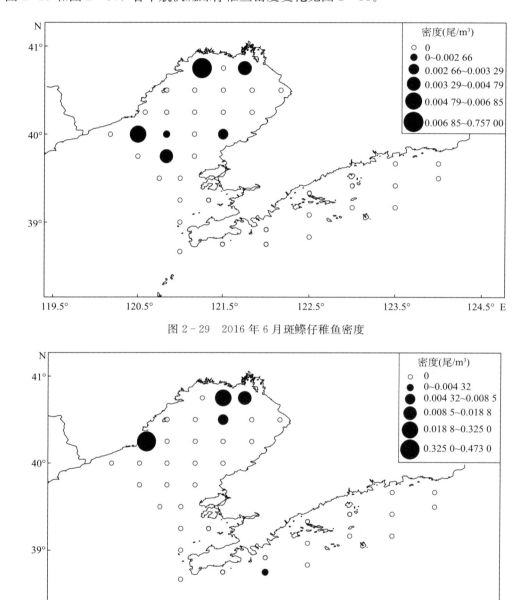

图2-29　2016年6月斑鰶仔稚鱼密度

图2-30　2016年7月斑鰶仔稚鱼密度

夏季（6月）调查共采集到斑鰶仔稚鱼285尾，出现频率为15.00%，平均密度为0.019 5尾/m³，密度最大站为0.757 00尾/m³。

夏季（7月）调查共采集到斑鰶仔稚鱼143尾，出现频率为12.50%，平均密度为0.0207尾/m³，密度最大站为0.4730尾/m³。

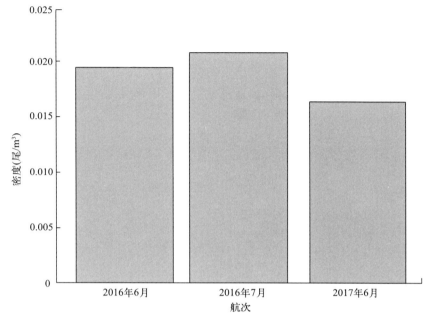

图 2-31 斑鰶仔稚鱼密度变化

4. 矛尾鰕虎鱼

矛尾鰕虎鱼（*Chaeturichthys stigmatias*），隶属于鲈形目鰕虎鱼科矛尾鰕虎鱼属，为产附着性卵的暖温性种，主要分布在辽东湾。矛尾鰕虎鱼仔稚鱼密度分布见图 2-32 和图 2-33，不同季节矛尾鰕虎鱼仔稚鱼密度变化见图 2-34。

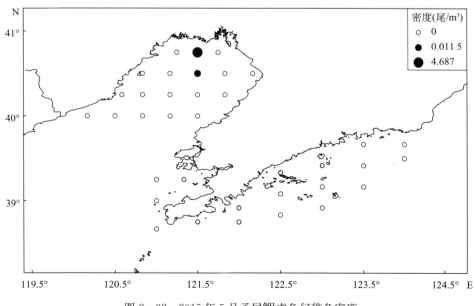

图 2-32 2015 年 5 月矛尾鰕虎鱼仔稚鱼密度

春季（5月）调查共采集到矛尾鰕虎鱼仔稚鱼1229尾，出现频率为5.56%，平均密度为0.131尾/m³，密度最大站为4.687尾/m³。

夏季（6月）调查共采集到矛尾鰕虎鱼仔稚鱼53尾，出现频率为10.00%，平均密度为0.00331尾/m³，密度最大站为0.07290尾/m³。

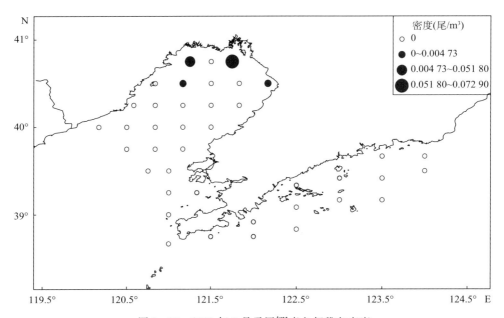

图2-33 2016年6月矛尾鰕虎鱼仔稚鱼密度

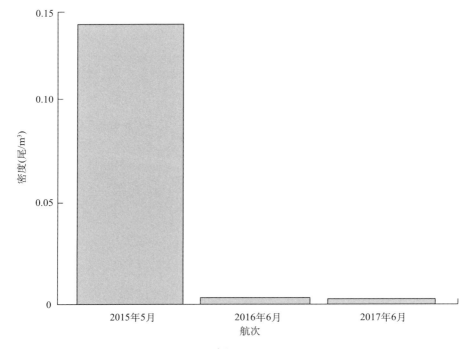

图2-34 矛尾鰕虎鱼仔稚鱼密度变化

5. 赤鼻棱鳀

赤鼻棱鳀（*Thryssa kammalensis*），隶属于鲱形目鳀科棱鳀属，为产浮性卵的暖水性种，产卵时间为5月上旬至8月中旬，主要分布在辽东湾。各个航次赤鼻棱鳀仔稚鱼密度分布见图2-35和图2-36，各个航次赤鼻棱鳀仔稚鱼密度变化见图2-37。

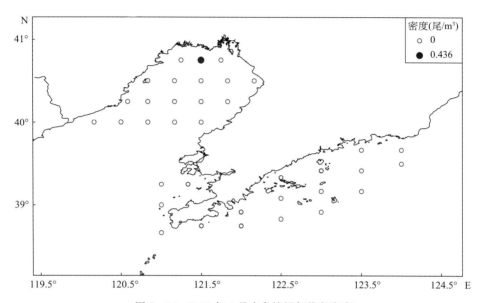

图 2-35 2015年5月赤鼻棱鳀仔稚鱼密度

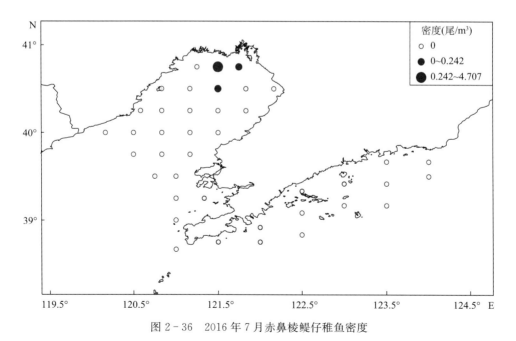

图 2-36 2016年7月赤鼻棱鳀仔稚鱼密度

春季（5月）调查共采集到赤鼻棱鳀仔稚鱼114尾，出现频率为2.78%，平均密度为0.0121尾/m³，密度最大站为0.436尾/m³。

夏季（7月）调查共采集到赤鼻棱鳀仔稚鱼1 382尾，出现频率为7.50%，平均密度为0.126尾/m³，密度最大站为4.707尾/m³。

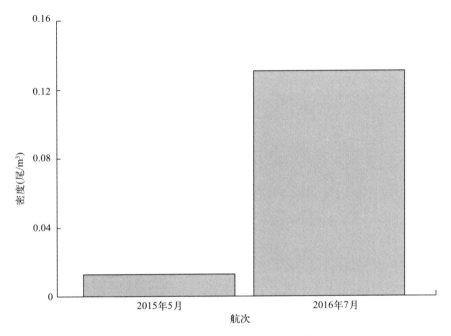

图2-37　赤鼻棱鳀仔稚鱼密度变化

6. 白氏银汉鱼

白氏银汉鱼（*Allanetta bleekeri*），隶属于银汉鱼目银汉鱼科银汉鱼属，为产黏着沉性卵的暖温性种类。产卵时间为5—6月。夏季白氏银汉鱼仔稚鱼密度分布见图2-38，各个航次白氏银汉鱼仔稚鱼密度变化见图2-39。

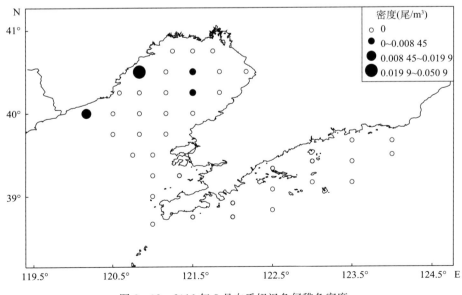

图2-38　2016年8月白氏银汉鱼仔稚鱼密度

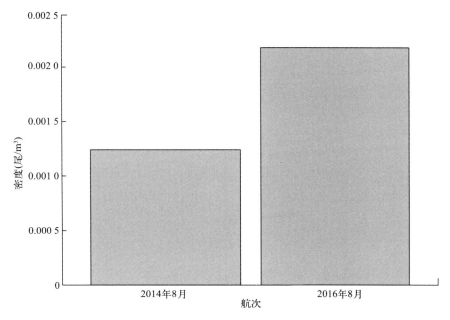

图 2-39　白氏银汉鱼仔稚鱼密度变化

夏季（8 月）调查共采集到白氏银汉鱼仔稚鱼 9 尾，出现频率为 10.00%，平均密度为 0.002 15 尾/m³，密度最大站为 0.050 9 尾/m³。

7. 大泷六线鱼

大泷六线鱼（*Hexagrammos otakii*），隶属于鲉形目六线鱼科六线鱼属，为产黏着沉性卵的冷温性种，产卵时间为 10 月上旬至 11 月中旬。在 10 月调查作为重要种类出现，密度分布见图 2-40。

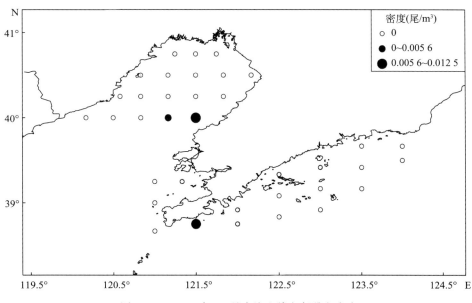

图 2-40　2014 年 10 月大泷六线鱼仔稚鱼密度

秋季（10 月）调查共采集到大泷六线鱼仔稚鱼 4 尾，出现频率为 8.33%，平均密度为 0.000 841 尾/m³，密度最大站为 0.012 5 尾/m³。

8. 方氏云鳚

方氏云鳚（*Enedrias fangi*），隶属于鲈形目锦鳚科云鳚属，为产黏着沉性卵的冷温性种，是 2015 年 3 月调查的重要种类，方氏云鳚仔稚鱼密度分布见图 2-41。

冬季（3 月）调查共采集到方氏云鳚仔稚鱼 13 尾，出现频率为 8.33%，平均密度为 0.001 46 尾/m³，密度最大站为 0.026 10 尾/m³。

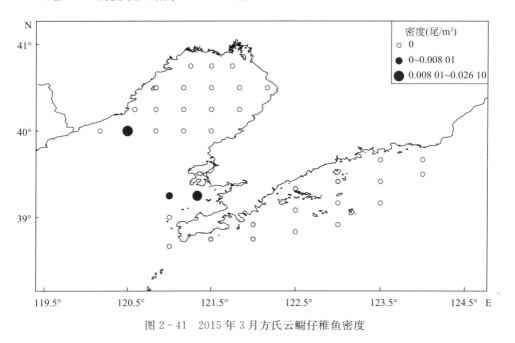

图 2-41　2015 年 3 月方氏云鳚仔稚鱼密度

第三节　年际变化

一、鱼卵密度年际变化

（一）2015 年 6 月

2015 年 6 月航次调查共采集到鱼卵 15 种，45 814 粒，鱼卵平均密度为 3.646 粒/m³，密度最高的站为 72.510 粒/m³（图 2-42）。密度最高的种类为鳀，平均密度为 3.122 粒/m³，密度最高站为 72.340 粒/m³；其次为斑鰶，平均密度为 0.229 粒/m³，密度最高站为 8.554 粒/m³。

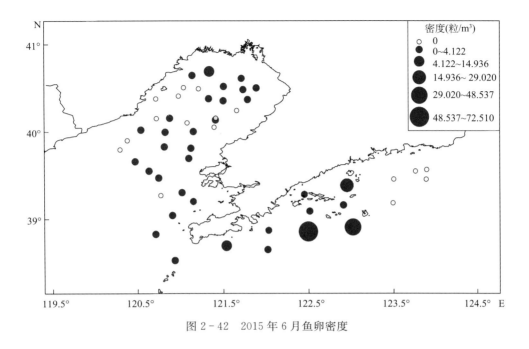

图 2-42 2015 年 6 月鱼卵密度

(二) 2016 年 6 月

2016 年 6 月航次调查共采集到鱼卵 13 种，7 195 粒，鱼卵平均密度为 4.753 粒/m³，密度最高的站为 56.082 粒/m³ （图 2-43）。密度最高的种类为鳀，平均密度为 4.108 粒/m³，密度最高站为 56.051 粒/m³；其次为鲴，平均密度为 0.137 粒/m³，密度最高站为 4.671 粒/m³。

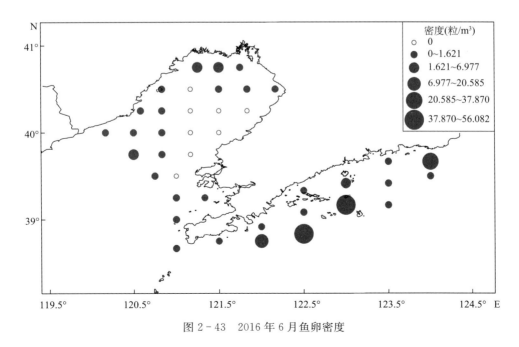

图 2-43 2016 年 6 月鱼卵密度

（三）2017 年 6 月

2017 年 6 月航次调查共采集到鱼卵 16 种，104 542 粒，鱼卵平均密度为 11.194 粒/m³，密度最高的站为 122.154 粒/m³（图 2 - 44）。密度最高的种类为鳀，平均密度为 10.285 粒/m³，密度最高站为 121.932 粒/m³；其次为绯鲔，平均密度为 0.418 粒/m³，密度最高站为 18.725 粒/m³。

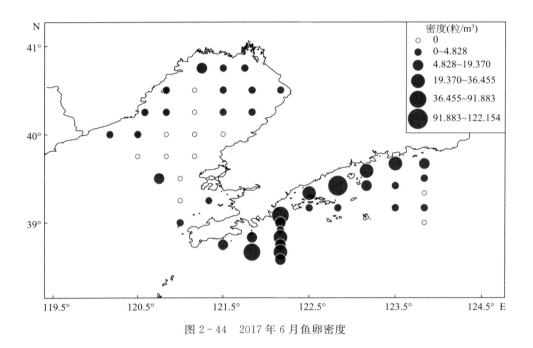

图 2 - 44　2017 年 6 月鱼卵密度

二、仔稚鱼密度年际变化

（一）2015 年 6 月

2015 年 6 月航次调查共采集到仔稚鱼 819 尾，仔稚鱼平均密度为 0.059 4 尾/m³，密度最高的站为 0.780 0 尾/m³（图 2 - 45）。优势种类为矛尾鰕虎鱼，平均密度为 0.018 7 尾/m³，密度最高站为 0.524 0 尾/m³；其次为鳀，平均密度为 0.018 3 尾/m³，密度最高站为 0.546 0 尾/m³。

（二）2016 年 6 月

2016 年 6 月航次调查共采集到仔稚鱼 2 761 尾，仔稚鱼平均密度为 0.177 0 尾/m³，密度最高的站为 3.296 0 尾/m³（图 2-46）。密度最高的种类为鲅，平均密度为 0.144 0 尾/m³，密度最高站为 3.168 0 尾/m³；其次为斑鲦，平均密度为 0.019 5 尾/m³，密度最高站为 0.757 0 尾/m³。

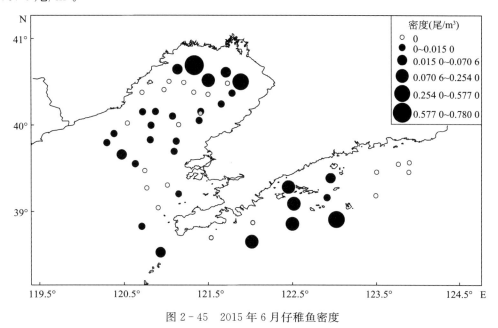

图 2-45 2015 年 6 月仔稚鱼密度

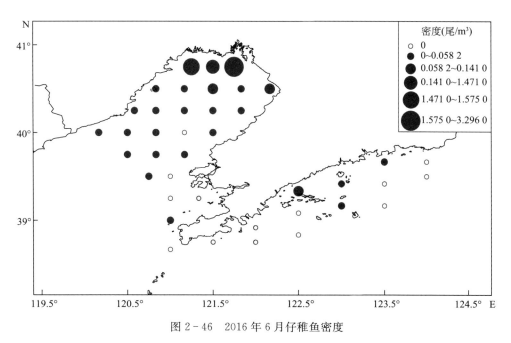

图 2-46 2016 年 6 月仔稚鱼密度

（三）2017 年 6 月

2017 年 6 月航次调查共采集到仔稚鱼 1 381 尾，仔稚鱼平均密度为 0.176 0 尾/m³，密度最高的站为 3.144 0 尾/m³（图 2 - 47）。密度最高的种类为鳀，平均密度为 0.084 7 尾/m³，密度最高站为 0.820 0 尾/m³；其次为纹缟鰕虎鱼，平均密度为 0.055 2 尾/m³，密度最高站为 2.640 0 尾/m³。

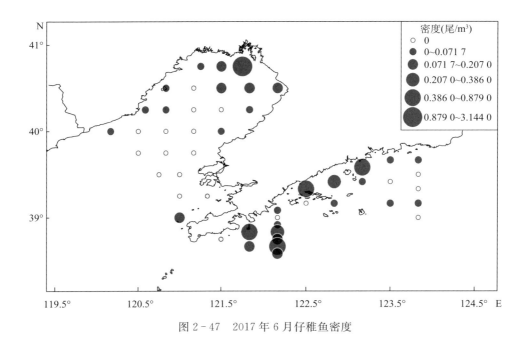

图 2 - 47　2017 年 6 月仔稚鱼密度

三、年际变化分析

为更好地养护和合理利用海洋生物资源，2017 年 1 月 19 日，农业部发布《农业部关于调整海洋伏季休渔制度的通告》（农业部通告〔2017〕3 号），辽宁近海休渔起始时间由每年的 6 月 1 日提前至 5 月 1 日。

从种类变化（图 2 - 48）来看，2017 年 6 月采集到的鱼卵和仔稚鱼数量均略大于2015 年和 2016 年同期。

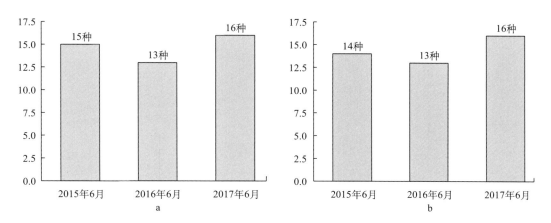

图 2-48　鱼卵、仔稚鱼种类数年际变化

a. 鱼卵种类数　　b. 仔稚鱼种类数

　　对比看出，2017 年 6 月辽宁近海鱼卵密度、鱼卵最高站密度均远大于 2015 年和 2016 年同期（图 2-49 和图 2-50）。2017 年 6 月仔稚鱼密度远大于 2015 年，但与 2016 年持平，从图 2-50 可以看出，2016 年仔稚鱼呈负偏分布，多数站位总体仔稚鱼平均密度不高，存在少数高离群值，分布极不均衡，致使其平均密度与 2017 年接近。因此，2017 年的伏季休渔时间的调整，在辽宁近海起到了很好的产卵场养护效果。

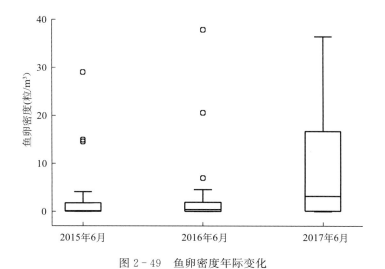

图 2-49　鱼卵密度年际变化

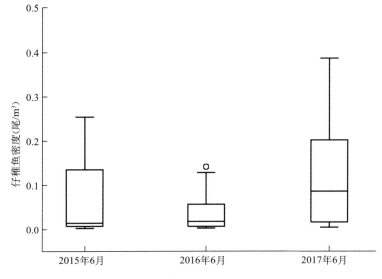

图 2-50　仔稚鱼密度年际变化

第三章
近海主要渔业资源特征

　　根据本次渔业资源调查结果，选择生态优势度较高的种类和经济种类，包括小黄鱼、斑鰶、黄鲫、鳀、方氏云鳚、矛尾鰕虎鱼、长绵鳚、许氏平鲉、大泷六线鱼、狮子鱼、短吻红舌鳎、蓝点马鲛、黄鮟鱇、海蜇、毛虾、口虾蛄、中国明对虾、鹰爪虾、葛氏长臂虾、脊腹褐虾、三疣梭子蟹、日本蟳、枪乌贼、长短蛸共计 24 种渔业生物，对其种群与洄游、资源分布、生物学特征、现存资源量等进行论述。

第一节　小　黄　鱼

一、种群与洄游

　　小黄鱼（*Larimichthys polyactis*），隶属于鲈形目（Perciformes）石首鱼科（Sciaenidae）黄鱼属（*Larimichthys*），俗称黄花鱼、花鱼等，属暖温性底层鱼类，分布于西北太平洋海域的中国、日本和朝鲜半岛沿岸。中国产于渤海、黄海和东海。小黄鱼是我国重要的海洋渔业经济种类之一，与大黄鱼、带鱼、墨鱼并称为我国"四大海鱼"。历史上曾是中国、日本、韩国三国的主要捕捞对象。

　　中国海域的小黄鱼根据其洄游、分布特征，可分为黄渤海群系、黄海南部群系以及东海群系。小黄鱼的越冬场有 4 个，4 个越冬场连起来就是越冬小黄鱼群体的广阔分布区，四者之间各有其独立性和连贯性。从水文来看，同处在高盐水与低盐水交汇海区；从水深方面，60～80 m 是黄海部分的越冬场，40～70 m 是东海部分的越冬场；从除小黄鱼自身以外的总生物量来说，越冬场是高生物量区；从地理分布来说，均以 124°E 为东西分布的中心，4 个越冬场为：①成山头（山东高角）黄海洼地的北部，124°E 以西为主的海区；②34°00′—35°00′N、123°45′—125°00′E，韩国黑山诸岛西北部和罗州群岛西部的海区；③32°00′—34°00′N、123°45′—126°00′E，韩国济州岛的西部；④27°30′—30°00′N、122°30′—126°00′E，鱼山列岛和台山列岛东部海区。越冬期为 1—3 月。

　　小黄鱼的产卵场一般分布在河口区和受入海径流影响较大的沿海区，底质为泥沙质、沙泥质或软泥质。产卵场的主要范围一般都分布在低盐水与高盐水混合区的偏高温区，中心产卵场也随着混合区的变动而变动，产卵场底层水温一般为 10～13 ℃，产卵较适底温随产卵场位置不同而有所差异，一般为 11～14 ℃。黄海方面的吕泗小黄鱼产卵场，是小黄鱼产卵场中最大的一个，还有海州湾产卵场、乳山产卵场、海洋岛产卵场和朝鲜西海岸海区几个较小的产卵场；渤海方面在辽东湾、渤海湾和莱州湾均有产卵场；东海方面小黄鱼的产卵场比较分散，各海区都有小黄鱼的产卵场。产卵场小黄鱼产卵时间随纬度的增高而推迟，东海区的小黄鱼一般3—4 月为产卵期。辽东湾的小黄鱼产卵期最迟，一般开始于 5 月中旬产卵，至 5 月底结束。

二、资源分布

2015 年春季 3 月未捕获到小黄鱼，5 月和 6 月均仅在 2 个站位捕获少量个体，平均资源密度分别为 0.019 kg/h 和 0.003 kg/h（图 3−1 和图 3−2）。夏季 8 月小黄鱼资源密度

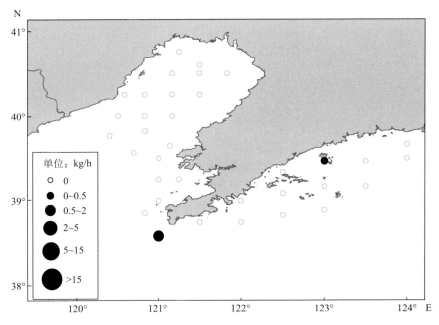

图 3−1　辽宁近海 2015 年 5 月小黄鱼密度分布

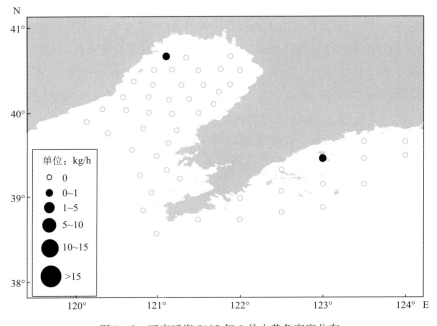

图 3−2　辽宁近海 2015 年 6 月小黄鱼密度分布

较高，出现频率为 42.86%，主要分布在辽东湾中北部水域，平均资源密度为 0.29 kg/h（图 3-3）。秋季 10 月小黄鱼有南移趋势，主要分布在辽东湾中南部和大连周边水域，平均资源密度为 0.26 kg/h（图 3-4）。

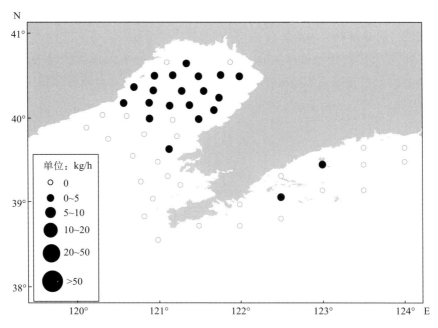

图 3-3　辽宁近海 2015 年 8 月小黄鱼密度分布

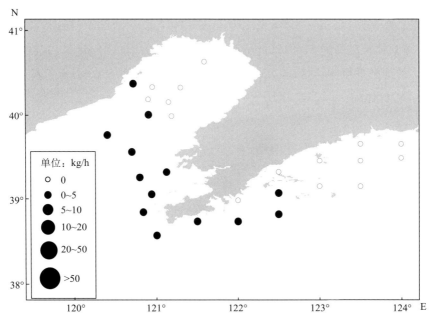

图 3-4　辽宁近海 2015 年 10 月小黄鱼密度分布

三、生物学特征

（一）群体组成

辽宁近海 3 月未捕获到小黄鱼。

5 月小黄鱼体长范围为 113～180 mm，优势体长组为 130～150 mm，占群体的 72.34%（图 3-5），群体的平均体长是 141.9 mm；群体的体重范围为 23.3～85.6 g，优势体重组为 25～50 g，占群体的 85.11%（图 3-6），群体的平均体重是 41.3 g。

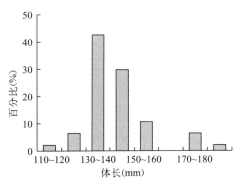
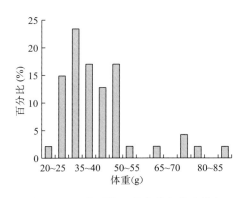

图 3-5　辽宁近海 5 月小黄鱼体长分布　　　　图 3-6　辽宁近海 5 月小黄鱼体重分布

6 月辽宁近海仅捕获到 4 尾小黄鱼，平均体长为 115.5 mm，平均体重为 27.6 g，群体的体长范围为 90～143 mm，体重范围为 14.6～50.7 g。

8 月小黄鱼体长范围为 61～195 mm，优势体长组为 70～110 mm，占群体的 88.11%（图 3-7），群体的平均体长是 93.8 mm；群体的体重范围为 4.4～116.7 g，优势体重组为 5～20 g，占群体的 91.63%（图 3-8），群体的平均体重是 14.7 g。

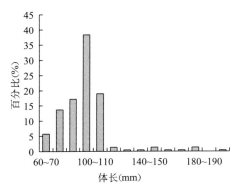
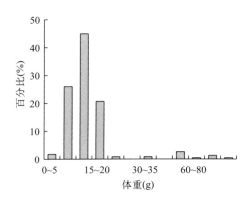

图 3-7　辽宁近海 8 月小黄鱼体长分布　　　　图 3-8　辽宁近海 8 月小黄鱼体重分布

10 月小黄鱼体长范围为 125～179 mm，优势体长组为 145～155 mm，占群体的 44.44％（图 3 - 9），群体的平均体长是 149.6 mm；群体的体重范围为 33.5～75.9 g，优势体重组为 40～55 g，占群体的 55.56％（图 3 - 10），群体的平均体重是 51.5 g。

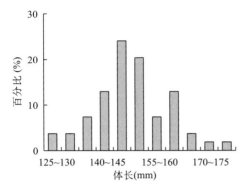

图 3 - 9　辽宁近海 10 月小黄鱼体长分布

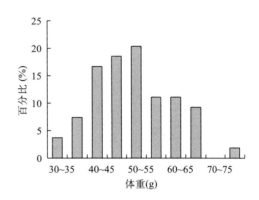

图 3 - 10　辽宁近海 10 月小黄鱼体重分布

（二）体长与体重关系

小黄鱼体长与体重关系为 $W = 3 \times 10^{-5} \times L^{2.8531}$（图 3 - 11）。

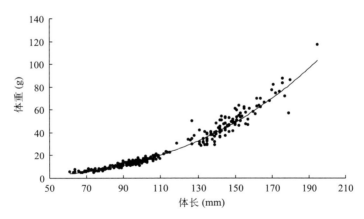

图 3 - 11　辽宁近海 2015 年小黄鱼体长与体重关系

（三）生长繁殖习性

小黄鱼产卵场一般都分布在河口区和受入海径流影响较大的沿海区，底质为泥沙质、软泥质。产卵场的主要范围一般都分布在低盐水与高盐水混合区的偏高温区。属于分批产卵类型，主要产卵季节为 4—5 月，由南向北略为推迟。昼夜产卵，主要产卵时间在 17：00—22：00。

曾玲等（2005）发现 2004 年渤海小黄鱼个体绝对生殖力为 0.312 6 万～4.870 4 万粒/尾，相对繁殖力 174～773 粒/g，平均为（475±23）粒/g；与 1964 年历史资料相比，相同体长的小黄鱼个体绝对生殖力和相对生殖力都显著增大，认为是小黄鱼对环境变化的适应性响应。

小黄鱼的性成熟年龄，一般 1 年鱼达性成熟的占 0.5%～3%，2 年鱼达性成熟的占 93%～95%，3 年基本性成熟。但小黄鱼资源严重衰退后，1 年达性成熟的占 50%～70%。但自 20 世纪 80 年代以来，小黄鱼性成熟年龄明显提前，生殖群体主要由 1 龄鱼组成。

（四）摄食特征

小黄鱼属广食性鱼类，小黄鱼幼鱼和成鱼食物组成差异明显，且幼鱼在各个发育阶段食物转换现象十分明显。体长在 9～20 mm 时，以双刺纺锤镖蚤为主要饵料；体长在 16～60 mm 时，以太平洋哲镖蚤、真刺唇角镖蚤、长额刺糠虾、强壮滨箭虫等为主要饵料，同时开始吞食小鱼；体长在 61～80 mm 时，开始捕食较大型的虾类和小鱼，如毛虾和鰕虎鱼科的幼鱼等，但仍摄食浮游生物；体长达 81 mm 以上，以虾类和小鱼为主要饵料，且具有成鱼的摄食食性。小黄鱼食性具有区域性差异，在渤海主要以小型虾类和鱼类为食，在黄海北部以脊腹褐虾、玉筋鱼、鳀鱼和浮游甲壳类为主，而在黄海南部则以鱼类和甲壳类为主。小黄鱼的摄食对象在很大程度上取决于栖息环境饵料种类的分布情况。

四、现存资源量

根据扫海面积法，2015 年小黄鱼春季 3 月未捕获小黄鱼，5 月小黄鱼资源量为 0.68 kg/km²；夏季 6 月小黄鱼资源量为 0.10 kg/km²，8 月为 10.35 kg/km²；秋季 10 月为 9.21 kg/km²。

第二节　斑　鰶

一、种群与洄游

斑鰶（*Konosirus punctatus*），隶属于鲱形目（Clupeiformes）鲱科（Clupeidae）斑鰶

属（*Konosirus*），俗称棱鲫、海鲫鱼等，是暖水性广盐性小型中上层鱼类，分布于东印度洋至西太平洋，中国近海均有分布，多栖息于港湾和河口附近水域。

斑鰶广泛分布于我国近海及河口水域，甚至在河口淡水中也有斑鰶分布，形成了许多地方性群体。斑鰶的主要越冬场位于黄海中部，34°00′—36°00′N、123°00′—125°00′E水域之间。越冬期为1—3月，越冬场的底层水温适宜范围为8～11 ℃，盐度为32.0～33.5。3月中、下旬越冬鱼群陆续离开越冬场北上，于4月中旬主群即分别抵达山东省南部沿海成山头至烟威渔场。4月下旬开始进入渤海，主要集中在莱州湾一带，秦皇岛近海也有少量分布。4月底在黄海北部近海也陆续发现有斑鰶分布。5月初到6月底斑鰶在其分布海区产卵，产卵后即游向离岸稍远水域摄食，孵化的幼鱼即在附近海区索饵。11月成鱼及当年生幼鱼陆续向越冬场洄游，直到12月在近岸海区仍发现有少数当年生幼鱼仍逗留在此索饵场。

二、资源分布

2015年春季3月、5月和夏季6月均未捕获到斑鰶，夏季8月斑鰶出现频率为24.49%，主要分布在辽东湾沿岸水域，黄海北部水域未捕获到，平均资源密度为0.05 kg/h（图3-12）。秋季10月斑鰶出现频率相对较高，为50%，在辽东湾与黄海北部均有分布，平均资源密度为0.26 kg/h（图3-13）。

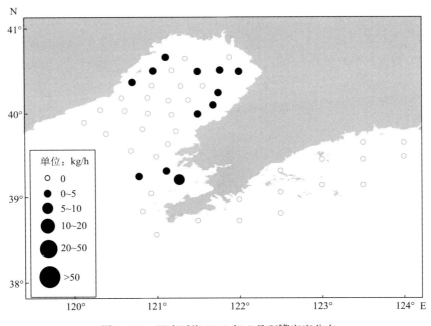

图3-12　辽宁近海2015年8月斑鰶密度分布

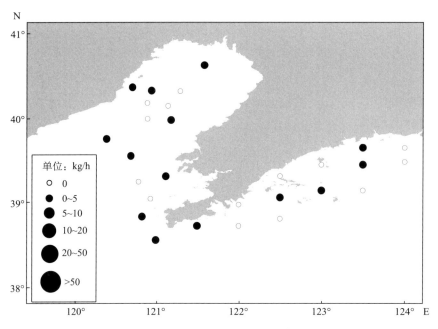

图 3-13　辽宁近海 2015 年 10 月斑鰶密度分布

三、生物学特征

（一）群体组成

辽宁近海 3 月、5 月和 6 月均未捕获到斑鰶。

8 月斑鰶叉长范围为 63~134 mm，优势叉长组为 80~110 mm，占群体的 81.51%（图 3-14），群体的平均叉长是 93.0 mm；群体的体重范围为 1.6~28.1 g，优势体重组为 3~12 g，占群体的 82.88%（图 3-15），群体的平均体重是 8.8 g。

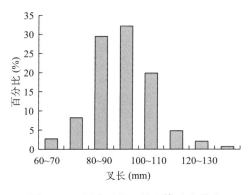

图 3-14　辽宁近海 8 月斑鰶叉长分布

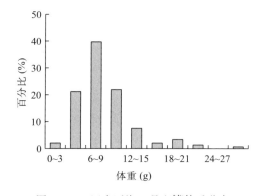

图 3-15　辽宁近海 8 月斑鰶体重分布

10 月斑鰶叉长范围为 67～186 mm，优势叉长组为 110～150 mm，占群体的 66.67%（图 3-16），群体的平均叉长是 121.7 mm；群体的体重范围为 3.6～83.9 g，优势体重组为 5～10 g 和 20～30 g，占群体的 45.35%（图 3-17），群体的平均体重是 51.5 g。

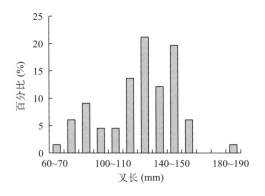

图 3-16　辽宁近海 10 月斑鰶叉长分布

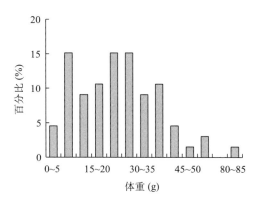

图 3-17　辽宁近海 10 月斑鰶体重分布

（二）体长与体重关系

斑鰶叉长与体重关系为 $W = 3 \times 10^{-6} \times L^{3.3108}$（图 3-18）。

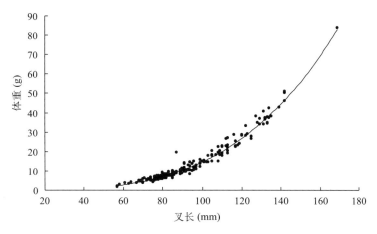

图 3-18　辽宁近海 2015 年斑鰶叉长与体重关系

（三）生长繁殖习性

斑鰶产卵期为 4—6 月，在一个产卵期内会多次分批产卵，一般为 2～3 批，产卵场多位于盐度较低的河口沿岸附近，水深不超过 10 m，水温范围 14～17 ℃。产浮性卵，球形，产卵时间多在黄昏和拂晓，体外受精。受精卵 2 d 左右即可孵化，幼鱼生长迅速，半个月体长达到 10 mm 以上，11 月向南越冬时体长可达到 100～120 mm。1～2 岁龄性成熟，雄鱼早于雌鱼，个体的绝对繁殖力随鱼体的生长而增加，一般变动在 35 000～125 000 粒，

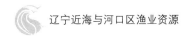

个体相对繁殖力为 760～1 500 粒/g。生命周期较短，最高 6 岁龄，3 岁龄后生长速度缓慢。

（四）摄食特征

斑鰶属杂食性，以浮游植物为主，兼食浮游动物和腐殖质。其中以舟形硅藻、棱形硅藻、新月棱硅藻、中肋骨条藻和圆筛藻为主，其次为沙壳纤毛虫、轮虫、桡足类、腹足类和短尾类的幼体。

四、现存资源量

根据扫海面积法，2015 年春季 3 月、5 月和夏季 6 月均未捕获斑鰶，夏季 8 月斑鰶资源量为 11.75 kg/km²；秋季 10 月资源量为 9.33 kg/km²。

第三节　黄　　鲫

一、种群与洄游

黄鲫（*Setipinna taty*），隶属于鲱形目（Clupeiformes）鳀科（Engraulidae）黄鲫属（*Setipinna*），为暖水性中上层鱼类。印度、东南亚、朝鲜、日本以及中国沿海均有分布。

按照其生殖洄游路线黄鲫可分为 3 个大种群。黄鲫的越冬场位于济州岛西南部的黄海南部水深 30～80 m 海域处。越冬期为当年 12 月至翌年 2 月。3 月随着水温逐步上升，鱼群游离越冬场进行生殖洄游。根据洄游路线分为 3 支：一支向西南方向到达长江口一带，于 4 月中旬开始产卵，产卵后此种群分散在黄海南部，11 月返回越冬场；一支向西北方向到达黄海中部海州湾到山头海域，于 4 月下旬开始产卵，10 月底返回越冬场；一支北上到达黄海北部并进入渤海，产卵期较迟，5 月中下旬开始产卵并就地索饵，10 中下旬陆续向越冬场洄游。

二、资源分布

2015 年春季 3 月未捕到黄鲫，春季 5 月黄鲫主要分布在辽宁近海深水区域，逐渐进入辽东湾与黄海北部，出现频率为 31.43%，平均资源密度为 0.045 kg/h（图 3 - 19），夏季 6 月广泛分布于辽宁近海，高值区出现在辽东湾东部沿岸水域，出现频率为

41.18%，平均资源密度为 0.17 kg/h（图 3-20）。夏季 8 月捕获的群体均分布在辽东湾中北部水域，出现频率为 20.41%，平均资源密度为 0.05 kg/h（图 3-21）。秋季 10 月黄鲫表现为南移趋势，主要分布于辽东湾水域中部及南部，出现频率为 42.86%，平均资源为 0.17 kg/h（图 3-22）。

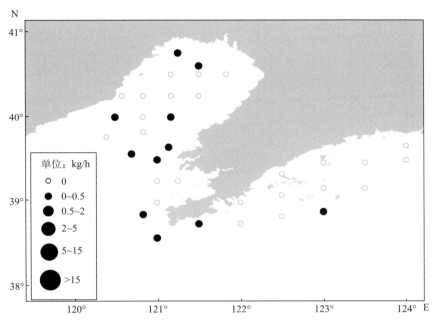

图 3-19 辽宁近海 2015 年 5 月黄鲫密度分布

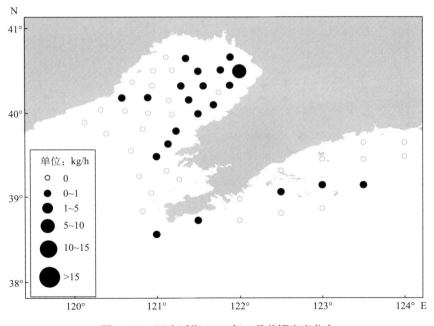

图 3-20 辽宁近海 2015 年 6 月黄鲫密度分布

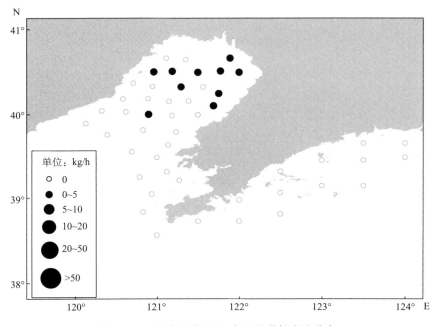

图 3-21　辽宁近海 2015 年 8 月黄鲫密度分布

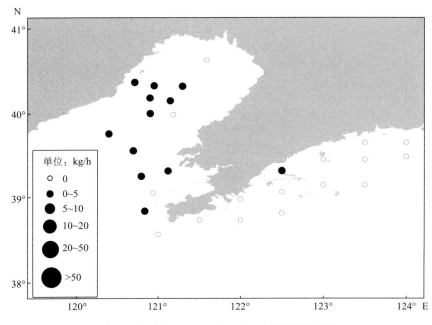

图 3-22　辽宁近海 2015 年 10 月黄鲫密度分布

三、生物学特征

（一）群体组成

辽宁近海 3 月未捕获到黄鲫。

5 月捕获黄鲫群体数量较少，平均叉长为 120.4 mm，平均体重为 13.8 g，群体的叉长范围为 77～186 mm，体重范围为 2.8～37.1 g。

6 月黄鲫叉长范围为 79～179 mm，优势叉长组为 120～140 mm，占群体的 66.67%（图 3-23），群体的平均叉长是 129.5 mm；群体的体重范围为 4.6～47.7 g，优势体重组为 12～18 g，占群体的 58.67%（图 3-24），群体的平均体重是 16.1 g。

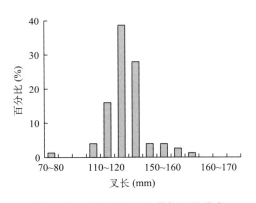

图 3-23　辽宁近海 5 月黄鲫叉长分布

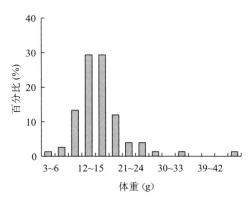

图 3-24　辽宁近海 5 月黄鲫体重分布

8 月黄鲫叉长范围为 48～180 mm，优势叉长组为 50～90 mm，占群体的 80.33%（图 3-25），群体的平均叉长是 76.8 mm；群体的体重范围为 0.7～38.0 g，优势体重组为 0.7～6.0 g，占群体的 80.33%（图 3-26），群体的平均体重是 4.8 g。

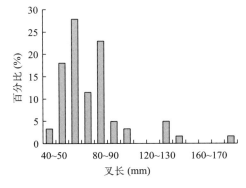

图 3-25　辽宁近海 8 月黄鲫叉长分布

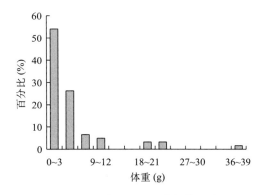

图 3-26　辽宁近海 8 月黄鲫体重分布

10 月黄鲫叉长范围为 63~160 mm，优势叉长组为 90~120 mm，占群体的 87.41%（图 3-27），群体的平均叉长是 105.2 mm；群体的体重范围为 1.2~32.5 g，优势体重组为 3~9 g，占群体的 77.78%（图 3-28），群体的平均体重是 7.2 g。

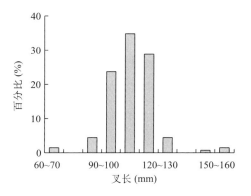

图 3-27　辽宁近海 10 月黄鲫叉长分布

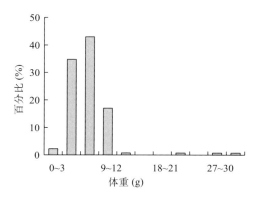

图 3-28　辽宁近海 10 月黄鲫体重分布

（二）体长与体重关系

黄鲫叉长与体重关系为 $W=5\times10^{-6}L^{3.0522}$（图 3-29）。

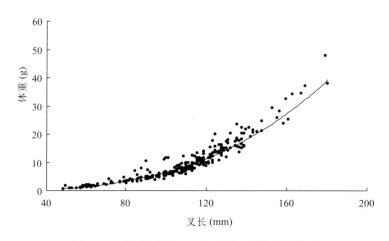

图 3-29　辽宁近海 2015 年黄鲫叉长与体重关系

（三）生长繁殖习性

黄鲫性成熟早，1 岁龄即达性成熟，为一次排卵类型，产卵群体中雌性略多于雄性，雌雄比例为 45：55。个体绝对繁殖力为 130~1 480 个/g，平均 230~340 个/g，喜在沿海水质浑浊的海域产卵，产卵时温度为 9~13 ℃。产浮性卵，球形，卵径 1.40~1.51 mm，卵膜较薄，卵黄龟裂呈泡沫状，周隙大。黄鲫的生命周期较短，一般只有 4 年。

（四）摄食特征

黄鲫主要以浮游动物为食，桡足类、端足类、糠虾、箭虫、钩虾等，胃含物分析表明：长额刺糠虾、强壮箭虫、中国毛虾为其主要饵料种类，中华哲水蚤、脊腹褐虾、细螯虾和口虾蛄为次要饵料种类，也偶尔兼食舟形藻、圆筛藻等浮游植物。

四、现存资源量

根据扫海面积法，2015 年春季 3 月未捕获黄鲫，5 月黄鲫资源量为 1.63 kg/km²；夏季 6 月黄鲫资源量为 6.25 kg/km²，8 月资源量为 1.80 kg/km²；秋季 10 月黄鲫资源量为 6.22 kg/km²。

第四节 鳀

一、种群与洄游

鳀（*Engraulis japonicus*），隶属于鲱形目（Clupeiformes）鳀科（Engraulidae）鳀属（*Engraulis*），是长距离洄游的暖温性中上层鱼类。广泛分布于太平洋西北部，南起台湾海峡，北至库页岛南部。黄海的鳀与东海和日本海的鳀在空间分布上相连，随季节变化在数量上互有消长，可看作同一种群。

鳀的越冬期为 1 月，其分布的北界位于 7 ℃等温线附近，西界位于 40 m 等深线附近，水温 8 ℃附近。东南部的鳀继续向东海北部扩展，其东界在水温 13 ℃附近。密集区在 33°15′—34°15′ N、123°10′—124°20′ E。2 月黄海中南部水温继续下降，鳀继续向东南移动，部分进入东海，主要分布在 124°30′—126°30′ E、水温在 9～13 ℃的狭窄水域。3 月黄海中部鳀北界位于 36°30′ N，7 ℃等温线附近。黄海南部，其界随着西部沿岸水域的温度回升向西扩展，进入水深 40 m 以内水域。东南部零界线位于济州岛西南 13 ℃等温线附近。

4 月黄渤海区各海湾相继增温。4 月中旬以前，鳀分布的西界位于 20 m 等深线附近，东南界位于济州岛以西 125°30′ E，即 13 ℃等温线附近。4 月下旬，鳀相继进入环渤海各湾的近岸产卵场。同时，黄海中南部的广大水域仍有稀疏的鳀分布。5 月上旬，鳀已经大批进入渤海。在黄海北部，5 月初，北上的鳀大批到达大连至庄河、海洋岛一带沿海；中旬抵达东港沿海，另一支在烟台、威海外海。在成山头以南的黄海中西部，集中于海州湾沿岸的鳀在日照、胶南沿海形成密集群；5月下旬，随着东部水温的升高，逐渐东移，同时黄海中南部仍有鳀广泛分布。6月下旬，黄海中南部近岸的大部分鳀结束产卵并向较深水域移动，与外海的鳀汇合。7—8月，渤海鳀大部分已结束产卵，分布于渤海中部及辽东湾口、秦皇岛沿海及莱州湾进行索饵。黄海北部，产卵盛期后，7月初开始移向东南较深水域索饵。主要分布区在海洋岛以南一带。同时烟台、威海外海的鳀向北移动，分布于威海东北和隍城岛以东水域，进而与北部南移的鳀汇合于北黄海的中西部。黄海中南部大部分鳀进入索饵期，广泛分布于 20～80 m 水深的水域内。相对密集分布在石岛东南、海州湾东部和 32°00′—34°00′N、水深 50～60 m 的水域。

9—10 月，渤海鳀主要分布于渤海中部各湾口及海峡一带，数量明显少于 7 月、8 月。黄海北部主要分布区逐渐东移，10 月已移至海洋岛至成山头一线。黄海中南部，9 月鳀陆续由 20～40 m 水深区域向 40 m 以上深水域移动。10 月海州湾以南水深 40 m 以内水域的鳀已大部分移至水深较深水域，分布范围为 34°00′N 以北、121°30′E 以东。相对密集区在石岛东南 36°00′—37°00′N、123°00′—124°00′E 水域。广泛分布于 32°00′—37°30′N，水深 20～60 m 水域。11 月渤海水温下降，鳀较前一个月更趋近于海峡并开始大批游出渤海。黄海北部，由渤海外返的鳀与本区的鳀汇合。在 122°15′—123°00′E、38°00′N 附近形成密集群。11 月中旬前后，密集群向东南移至成山头以东，60 m 等深线与 124°00′E 之间水域，11 月下旬继续南移并集成小群到黄海中南部。11 月中旬以后，栖息于黄海北部和渤海的鳀集结南下，到达黄海中部开阔水域后鱼群比较分散，在石岛东南 60 m 等深线附近形成范围较小的密集群。12 月，鳀基本上游离渤海，仅有少量残留。黄海北部，大部分鳀已经绕过成山头，进入黄海中南部，部分滞后鳀栖于 40 m 以内深水域。黄海中南部，12 月初水温骤降，40 m 以内水域广为分布的鳀迅速向深水移动，由黄海北部南下的鳀也迅速通过 37°00′—35°00′N 水域，与南部鳀汇集在 35°00′N 以南、水深 60～80 m 水域。12 月中下旬，鳀主要集中于 123°00′—123°30′E、34°00′—34°45′N。

二、资源分布

2015 年春季 3 月未捕获鳀，5 月鳀仅出现在 1 个站位（图 3 - 30），夏季 6 月出现频率为 11.76%，主要分布在黄海北部东港近海，平均资源密度为 0.27 kg/h（图 3 - 31）。夏季 8 月黄鲫主要分布在辽东湾中南部水域及长海县周边水域，出现频率为 36.73%，平均资源密度为 0.33 kg/h（图 3 - 32）。秋季 10 月鳀的出现频率为 25.00%，平均资源密度为 0.17 kg/h（图 3 - 33）。

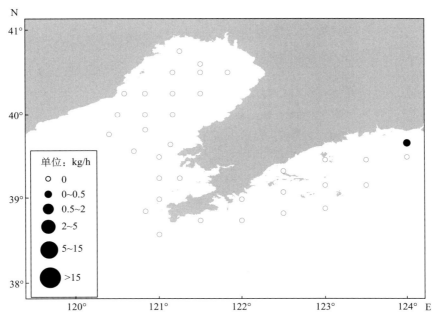

图 3 - 30 辽宁近海 2015 年 5 月鳀密度分布

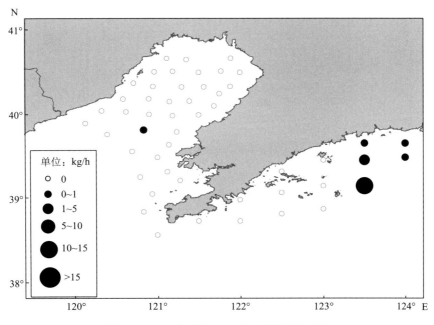

图 3 - 31 辽宁近海 2015 年 6 月鳀密度分布

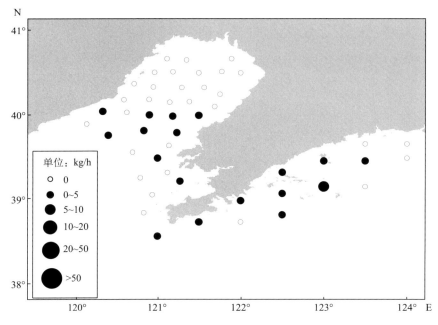

图 3-32　辽宁近海 2015 年 8 月鳀密度分布

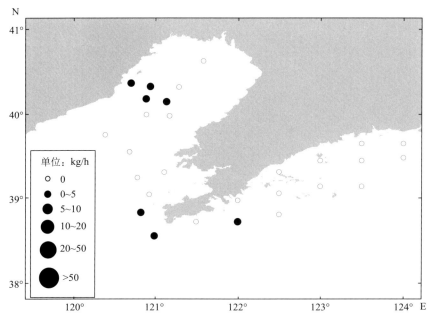

图 3-33　辽宁近海 2015 年 10 月鳀密度分布

三、生物学特征

(一) 群体组成

辽宁近海 3 月未捕获到鳀。

5 月仅捕获 1 尾鳀，叉长为 93 mm，体重为 7.3 g。

6 月鳀的叉长范围为 108~145 mm，优势叉长组为 115~130 mm，占群体的 78.57%（图 3-34），群体的平均叉长是 125.5 mm；群体的体重范围为 7.9~21.8 g，优势体重组为 8~14 g，占群体的 72.86%（图 3-35），群体的平均体重是 12.5 g。

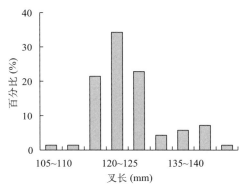

图 3-34　辽宁近海 5 月鳀叉长分布

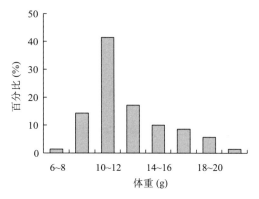

图 3-35　辽宁近海 5 月鳀体重分布

8 月鳀叉长范围为 43~160 mm，优势叉长组为 60~90 mm 和 110~140 mm，占群体的 76.97%（图 3-36），群体的平均叉长是 102.2 mm；群体的体重范围为 0.3~25.6 g，优势体重组为 0.3~6.0 g 和 9~12 g，占群体的 67.11%（图 3-37），群体的平均体重是 8.6 g。

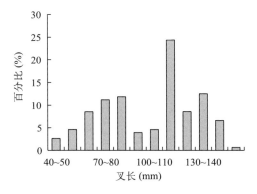

图 3-36　辽宁近海 8 月鳀叉长分布

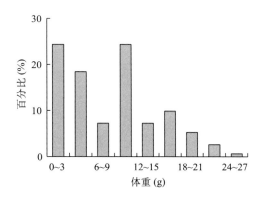

图 3-37　辽宁近海 8 月鳀体重分布

10 月鳀叉长范围为 72～149 mm，优势叉长组为 80～120 mm，占群体的 82.93%（图 3 -38），群体的平均叉长是 99.9 mm；群体的体重范围为 2.2～21.0 g，优势体重组为 3～9 g，占群体的 76.83%（图 3 - 39），群体的平均体重是 7.5 g。

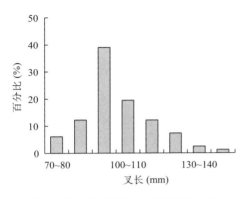

图 3 - 38　辽宁近海 10 月鳀叉长分布

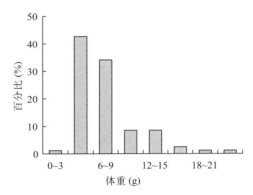

图 3 - 39　辽宁近海 10 月鳀体重分布

（二）体长与体重关系

鳀叉长与体重关系为 $W = 3 \times 10^{-6} \times L^{3.1494}$（图 3 - 40）。

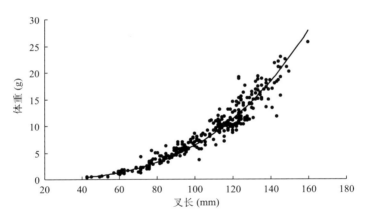

图 3 - 40　辽宁近海 2015 年鳀叉长与体重关系

（三）生长繁殖习性

鳀性成熟早，1 龄即成熟，属分批产卵的类型。产卵期长，可从 5 月一直延续到 8 月。产卵时适温范围广，为 12～28 ℃，以 14～19 ℃为最适温，盐度为 28～31。产浮性卵，卵粒各个分离，长圆形，卵膜光滑，无色透明。受精卵约 48 h 孵化。鳀的怀卵量与鱼体的大小成正比，产卵数通常为 8 000～24 000 粒。通常栖息于水色澄清的海域，喜阴影，常聚集于岩礁附近或随云影以及水面漂浮物移动。趋光性强，有明显的昼夜垂直移动。

（四）摄食特征

鳀主要以浮游动物为食，饵料组成 50 余种，以浮游甲壳类为主，按重量计占 60％以上，其次为毛颚类的箭虫、双壳类幼体等。饵料组成具有明显的区域性和季节变化，突出表现为饵料组成与鳀鱼栖息水域的浮游生物组成相似。鳀鱼的饵料选择更多的是一种粒级的选择，鳀偏好的食物随鳀鱼长度的增加而变化。桡足类和它们的卵子、幼体是最大的优势类群。体长小于 10 mm 的鳀仔稚鱼主要摄食桡足类的卵和无节幼体；体长 11～20 mm 的鳀仔稚鱼主要摄食桡足类的桡足幼体和原生动物；叉长 21～30 mm 的鳀主要摄食纺锤水蚤等小型桡足类和甲壳类的溞状幼体；叉长 41～80 mm 的鳀主要摄食桡足类的桡足幼体；叉长 81～90 mm 的鳀主要摄食中华哲水蚤和桡足幼体；叉长 91～100 mm 的鳀主要摄食中华哲水蚤、胸刺水蚤、真刺水蚤等较大的桡足类；叉长 101～120 mm 的鳀主要摄食中华哲水蚤、胸刺水蚤、太平洋磷虾、细长脚蛾；叉长大于 121 mm 的鳀主要摄食太平洋磷虾和细长脚蛾。

四、现存资源量

根据扫海面积法，2015 年春季 3 月未捕获鳀，5 月鳀资源量为 0.04 kg/km^2；夏季 6 月鳀资源量为 9.87 kg/km^2，8 月资源量为 11.96 kg/km^2；秋季 10 月鳀资源量为 5.97 kg/km^2。

第五节　方氏云鳚

一、种群与洄游

方氏云鳚（*Enedrias fangi*），隶属于鲈形目（Perciformes）锦鳚科（Pholidae）云鳚属（*Enedrias*），为冷温性底层地方性鱼类。辽宁省俗称幼鱼为面条鱼，幼鱼变色后称为萝卜丝鱼，成鱼称为高粱叶子。

方氏云鳚有季节性集群的特点，每年秋季，在黄海北部和渤海，方氏云鳚开始向近岸进行产卵移动，形成秋季渔汛，密集分布在 38°00′N—39°00′N 的近岸水域。春季，黄海北部方氏云鳚的幼鱼主要分布在黄海的龙王塘至渤海的营城子一带沿岸，在那里进行索饵生长。每年 3—5 月是幼鱼的汛期。6 月以后，幼鱼汛期结束，鱼群开始分散索饵，主要栖息在沿岸，此时鱼体色由白色开始变为浅黄色，渔民称为"萝卜丝子"，鱼群仍然相对分散。

二、资源分布

2015 年春季 3 月方氏云鳚密度较低，平均资源密度为 0.025 kg/h，出现频率为 25％，分布在辽东湾半岛沿岸水域（图 3-41）；5 月主要分布黄海北部及辽东湾南部水域，出现频率为 42.86％，平均资源密度为 0.062 kg/h（图 3-42）。夏季 6 月方氏云鳚广泛分布于

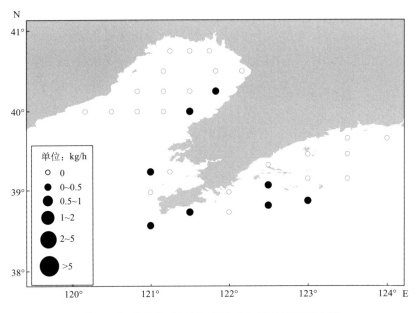

图 3-41　辽宁近海 2015 年 3 月方氏云鳚密度分布

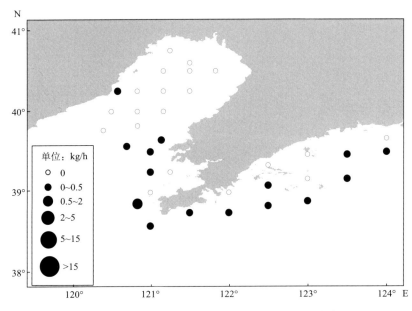

图 3-42　辽宁近海 2015 年 5 月方氏云鳚密度分布

辽宁近海，出现频率为 50%，平均资源密度为 0.17 kg/h（图 3 - 43）；8 月出现频率为 20.41%，平均资源密度为 0.27 kg/h（图 3 - 44）。秋季 10 月方氏云鳚资源密度降低，仅在黄海北部 3 个站位捕获到，平均资源密度为 0.015 kg/h（图 3 - 45）。

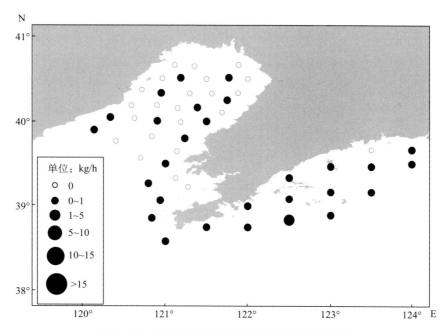

图 3 - 43　辽宁近海 2015 年 6 月方氏云鳚密度分布

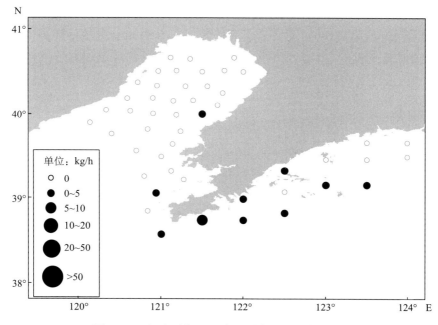

图 3 - 44　辽宁近海 2015 年 8 月方氏云鳚密度分布

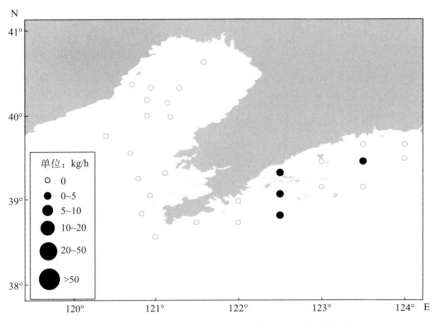

图 3-45 辽宁近海 2015 年 10 月方氏云鳚密度分布

三、生物学特征

(一) 群体组成

3 月方氏云鳚的体长范围为 92～156 mm,优势体长组为 115～130 mm 和 140～145 mm,占群体的 55.00%(图 3-46),群体的平均体长是 126.9 mm;群体的体重范围为 1.8～15.2 g,优势体重组为 2～10 g,占群体的 87.50%(图 3-47),群体的平均体重是 6.6 g。

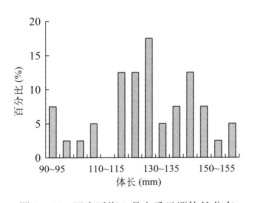

图 3-46 辽宁近海 3 月方氏云鳚体长分布

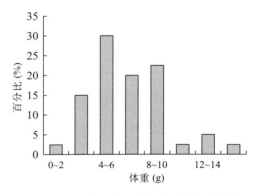

图 3-47 辽宁近海 3 月方氏云鳚体重分布

5 月方氏云鳚的体长范围为 103～169 mm,优势体长组为 130～160 mm,占群体的 72.22%(图 3-48),群体的平均体长是 138.2 mm;群体的体重范围为 3.4～22.6 g,优势体重组为 9～18 g，占群体的 69.44%（图 3-49），群体的平均体重是 11.5 g。

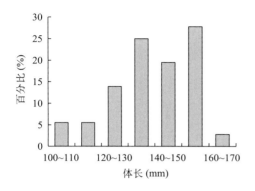

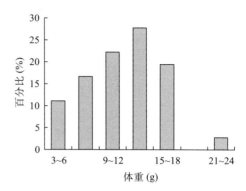

图 3-48　辽宁近海 5 月方氏云鳚体长分布　　图 3-49　辽宁近海 5 月方氏云鳚体重分布

　　6 月方氏云鳚的体长范围为 82～169 mm，优势体长组为 120～150 mm，占群体的 57.80%（图 3-50），群体的平均体长是 130.1 mm；群体的体重范围为 2.2～23.1 g，优势体重组为 3～15 g，占群体的 85.32%（图 3-51），群体的平均体重是 10.1 g。

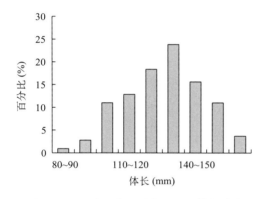

图 3-50　辽宁近海 6 月方氏云鳚体长分布　　图 3-51　辽宁近海 6 月方氏云鳚体重分布

　　8 月方氏云鳚体长范围为 80～167 mm，优势体长组为 110～150 mm，占群体的 83.33%（图 3-52），群体的平均体长是 129.4 mm；群体的体重范围为 1.3～25.9 g，优势体重组为 3～15 g，占群体的 86.46%（图 3-53），群体的平均体重是 9.8 g。

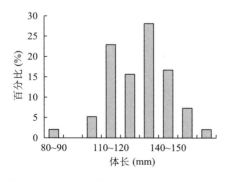

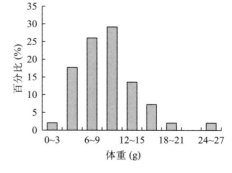

图 3-52　辽宁近海 8 月方氏云鳚体长分布　　图 3-53　辽宁近海 8 月方氏云鳚体重分布

10 月仅捕获到 5 尾方氏云鳚，平均体长为 132.6 mm，平均体重为 10.4 g，体长范围为 116～153 mm，体重范围为 6.1～17.4 g。

(二) 体长与体重关系

方氏云鳚体长与体重关系为 $W=2\times10^{-7}\times L^{3.6686}$ （图 3-54）。

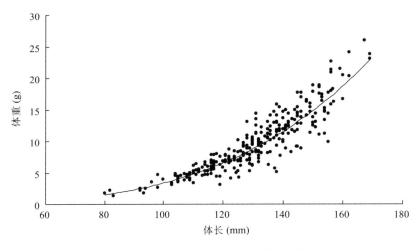

图 3-54　辽宁近海 2015 年方氏云鳚体长与体重关系

(三) 生长繁殖习性

方氏云鳚产卵期为 10—11 月，产卵群体由 2～4 岁龄组成，以 3 龄为主，占 59.5%，其次为 4 岁龄，占 23.0%，2 岁龄最少，为 17.5%。雌、雄个体初次性成熟的年龄均为 2 岁龄。方氏云鳚一般在黄昏时产卵，不喜光，产卵时雄鱼经常追逐雌鱼，有时雌、雄鱼互绞在一起，卵产出后彼此黏在一起，呈长椭圆形的块状，雌鱼有护卵的习性。成鱼经常栖息的近岸水深为 10～20 m 的区域为方氏云鳚的产卵场。产卵场的潮流通畅，底质为沙、石砾或岩礁地带。

(四) 摄食特征

方氏云鳚主要摄食浮游动物和底栖动物，对中华蜇水蚤、太平洋磷虾和沙蚕比较偏爱，其次为脊腹褐虾、细螯虾、日本鼓虾等，有时胃含物中还发现较多的鱼卵。

摄食强度主要在春季，夏季次之，冬季摄食较少。2003 年 12 月，对胃含物进行分析时发现，基本为空胃，腹腔均被鱼卵所占据。另外，方氏云鳚又是其他经济鱼类的重要摄食对象，在花鲈、大泷六线鱼、许氏平鲉等鱼类的胃含物中曾发现大量的方氏云鳚。

四、现存资源量

根据扫海面积法，2015 年春季 3 月方氏云鳚资源量为 0.88 kg/km²，5 月方氏云鳚资源量为 2.25 kg/km²；夏季 6 月方氏云鳚资源量为 6.15 kg/km²，8 月资源量为 9.67 kg/km²；
秋季 10 月资源量为 0.55 kg/km²。

<h1 style="text-align:center">第六节　矛尾鰕虎鱼</h1>

一、种群与洄游

矛尾鰕虎鱼（*Chaeturichthys stigmatias*），隶属于鲈形目（Perciformes）鰕虎鱼科
（Gobiidae）矛尾鰕虎鱼属（*Chaeturichthys*），俗称胖头鱼等，为暖温性底层地方性鱼类。
在日本、朝鲜、中国沿海各海域均有分布，主要栖息于近河口浅水海域淤泥浅滩中。

二、资源分布

2015 年春季 3 月矛尾鰕虎鱼广泛分布于辽宁近海，仅 1 个站位未捕获，出现频率为
96.88%，最高密度为 11.87 kg/h，分布在辽东湾北部水域，平均资源密度为 1.42 kg/h
（图 3 - 55）；5 月矛尾鰕虎鱼的密度低于 3 月，平均资源密度为 0.07 kg/h，出现频率为

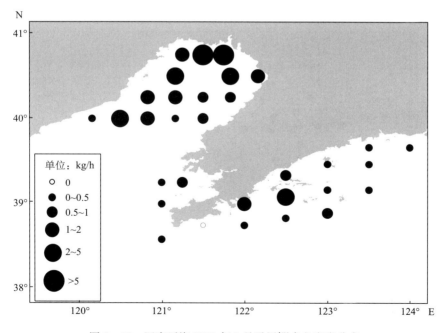

图 3 - 55　辽宁近海 2015 年 3 月矛尾鰕虎鱼密度分布

57.14%，主要分布在辽东湾水域（图3-56）。夏季6月分布重心仍位于辽东湾水域，平均资源密度较5月有所提高，为0.11 kg/h，出现频率为60.78%（图3-57）；8月矛尾鰕虎鱼密度大幅度提升，平均资源密度为4.39 kg/h，出现频率为97.96%（图3-58）。秋季10月矛尾鰕虎鱼出现频率为89.29%，平均资源密度为5.57 kg/h（图3-59）。

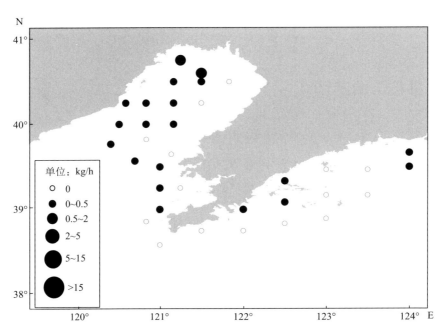

图3-56　辽宁近海2015年5月矛尾鰕虎鱼密度分布

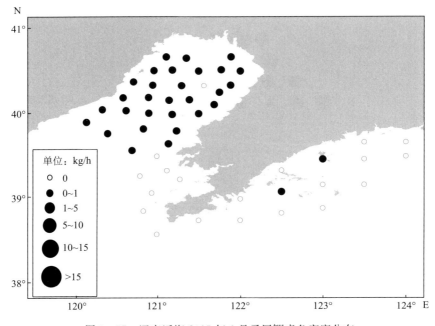

图3-57　辽宁近海2015年6月矛尾鰕虎鱼密度分布

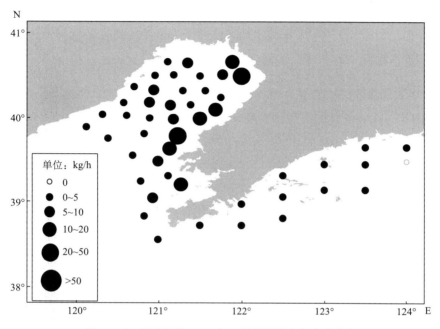

图 3-58 辽宁近海 2015 年 8 月矛尾鰕虎鱼密度分布

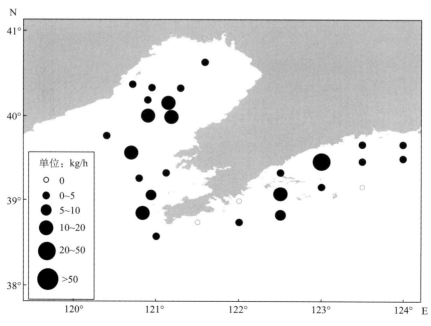

图 3-59 辽宁近海 2015 年 10 月矛尾鰕虎鱼密度分布

三、生物学特征

（一）群体组成

3月矛尾鰕虎鱼的体长范围为 26～204 mm，优势体长组为 80～110 mm，占群体的 59.12%（图 3-60），群体的平均体长是 97.6 mm；群体的体重范围为 1.2～74.8 g，优势体重组为 3～12 g，占群体的 63.15%（图 3-61），群体的平均体重是 11.9 g。

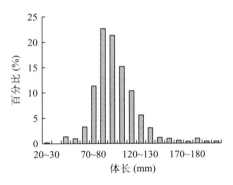
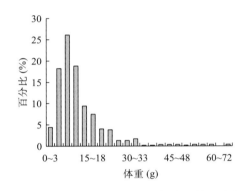

图 3-60　辽宁近海 3 月矛尾鰕虎鱼体长分布　　图 3-61　辽宁近海 3 月矛尾鰕虎鱼体重分布

5月矛尾鰕虎鱼的体长范围为 49～130 mm，优势体长组为 70～90 mm，占群体的 52.00%（图 3-62），群体的平均体长是 86.7 mm；群体的体重范围为 1.6～17.1 g，优势体重组为 2～8 g，占群体的 74.00%（图 3-63），群体的平均体重是 6.3 g。

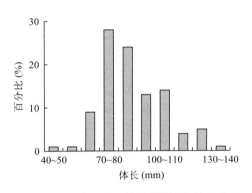
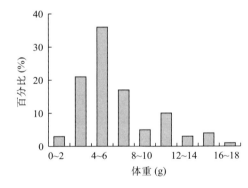

图 3-62　辽宁近海 5 月矛尾鰕虎鱼体长分布　　图 3-63　辽宁近海 5 月矛尾鰕虎鱼体重分布

6月矛尾鰕虎鱼的体长范围为 30～149 mm，优势体长组为 40～50 mm 和 70～110 mm，占群体的 65.35%（图 3-64），群体的平均体长是 84.5 mm；群体的体重范围为 0.2～30.6 g，优势体重组为 0.2～12.0 g，占群体的 85.71%（图 3-65），群体的平均体重是 6.9 g。

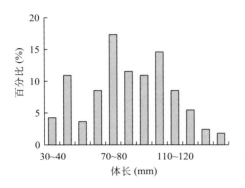

图 3-64　辽宁近海 6 月矛尾鰕虎鱼体长分布

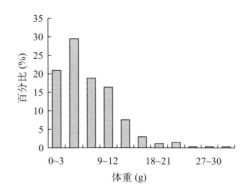

图 3-65　辽宁近海 6 月矛尾鰕虎鱼体重分布

8 月矛尾鰕虎鱼体长范围为 30～146 mm，优势体长组为 50～100 mm，占群体的 79.75％（图 3-66），群体的平均体长是 74.9 mm；群体的体重范围为 0.3～38.6 g，优势体重组为 0.3～9.0 g，占群体的 86.78％（图 3-67），群体的平均体重是 5.3 g。

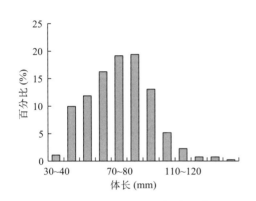

图 3-66　辽宁近海 8 月矛尾鰕虎鱼体长分布

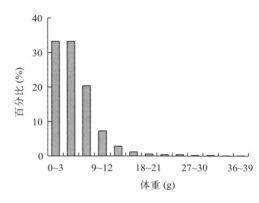

图 3-67　辽宁近海 8 月矛尾鰕虎鱼体重分布

10 月矛尾鰕虎鱼体长范围为 51～165 mm，优势体长组为 70～110 mm，占群体的 64.78％（图 3-68），群体的平均体长是 96.7 mm；群体的体重范围为 1.6～43.9 g，优势体重组为 3～9 g，占群体的 53.78％（图 3-69），群体的平均体重为 10.1 g。

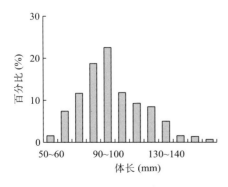

图 3-68　辽宁近海 10 月矛尾鰕虎鱼体长分布

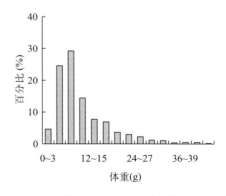

图 3-69　辽宁近海 10 月矛尾鰕虎鱼体重分布

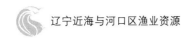

（二）体长与体重关系

矛尾鰕虎鱼体长与体重关系为 $W=2\times10^{-7}\times L^{3.6686}$（图 3 - 70）。

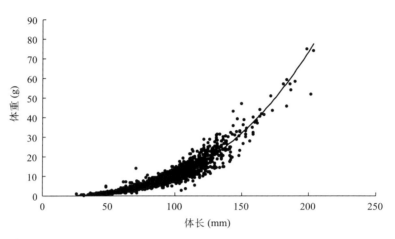

图 3 - 70　辽宁近海 2015 年矛尾鰕虎鱼体长与体重关系

（三）生长繁殖习性

矛尾鰕虎鱼具有对环境有较强的适应能力、繁殖力强以及生命周期短等特点，加之蓝点马鲛、黄鮟鱇等捕食者减少等原因，矛尾鰕虎鱼已成为底栖鱼类优势种。鰕虎鱼类处于底栖食物链的中间地位，具有重要的生态学意义。矛尾鰕虎鱼作为生态系中底栖生物的捕食者，直接为生态系统提供生产力；同时又是生态系中许多高营养级鱼类的饵料生物，提高生态系统的顶级生产力和水域渔业生产力。

矛尾鰕虎鱼为一年生鱼类，性成熟时间为每年 3 月，产卵期从 4 月中下旬一直持续到 5 月中下旬，其中 4 月下旬至 5 月上旬是产卵盛期，产卵后相继死亡。

（四）摄食特征

矛尾鰕虎鱼主要摄食钩虾类、糠虾类、瓣鳃类、多毛类、涟虫类等。

四、现存资源量

根据扫海面积法，2015 年春季 3 月矛尾鰕虎鱼资源量为 51.13 kg/km²，5 月矛尾鰕虎鱼资源量为 2.51 kg/km²；夏季 6 月矛尾鰕虎鱼资源量为 3.85 kg/km²，8 月资源量为 158.07 kg/km²；秋季 10 月资源量为 207.08 kg/km²。

第七节　长　绵　鳚

一、种群与洄游

长绵鳚（*Enchelyopus elongatus*），隶属于鲈形目（Perciformes）绵鳚科（Zoarcidae）绵鳚属（*Enchelyopus*），是作短距离洄游移动的冷温性近底层鱼类，俗称鲇鱼棍、鲇等。分布于黄海、渤海、东海北部、朝鲜沿海、日本沿海、俄罗斯远东海区。不作长距离的洄游，但作浅水与深水的往返移动。

冬季，黄渤海的主要群体一般栖息在较深海区内，石岛外海、黄海中部及烟威渔场深水区是其主要越冬场，以石岛外海的分布范围大、群体数量多，尤以 33°—37° N、123°30′—124°30′E 范围内最为集中。冬季栖息区水深一般 10～70 m，黄海南部可达80 m以上；温度一般为 6～14 ℃，最低值为 4 ℃；盐度范围为 32～33.5。

冬季长绵鳚的集群性较其他季节稍强。春季，长绵鳚开始由深水区向近岸浅水区移动，进行索饵、育肥活动，沿岸定置网中常有渔获，有的个体可在河口咸淡水处栖息。此时长绵鳚的分布较广，渤海三湾、海洋岛以北沿岸、山东半岛沿岸、海州湾至长江口沿岸都有分布。以长绵鳚的地理分布分析，冬季栖息在黄海南部的群体有可能向长江口至吕泗沿岸一带移动；黄海中部的群体则可能向海州湾及山东半岛南岸移动；黄海北部的群体则进入渤海和辽东半岛南岸。此外，仍有部分群体常年生活在黄海中、南部的深水区，季节间的移动不大。

二、资源分布

2015 年春季 3 月长绵鳚出现频率较高，为 43.75％，最高密度出现在大连老铁山周边的深水区域，为 2.46 kg/h，平均资源密度为 0.34 kg/h（图 3 - 71）；5 月长绵鳚捕获区域主要分布于黄海北部，深水区仍为高值密度分布区，出现频率为 31.43％，平均资源密度为 0.31 kg/h（图 3 - 72）。夏季 6 月长绵鳚广泛分布于黄海北部和辽东湾中南部水域，最高密度为 19.25 kg/h，出现频率为 54.90％，平均资源密度为 1.71 kg/h（图 3 - 73）；8 月长绵鳚分布范围相比 6 月有小幅度缩小，主要分布在辽东湾半岛周边的深水区域，出现频率为 40.82％，最高密度为 37.78 kg/h，位于长海县南部水域，平均资源密度为 3.43 kg/h（图 3 - 74）。秋季 10 月长绵鳚分布范围相对较广，出现频率为 75.00％，最高密度为 39.53 kg/h，仍位于大连老铁山周边的深水区域，平均资源密度为 3.67 kg/h（图 3 − 75）。

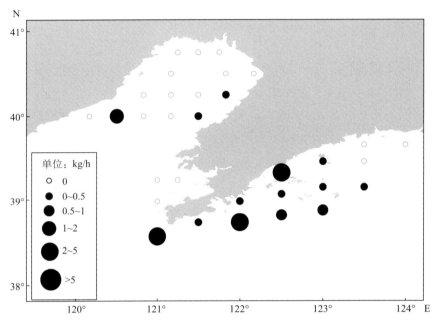

图 3 − 71　辽宁近海 2015 年 3 月长绵鳚密度分布

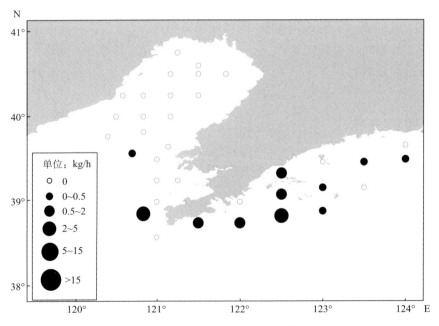

图 3 − 72　辽宁近海 2015 年 5 月长绵鳚密度分布

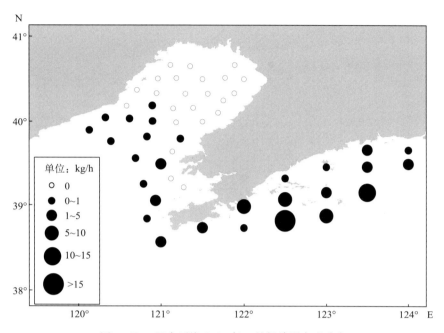

图 3-73 辽宁近海 2015 年 6 月长绵鳚密度分布

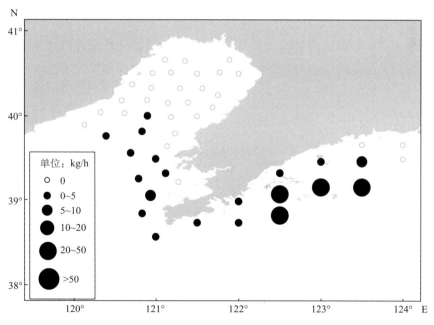

图 3-74 辽宁近海 2015 年 8 月长绵鳚密度分布

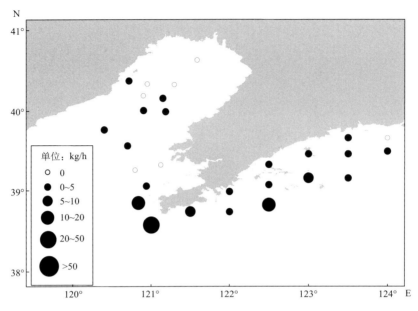

图 3-75　辽宁近海 2015 年 10 月长绵鳚密度分布

三、生物学特征

(一) 群体组成

3 月长绵鳚的全长范围为 131～352 mm，优势全长组为 160～200 mm，占群体的 49.35%（图 3-76），群体的平均全长是 197.6 mm；群体的体重范围为 6.1～315.3 g，优势体重组为 10～30 g，占群体的 54.55%（图 3-77），群体的平均体重是 42.0 g。

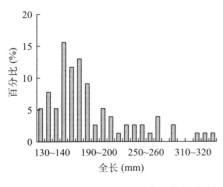

图 3-76　辽宁近海 3 月长绵鳚全长分布

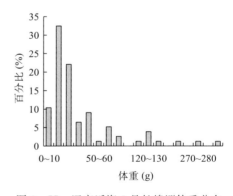

图 3-77　辽宁近海 3 月长绵鳚体重分布

5 月长绵鳚的全长范围为 90～291 mm，优势全长组为 90～110 mm 和 180～220 mm，占群体的 63.83%（图 3-78），群体的平均全长是 175.2 mm；群体的体重范围为 2.1～122.2 g，优势体重组为 2.1～5.0 g 和 20～50 g，占群体的 75.53%（图 3-79），群体的

平均体重是 30.7 g。

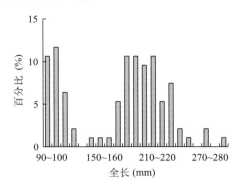

图 3-78　辽宁近海 5 月长绵鳚全长分布

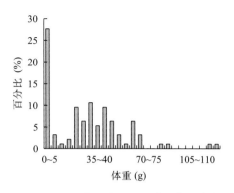

图 3-79　辽宁近海 5 月长绵鳚体重分布

　　6 月长绵鳚的全长范围为 80～335 mm，优势全长组为 120～150 mm，占群体的 46.35%（图 3-80），群体的平均全长是 163.0 mm；群体的体重范围为 1.7～192.4 g，优势体重组为 1.7～20.0 g，占群体的 68.00%（图 3-81），群体的平均体重是 28.3 g。

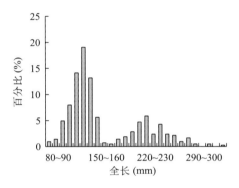

图 3-80　辽宁近海 6 月长绵鳚全长分布

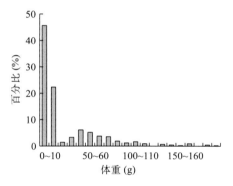

图 3-81　辽宁近海 6 月长绵鳚体重分布

　　8 月长绵鳚全长范围为 99～291 mm，优势全长组为 130～180 mm，占群体的 73.79%（图 3-82），群体的平均全长是 162.8 mm；群体的体重范围为 2.0～136.4 g，优势体重组为 5～20 g，占群体的 74.14%（图 3-83），群体的平均体重是 20.3 g。

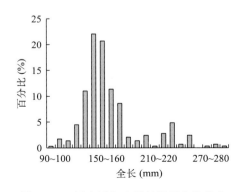

图 3-82　辽宁近海 8 月长绵鳚全长分布

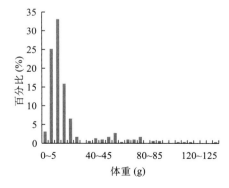

图 3-83　辽宁近海 8 月长绵鳚体重分布

10 月长绵鳚全长范围为 111～265 mm，优势全长组为 150～190 mm，占群体的 63.95％（图 3 - 84），群体的平均全长是 170.7 mm；群体的体重范围为 4.7～85.9 g，优势体重组为 10～25 g，占群体的 68.34％（图 3 - 85），群体的平均体重是 19.0 g。

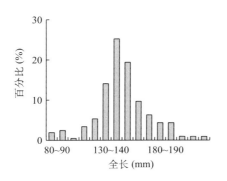

图 3 - 84　辽宁近海 10 月长绵鳚全长分布　　　　图 3 - 85　辽宁近海 10 月长绵鳚体重分布

（二）体长与体重关系

长绵鳚全长与体重关系为 $W=6\times10^{-7}\times L^{3.3467}$（图 3 - 86）。

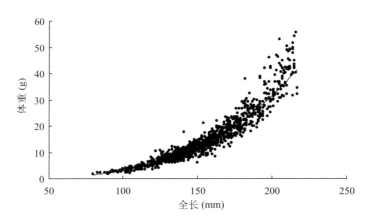

图 3 - 86　辽宁近海 2015 年长绵鳚全长与体重关系

（三）生长繁殖习性

长绵鳚分布较广，对环境条件的适应性强，喜栖息于冷水团水域中，如烟威外海春秋季的冷水区是长绵鳚的集中渔场。秋末冬初，活动于近岸浅水区的长绵鳚开始向深水区移动，12 月进入越冬场。长绵鳚的产卵场尚未查清，但产卵期在 12 月至翌年 2 月，其产卵场在深水区，对环境条件的要求与越冬场相同。

长绵鳚为卵胎生鱼类，怀胎数由几尾至 400 尾不等。夏末秋初时，性腺成熟，卵球形，成熟卵卵径在 3 mm 左右。仔鱼产出时全长约为 40 mm，体形与成鱼相同，仔鱼离母体后即营底栖生活。

长绵鳚的怀卵量波动于 100~1 500 粒，以 300~800 粒者居多。怀卵量与年龄有正相关关系。初次达性成熟的年龄为 2 岁。性腺开始发育时为 1 岁半的个体，即冬季出生长至第二年夏季的个体，至生殖期刚好满 2 岁。性腺开始发育的雌性最小个体体长为 206 mm，体重 66 g。

（四）摄食特征

长绵鳚摄食的门类较广。幼鱼主要食甲壳类，成鱼食物中除甲壳类外，还有瓣鳃类、桡足类、头足类、鱼类等。常见的种类有涟虫、细螯虾、口虾蛄、鼓虾、蟹类、蛇尾、鰕虎鱼、鱼卵等，而且胃含物中常有泥沙出现。

长绵鳚的摄食强度以夏秋季较高，冬春季较低，空胃率最高值出现在 1 月，最低值出现在 8 月。胃饱满度的平均值以 7—10 月高，12 月至翌年 4 月低，此种现象可能与该鱼在冬季产卵有关。

四、现存资源量

根据扫海面积法，2015 年春季 3 月长绵鳚资源量为 12.34 kg/km²，5 月长绵鳚资源量为 11.21 kg/km²；夏季 6 月长绵鳚资源量为 61.67 kg/km²，8 月资源量为 123.49 kg/km²；秋季 10 月资源量为 132.27 kg/km²。

第八节　许氏平鲉

一、种群与洄游

许氏平鲉（Sebastes schlegeli），隶属于鲉形目（Scorpaeniformes）鲉科（Scorpaenidae）平鲉属（Sebastes），地方名为黑鱼、刺毛等，是冷温性近海底层鱼类。分布于鄂霍茨克海南部、日本北海道以南、朝鲜半岛东西两岸、中国的渤海及黄海和东海海区。不作远距离洄游，只在冬季向稍深水域移栖，通常小个体多分布在近岸，大个体栖息于水深流大处，活动于岩礁或掩蔽物（如沉船）周围。

二、资源分布

2015 年春季许氏平鲉出现频率较低，3 月为 31.25%，5 月为 28.57%，平均资源密度分别为 0.17 kg/h 和 0.12 kg/h（图 3-87 和图 3-88）。夏季 6 月出现频率及平均资源密度基本与春季持平，出现频率为 31.37%，平均资源密度为 0.16 kg/h（图 3 - 89）；8 月资源密度大幅度提升，最高密度为 29.34 kg/h，位于大连老铁山的深水区域，平均资源密度为 1.26 kg/h，出现频率为 75.51%（图 3 - 90）。秋季 10 月出现频率有所下降，为 64.29%，最高密度为 23.88 kg/h，仍位于大连老铁山的深水区域，平均资源密度为 1.52 kg/h（图 3 - 91）。

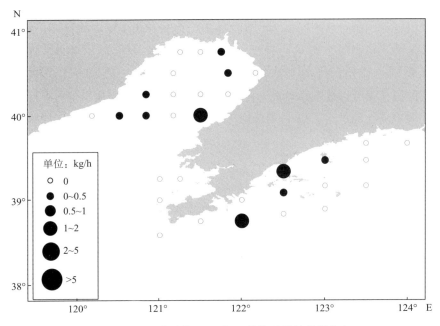

图 3 - 87　辽宁近海 2015 年 3 月许氏平鲉密度分布

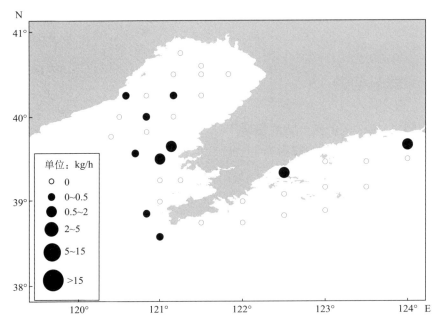

图 3 - 88　辽宁近海 2015 年 5 月许氏平鲉密度分布

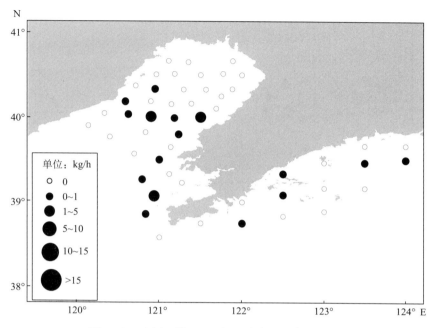

图 3-89　辽宁近海 2015 年 6 月许氏平鲉密度分布

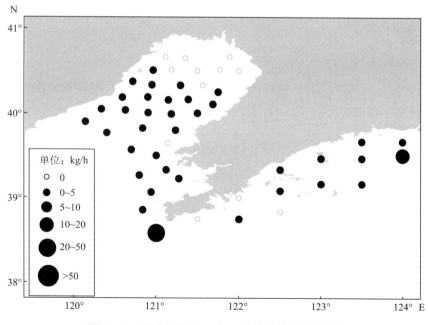

图 3-90　辽宁近海 2015 年 8 月许氏平鲉密度分布

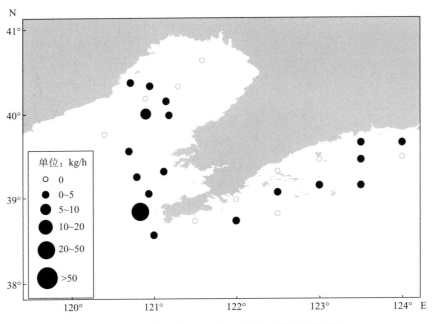

图 3-91　辽宁近海 2015 年 10 月许氏平鲉密度分布

三、生物学特征

(一) 群体组成

3月许氏平鲉的体长范围为 62～208 mm，优势体长组为 70～100 mm 和 130～150 mm，占群体的 61.90%（图 3-92），群体的平均体长是 114.7 mm；群体的体重范围为 5.2～223.3 g，优势体重组为 5.2～30.0 g 和 70～80 g，占群体的 64.29%（图 3-93），群体的平均体重是 50.1 g。

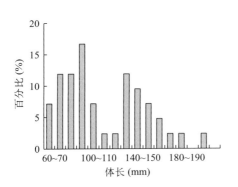

图 3-92　辽宁近海 3 月许氏平鲉体长分布

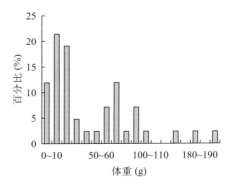

图 3-93　辽宁近海 3 月许氏平鲉体重分布

5月许氏平鲉群体数量较少，平均体长为107.7 mm，平均体重为39.4 g，体长范围为84～143 mm，体重范围为14.7～89.1 g。

6月许氏平鲉的体长范围为41～244 mm，优势体长组为40～50 mm和90～130 mm，占群体的64.58％（图3-94），群体的平均体长是117.9 mm；群体的体重范围为1.6～332.9 g，优势体重组为1.6～60.0 g，占群体的72.92％（图3-95），群体的平均体重是64.0 g。

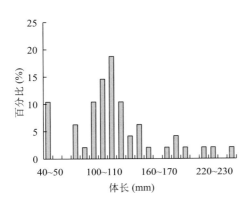

图3-94　辽宁近海6月许氏平鲉体长分布　　图3-95　辽宁近海6月许氏平鲉体重分布

8月许氏平鲉体长范围为40～143 mm，优势体长组为50～70 mm，占群体的78.16％（图3-96），群体的平均体长是61.2 mm；群体的体重范围为1.1～81.1 g，优势体重组为1.1～8.0 g，占群体的74.14％（图3-97），群体的平均体重是6.1 g。

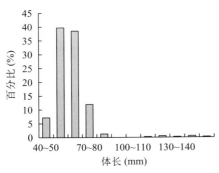

图3-96　辽宁近海8月许氏平鲉体长分布　　图3-97　辽宁近海8月许氏平鲉体重分布

10月许氏平鲉体长范围为51～134 mm，优势体长组为60～110 mm，占群体的89.05％（图3-98），群体的平均体长是83.3 mm；群体的体重范围为3.0～71.9 g，优势体重组为4～20 g，占群体的69.05％（图3-99），群体的平均体重是16.9 g。

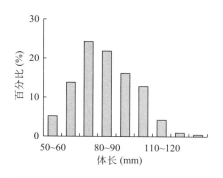

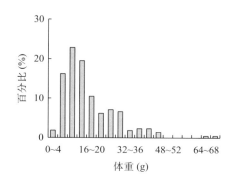

图 3-98　辽宁近海 10 月许氏平鲉体长分布　　　图 3-99　辽宁近海 10 月许氏平鲉体重分布

（二）体长与体重关系

许氏平鲉体长与体重关系为 $W = 10^{-5} \times L^{3.202}$ （图 3-100）。

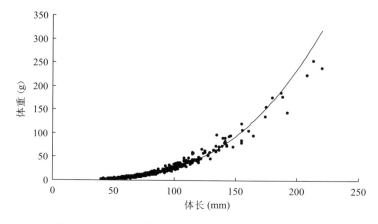

图 3-100　辽宁近海 2015 年许氏平鲉体长与体重关系

（三）生长繁殖习性

许氏平鲉的生物学最小体型，雄鱼为全长 280 mm（2 岁龄），雌鱼为全长 350 mm（3 岁龄）。生殖力与体长有关，体长 450 mm 的个体绝对生殖力为 314 000 尾，相对生殖力为 698 尾/mm。

许氏平鲉为卵胎生。未受精的成熟卵卵径 1.2～1.3 mm，近似球形，卵膜薄而透明，卵黄乳白色，其间分布有大小不等的黄色油球。受精后，当胚胎发育至眼泡出现黑色素、心搏开始时，卵黄内只见 1 个直径为 0.54 mm 的大油球。秋天雄鱼先成熟并进行交尾，精子留存雌体内，待卵成熟时受精，胚胎在雌鱼体内发育，4—6 月（多在 6 月）产生仔鱼，其时水温 14～15 ℃。

即将产仔的亲鱼，肛门、生殖孔和泄殖乳突明显外突，周围呈暗蓝或暗紫色，肛门和泄殖乳突末端暗红色，透过生殖孔的黏膜略可窥见银色的仔鱼眼泡。在人工饲养条件下，亲鱼产仔前静伏池底阴暗处，头部常向下，胸鳍、腹鳍和尾鳍缓缓地摆动。产仔前1 d会吐出胃含物，产前数小时鳃盖频频开闭，亲鱼开始活动。产仔时亲鱼喜活泼地游动，接着被黏性透明胶状物包着的仔鱼连成带状从生殖孔排出，亲鱼随即停止游动，只摆动胸鳍使连成带状的仔鱼分散开游向水表层。亲鱼如此反复产仔数次，产毕后静伏池底。产仔多在夜间，尤其是前半夜，经历1～1.5 h产完。产出的仔鱼有时会出现大量畸形发育个体和带卵黄囊的胚体，这些个体都不能正常发育。

刚产出的仔鱼全长5.69 mm，卵黄囊已被吸收，背腹部有透明鳍褶，头顶、消化道背侧背腹尾部散布着黑色素。此时仔鱼能摆动胸鳍和尾部作直线游动，喜群集在流水而光亮处活动，不久便开始摄食。出生25 d体长15 mm，外形和成鱼相似，到7—8月体长达到30～50 mm。

(四) 摄食特征

许氏平鲉属杂食性鱼类，全年摄食，以小型鱼类、幼鱼、甲壳类和头足类为食，产卵期摄食强度有所下降。可供人工养殖，饵料种类较广，仔稚鱼期投喂轮虫、卤虫、小球藻、糠虾等，大个体可投喂鱼肉等。

四、现存资源量

根据扫海面积法，2015年春季3月许氏平鲉资源量为6.12 kg/km²，5月许氏平鲉资源量为4.36 kg/km²；夏季6月许氏平鲉资源量为5.90 kg/km²，8月资源量为45.35 kg/km²；秋季10月资源量为54.87 kg/km²。

第九节　大泷六线鱼

一、种群与洄游

大泷六线鱼（*Hexagrammos otakii*），隶属于鲉形目（Scorpaeniformes）六线鱼科（Hexagrammidae）六线鱼属（*Hexagrammos*），为冷温性近底层地方性鱼类。分布于中

国渤海、黄海、东海，朝鲜及日本近海海域。集群性差，多分散在水质清澈、礁石错落的礁盘地带。

栖息水域周年变化不大，不进行长距离洄游。仅1—2月1岁龄以上个体有移向稍深水域的习性，少数个体会离开岩礁而在泥沙底的水域内生活一段时间，1岁龄以下个体则仍在近岸水域栖息。3月随着水温逐渐回升，大型个体又陆继回到近岸及岛屿的岩礁周围，直至冬季前移动不甚明显。

二、资源分布

2015年春季3月大泷六线鱼密度较低，平均资源密度为0.23 kg/h，最高密度为3.55 kg/h，出现频率为37.50%（图3-101）；5月密度较3月升高，平均密度为0.45 kg/h，出现频率为62.86%，黄海北部各站位均有分布，辽东湾分布于中南部水域（图3-102）。夏季6月分布范围与5月一致，资源密度提升较快，最高密度为20.65 kg/h，平均资源密度为1.83 kg/h（图3-103）；8月分布范围与5月、6月无显著变化，最高密度为22.91 kg/h，平均资源密度为1.17 kg/h（图3-104）。秋季10月大泷六线鱼分布范围集中在黄海北部水域，最高资源密度为17.45 kg/h，平均资源密度为2.38 kg/h（图3-105）。

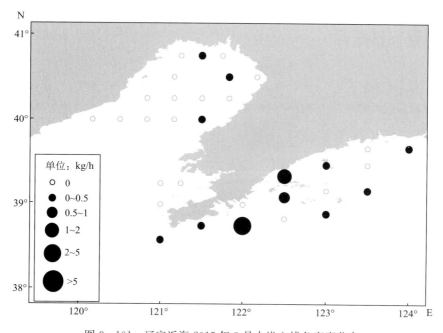

图3-101 辽宁近海2015年3月大泷六线鱼密度分布

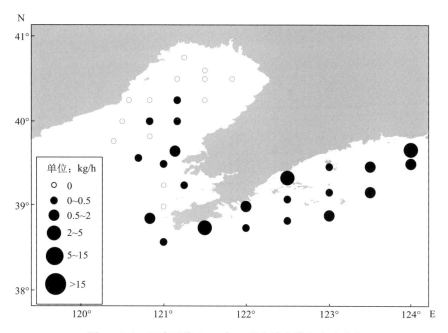

图 3-102 辽宁近海 2015 年 5 月大泷六线鱼密度分布

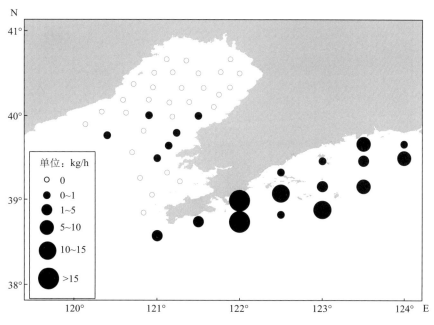

图 3-103 辽宁近海 2015 年 6 月大泷六线鱼密度分布

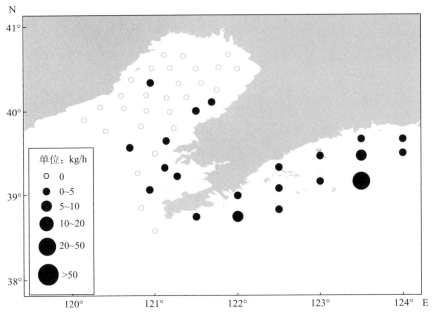

图 3-104　辽宁近海 2015 年 8 月大泷六线鱼密度分布

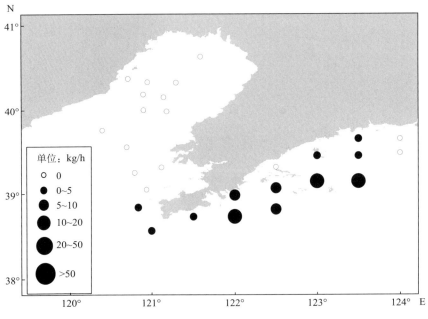

图 3-105　辽宁近海 2015 年 10 月大泷六线鱼密度分布

三、生物学特征

（一）群体组成

3月大泷六线鱼的体长范围为85～219 mm，优势体长组为110～160 mm，占群体的66.67％（图3-106），群体的平均体长是136.1 mm；群体的体重范围为9.8～175.9 g，优势体重组为10～40 g，占群体的50.00％（图3-107），群体的平均体重是48.3 g。

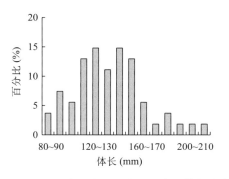

图3-106　辽宁近海3月大泷六线鱼体长分布　　图3-107　辽宁近海3月大泷六线鱼体重分布

5月大泷六线鱼的体长范围为54～191 mm，优势体长组为60～80 mm，占群体的58.30％（图3-108），群体的平均体长是88.3 mm；群体的体重范围为2.2～136.4 g，优势体重组为2.2～10.0 g，占群体的69.06％（图3-109），群体的平均体重是18.5 g。

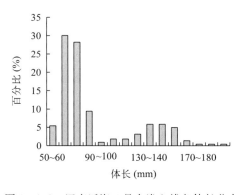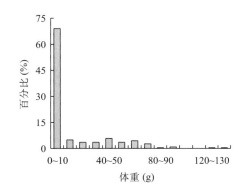

图3-108　辽宁近海5月大泷六线鱼体长分布　　图3-109　辽宁近海5月大泷六线鱼体重分布

6月大泷六线鱼的体长范围为58～254 mm，优势体长组为60～110 mm，占群体的62.70％（图3-110），群体的平均体长是107.1 mm；群体的体重范围为1.0～262.5 g，优势体重组为1～30 g，占群体的67.20％（图3-111），群体的平均体重是33.6 g。

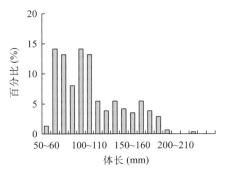

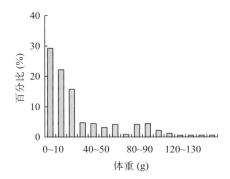

图 3-110 辽宁近海 6 月大泷六线鱼体长分布　　图 3-111 辽宁近海 6 月大泷六线鱼体重分布

8 月大泷六线鱼体长范围为 65～220 mm，优势体长组为 90～130 mm，占群体的 69.77%（图 3-112），群体的平均体长是 115.2 mm；群体的体重范围为 3.4～225.9 g，优势体重组为 10～40 g，占群体的 68.37%（图 3-113），群体的平均体重是 34.7 g。

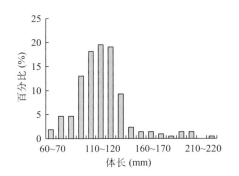

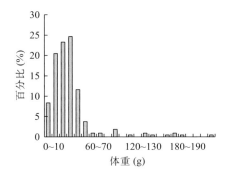

图 3-112 辽宁近海 8 月大泷六线鱼体长分布　　图 3-113 辽宁近海 8 月大泷六线鱼体重分布

10 月大泷六线鱼体长范围为 75～238 mm，优势体长组为 110～190 mm，占群体的 79.47%（图 3-114），群体的平均体长是 149.8 mm；群体的体重范围为 6.4～360.3 g，优势体重组为 20～80 g，占群体的 59.47%（图 3-115），群体的平均体重是 76.5 g。

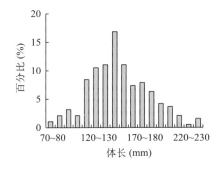

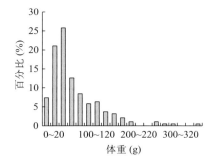

图 3-114 辽宁近海 10 月大泷六线鱼体长分布　　图 3-115 辽宁近海 10 月大泷六线鱼体重分布

（二）体长与体重关系

大泷六线鱼体长与体重关系为 $W = 10^{-5} \times L^{3.118\,3}$（图 3 - 116）。

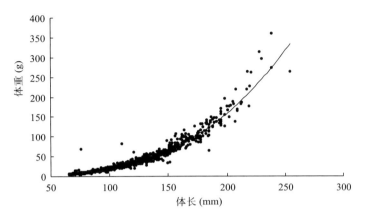

图 3 - 116 辽宁近海 2015 年大泷六线鱼体长与体重关系

（三）生长繁殖习性

大泷六线鱼秋季产卵繁殖。产卵期为 10 月上旬至 11 月中旬，盛期 10 月中旬至 11 月上旬。产卵场水深 30 m 以内，底层水温 10～15 ℃，盐度 28～30，雌、雄比为 1∶1。繁殖期间，雄鱼被以橙黄色为主的鲜艳"婚姻色"，并有"护卵"的习性，直至仔鱼孵出。

大泷六线鱼的生物学最小型，雄鱼为 137 mm、67 g；雌鱼为 190 mm、145 g。体长 171～285 mm 的亲鱼，怀卵量 1 700～6 000 粒。卵一次成熟全部排出。卵粒大而圆，颜色不一，呈褐色、淡黄色，不透明，为端黄沉性黏着卵。刚排出的卵，既不游离也不黏聚。20～30 min 后黏聚成块状，附在海底岩礁、石砾、贝壳及各种藻类上。有的亲鱼将卵产在卵块上，形成了由数个卵块聚成的大型卵块团。受精卵在 11.8～13.6 ℃ 的条件下，经 22～24 d 孵化。破膜时仔鱼全长 4.9～5.2 mm，开始不停地游动。1 周后，卵黄囊消失，开始觅食。

（四）摄食特征

大泷六线鱼属广食性鱼类，成鱼以摄食动物性饵料为主，包括鳀、赤鼻棱鳀、黄鲫、方氏云鳚、多种鰕虎鱼等鱼类，以及多毛类、腹足类、头足类、甲壳类、桡足类、端足类、蛇尾类、海星类和多种鱼卵。除产卵期间雄鱼"护卵"不摄食外，几乎终年不停地摄食。

四、现存资源量

根据扫海面积法，2015 年春季 3 月大泷六线鱼资源量为 8.14 kg/km²，5 月资源量为

16.13 kg/km²；夏季 6 月大泷六线鱼资源量为 65.91 kg/km²，8 月资源量为 42.11 kg/km²；秋季 10 月资源量为 85.58 kg/km²。

<h1 style="text-align:center">第十节　狮　子　鱼</h1>

一、种群与洄游

狮子鱼类包括细纹狮子鱼（*Liparis tanakae*）、斑纹狮子鱼（*Liparis maculatus*）2种，隶属于鲉形目（Scorpaeniformes）狮子鱼科（Liparidae）狮子鱼属（*Liparis*），俗称嘎鱼、胖孩子等，为冷温性近底层鱼类。大部分生活于太平洋和大西洋，北极和南极水域也有分布。我国主要分布在黄海北部、中部及渤海中部地区。

二、资源分布

2015 年春季 3 月狮子鱼出现频率较低，仅 3 个站位出现，资源密度较低，平均资源密度为 0.003 kg/h（图 3 - 117）；5 月出现频率和资源密度均有所上升，出现频率为

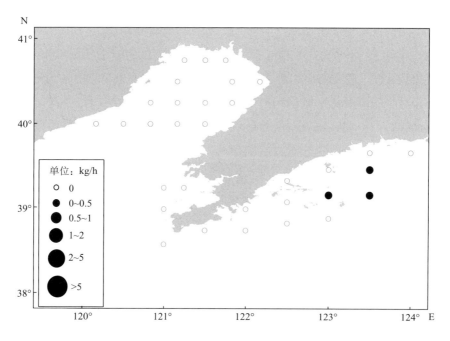

图 3 - 117　辽宁近海 2015 年 3 月狮子鱼密度分布

37.14%，主要分布黄海北部和辽东湾中南部水域，最高密度为 4.31 kg/h，平均资源密度为 0.33 kg/h（图 3 - 118）。夏季 6 月狮子鱼广泛分布于辽宁近海的深水区，出现频率为 50.98%，最高密度为 45.82 kg/h，平均资源密度为 2.02 kg/h（图 3 - 119）；8 月狮子

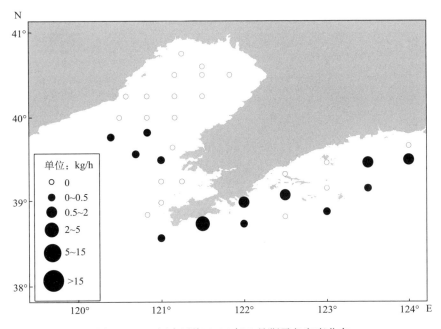

图 3 - 118 辽宁近海 2015 年 5 月狮子鱼密度分布

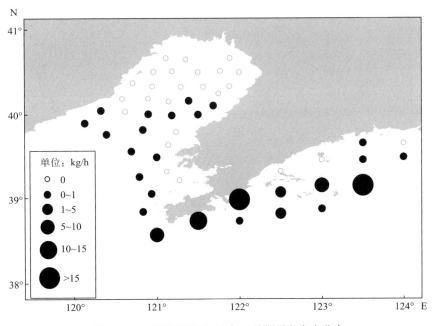

图 3 - 119 辽宁近海 2015 年 6 月狮子鱼密度分布

鱼分布范围与 6 月基本一致，主要集中在深水区域，出现频率为 34.69％，最高密度为 94.69 kg/h，平均资源密度为 5.84 kg/h（图 3 - 120）。秋季 10 月狮子鱼主要分布于黄海北部水域和老铁山周边深水区域，出现频率为 53.57％，最高密度为 88.49 kg/h，平均资源密度为 13.98 kg/h（图 3 - 121）。

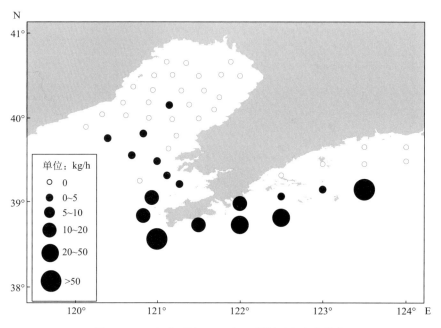

图 3 - 120　辽宁近海 2015 年 8 月狮子鱼密度分布

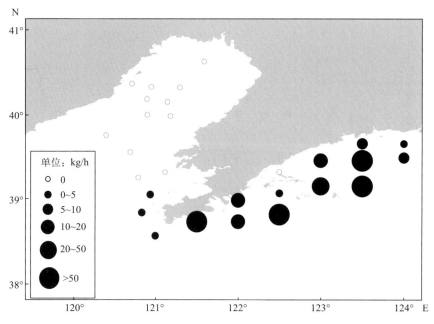

图 3 - 121　辽宁近海 2015 年 10 月狮子鱼密度分布

三、生物学特征

（一）群体组成

3月捕获细纹狮子鱼群体数量较少，平均体长为73.4 mm，平均体重为8.9 g，体长范围为48～125 mm，体重范围为1.7～25.4 g。

5月细纹狮子鱼的体长范围为41～199 mm，优势体长组为80～130 mm，占群体的73.15%（图3-122），群体的平均体长是106.4 mm；群体的体重范围为1.5～113.2 g，优势体重组为1.5～30.0 g，占群体的87.04%（图3-123），群体的平均体重是18.7 g。

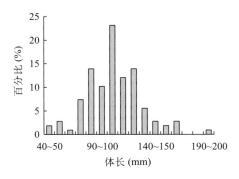

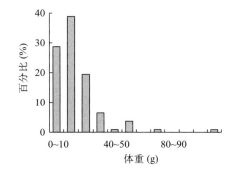

图3-122　辽宁近海5月细纹狮子鱼体长分布　　图3-123　辽宁近海5月细纹狮子鱼体重分布

6月细纹狮子鱼的体长范围为32～214 mm，优势体长组为30～90 mm，占群体的52.63%（图3-124），群体的平均体长是97.3 mm；群体的体重范围为0.3～162.0 g，优势体重组为0.3～10.0 g，占群体的53.29%（图3-125），群体的平均体重是27.3 g。

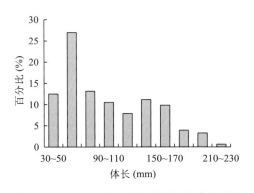

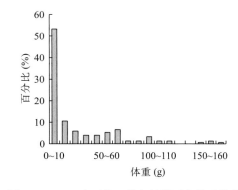

图3-124　辽宁近海6月细纹狮子鱼体长分布　　图3-125　辽宁近海6月细纹狮子鱼体重分布

8月细纹狮子鱼体长范围为50～295 mm，优势体长组为70～130 mm，占群体的71.78%（图3-126），群体的平均体长是112.4 mm；群体的体重范围为1.5～649.0 g，优势体重组为1.5～20.0 g，占群体的64.36%（图3-127），群体的平均体重是34.8 g。

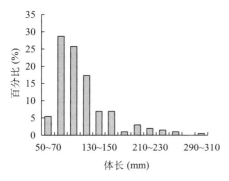

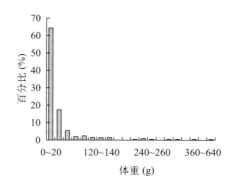

图 3 - 126　辽宁近海 8 月细纹狮子鱼体长分布　　　图 3 - 127　辽宁近海 8 月细纹狮子鱼体重分布

10 月细纹狮子鱼体长范围为 73～375 mm，优势体长组为 90～130 mm，占群体的 53.57%（图 3 - 128），群体的平均体长是 153.1 mm；群体的体重范围为 7.7～873.7 g，优势体重组为 7.7～40.0 g，占群体的 66.07%（图 3 - 129），群体的平均体重是 99.3 g。

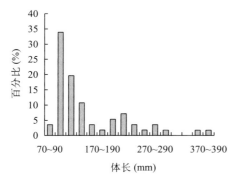

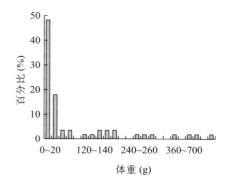

图 3 - 128　辽宁近海 10 月细纹狮子鱼体长分布　　　图 3 - 129　辽宁近海 10 月细纹狮子鱼体重分布

(二) 体长与体重关系

细纹狮子鱼体长与体重关系为 $W = 10^{-5} \times L^{3.008\,2}$（图 3 - 130）。

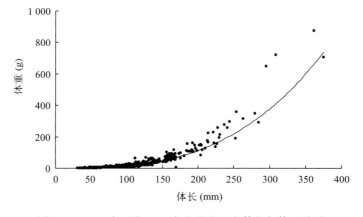

图 3 - 130　辽宁近海 2015 年细纹狮子鱼体长与体重关系

（三）生长繁殖习性

狮子鱼的繁殖期为 1 月上旬至 3 月。产沉性、黏着性卵，卵粒透明，有较大的韧性，卵膜层粗糙具弹性、无鞭裂，随受精卵发育依次发生龟裂。卵黄均匀，卵子排出后，有一团不大不小的油球。初孵仔鱼为 5.0 mm，可数肌节 40 余对，狮子鱼怀卵量较多，约 1 500 000 粒。

（四）摄食特征

狮子鱼属于食性极广又十分凶猛的捕食性鱼类，以鱼、虾类为食。鱼类重量在胃含物中占 61.83%，其中有皮氏叫姑鱼、鳀、黄鲫、天竺鲷、鳕、青鳞鱼、长绵鳚、小带鱼、方氏云鳚、白姑鱼等；甲壳动物次之，占 33.5%，其中有鹰爪虾、脊腹褐虾、鼓虾、细螯虾、蟹、虾蛄等；头足类占 4.4%，其中以枪乌贼为常见种类；还摄食少量浮游动物、蛇尾和海带草等。体长在 100 mm 左右的幼狮子鱼胃含物中，以浮游动物和小鱼、小虾为主。

四、现存资源量

根据扫海面积法，2015 年春季 3 月狮子鱼资源量为 0.11 kg/km²，5 月资源量为 11.95 kg/km²；夏季 6 月狮子鱼资源量为 72.64 kg/km²，8 月资源量为 210.30 kg/km²；秋季 10 月资源量为 503.38 kg/km²。

第十一节　短吻红舌鳎

一、种群与洄游

短吻红舌鳎（*Cynoglossus joyneri*），隶属于鲽形目（Pleuronectiformes）舌鳎科（Cynoglossidae）舌鳎属（*Cynoglossus*），俗称风流板，为暖温性底层鱼类。分布于中国渤海、黄海南到珠江口沿海及部分河口地区，国外见于朝鲜半岛、日本。渤海和黄海的鱼群 3—9 月在近岸水域摄食，于河口附近浅水泥沙底质处产卵，10 月之后到较深海区越冬。

二、资源分布

2015 年春季 3 月短吻红舌鳎分布范围较广，出现频率为 78.13%，平均资源密度为

0.28 kg/h（图 3 - 131）；5 月出现频率与 3 月基本一致，分布范围集中于辽东湾水域，平均资源密度为 0.54 kg/h（图 3 - 132）。夏季 6 月短吻红舌鳎出现频率为 76.47%，最高资源密度为 11.79 kg/h，平均资源密度为 1.41 kg/h（图 3 - 133）；8 月短吻红舌鳎密度较高，最高密度为 59.86 kg/h，平均资源密度为 4.09 kg/h，出现频率为 73.47%（图 3 - 134）。秋季 10 月密度下降较快，平均资源密度为 0.99 kg/h，最高密度为 6.90 kg/h（图 3 - 135）。

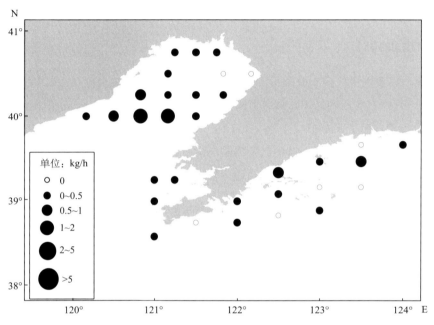

图 3 - 131　辽宁近海 2015 年 3 月短吻红舌鳎密度分布

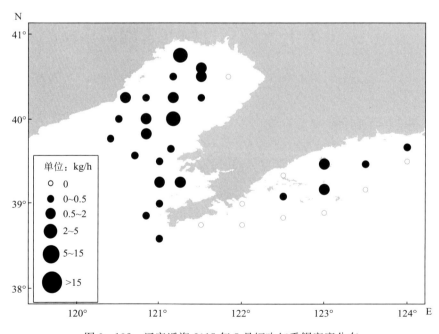

图 3 - 132　辽宁近海 2015 年 5 月短吻红舌鳎密度分布

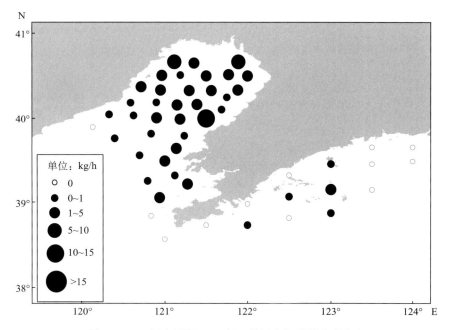

图 3 - 133　辽宁近海 2015 年 6 月短吻红舌鳎密度分布

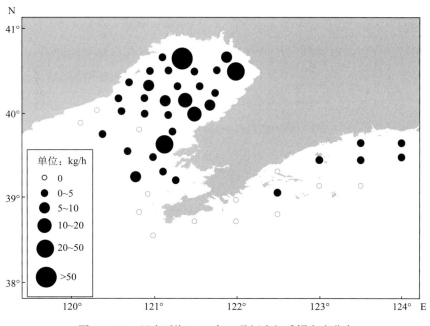

图 3 - 134　辽宁近海 2015 年 8 月短吻红舌鳎密度分布

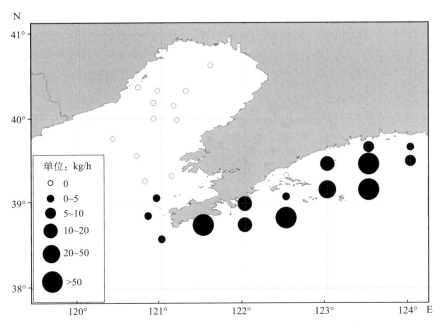

图 3-135　辽宁近海 2015 年 10 月短吻红舌鳎密度分布

三、生物学特征

（一）群体组成

3 月短吻红舌鳎的全长范围为 59～205 mm，优势全长组为 120～150 mm，占群体的 59.59%（图 3-136），群体的平均全长是 135.5 mm；群体的体重范围为 0.8～53.7 g，优势体重组为 5～15 g，占群体的 57.51%（图 3-137），群体的平均体重是 12.8 g。

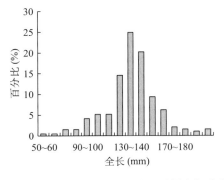

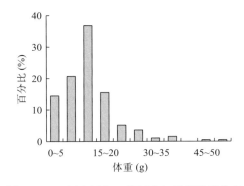

图 3-136　辽宁近海 3 月短吻红舌鳎全长分布　　图 3-137　辽宁近海 3 月短吻红舌鳎体重分布

5 月短吻红舌鳎的全长范围为 55～204 mm，优势全长组为 130～150 mm，占群体的 52.29%（图 3-138），群体的平均全长是 143.4 mm；群体的体重范围为 0.9～54.5 g，优势体重组为 5～20 g，占群体的 79.36％（图 3-139），群体的平均体重是 14.7 g。

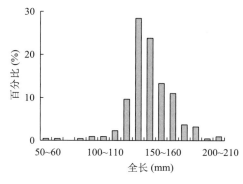

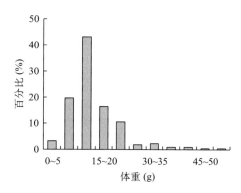

图 3-138　辽宁近海 5 月短吻红舌鳎全长分布　　　图 3-139　辽宁近海 5 月短吻红舌鳎体重分布

6 月短吻红舌鳎的全长范围为 72～250 mm，优势全长组为 130～160 mm，占群体的 56.97％（图 3-140），群体的平均全长是 149.0 mm；群体的体重范围为 2.0～97.9 g，优势体重为 10～20 g，占群体的 55.59％（图 3-141），群体的平均体重是 18.4 g。

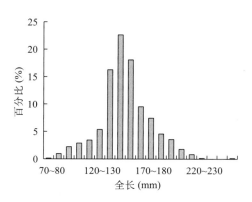

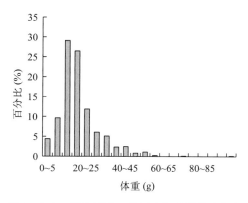

图 3-140　辽宁近海 6 月短吻红舌鳎全长分布　　　图 3-141　辽宁近海 6 月短吻红舌鳎体重分布

8 月短吻红舌鳎全长范围为 77～224 mm，优势全长组为 100～130 mm 和 140～160 mm，占群体的 66.78％（图 3-142），群体的平均全长是 138.9 mm；群体的体重范围为 1.8～61.5 g，优势体重组为 5～20 g，占群体的 72.76％（图 3-143），群体的平均体重是 14.7 g。

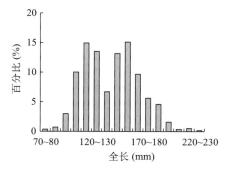

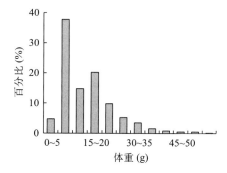

图 3-142　辽宁近海 8 月短吻红舌鳎全长分布　　　图 3-143　辽宁近海 8 月短吻红舌鳎体重分布

10 月短吻红舌鳎全长范围为 82～227 mm，优势全长组为 130～160 mm，占群体的 58.74%（图 3-144），群体的平均全长是 149.8 mm；群体的体重范围为 2.8～54.3 g，优势体重组为 10～20 g，占群体的 56.80%（图 3-145），群体的平均体重是 17.3 g。

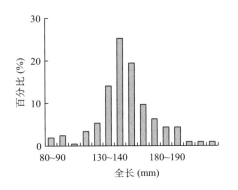

图 3-144　辽宁近海 10 月短吻红舌鳎全长分布　　图 3-145　辽宁近海 10 月短吻红舌鳎体重分布

（二）体长与体重关系

短吻红舌鳎全长与体重关系为 $W = 2 \times 10^{-6} \times L^{3.2085}$（图 3-146）。

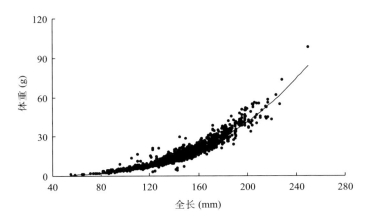

图 3-146　辽宁近海 2015 年短吻红舌鳎全长与体重关系

（三）生长繁殖习性

短吻红舌鳎 1 岁龄开始性成熟，2 岁龄全部性成熟。绝对怀卵量 3 000～112 000 粒，平均 53 000 粒，相对怀卵量 11 000 粒/g。产卵期 5—9 月。产卵场在近岸或内湾沙泥底质海区。产浮性卵，受精卵漂浮发育。卵径 0.76～0.9 mm，油球 6～30 个。初孵仔鱼全长约 2.9 mm。不同海区生长速度有差异，黄海生长略快于渤海。

（四）摄食特征

短吻红舌鳎属底栖游泳生物食性，以幼鱼、枪乌贼、褐虾及戴氏赤虾等为主要饵料。另外，还经常摄食吻沙蚕、糠虾、日本鼓虾、小刀蛏及蛇尾等。绿血虫、中国毛虾、细螯虾、绒毛细足蟹等为偶然性食物。

四、现存资源量

根据扫海面积法，2015 年春季 3 月短吻红舌鳎资源量为 10.19 kg/km²，5 月资源量为 19.53 kg/km²；夏季 6 月短吻红舌鳎资源量为 50.78 kg/km²，8 月资源量为 147.12 kg/km²；秋季 10 月资源量为 35.77 kg/km²。

第十二节　蓝点马鲛

一、种群与洄游

蓝点马鲛（*Scomberomorus niphonius*），隶属于鲈形目（Perciformes）鲭科（Scombridae）马鲛属（*Scomberomorus*），辽宁省俗称鲅鱼，是作长距离洄游移动的暖温性中上层鱼类。蓝点马鲛经济价值较高，分布于太平洋西北部，日本本岛、四国、九州诸岛海域；朝鲜半岛南端群山至釜山外海一带；渤海、黄海、东海近海水域。

每年 3 月蓝点马鲛开始陆续游离越冬场向北生殖洄游。3 月中下旬到达闽中及闽东沿海各渔场，并在此产卵、索饵，4 月上中旬大群沿 123°30′ E 附近海域分别游抵舟山渔场和长江口、大沙渔场，当时表层平均水温在 9～11 ℃，鱼群分为两支北上洄游：一支向东偏北游向朝鲜西海岸，到达海洋岛渔场，并在此产卵索饵；一支沿 20～40 m 等深线北上，鱼群由东南向西北进入连青石渔场西南部海域。其中一部分鱼群向西，于 4 月下旬前期进入海州湾、连青石、青海及石岛诸鱼场，另一部分鱼群向东北经石岛渔场绕过成山头进入黄海北部烟威渔场，通过渤海海峡于 4 月下旬后进入渤海的莱州湾、辽东湾、渤海湾及滦河口诸产卵场。渤海诸渔场的鱼群 5 月中旬至 6 月上旬为产卵期（表层水温 13～16 ℃），产完卵的鱼群分布于附近海域分散索饵，主要摄食鳀。秋汛随着水温的下降鱼群开始作适温洄游。每年 9 月上旬前后鱼群陆续游离渤海，9 月中旬黄海北部成鱼，当年生的幼鱼主要集中于烟威、海洋岛渔场进行索饵，10 月上中旬主群南移，主要集中于石岛、连青石、海州湾外海以及长江口渔场附近海域索饵，12 月下旬后鱼群已基本返回越冬场。

蓝点马鲛越冬场的大致范围，是在沙外渔场，舟外、温台及闽南外海水域。

二、资源分布

2015年春季3月、5月和夏季6月均未捕获到蓝点马鲛，夏季8月蓝点马鲛在5个站位出现，出现频率为10.20%，平均资源密度为0.01 kg/h（图3-147）。秋季10月同样未捕获蓝点马鲛。

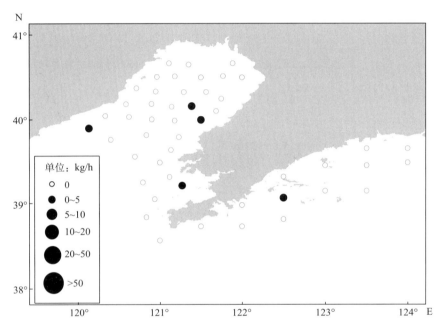

图3-147　辽宁近海2015年8月蓝点马鲛密度分布

三、生物学特征

（一）群体组成

辽宁近海3月、5月、6月和10月底拖网调查均未捕获到蓝点马鲛。

8月仅捕获到5尾蓝点马鲛，平均叉长为184.4 mm，平均体重为58.1 g，叉长范围为141～233 mm，体重范围为19.8～100.8 g。

（二）生长繁殖习性

蓝点马鲛游泳敏捷，性凶猛，常成群追捕日本鳀等小型鱼、虾类，大部分时间栖息于海域的中上层，对水温有较强的敏感性，由于蓝点马鲛在各个生活阶段对水温的要求不同，所以其洄游路线和分布状况，常随生活环境的水文状况的变化而变动，渔期的早晚、洄游路线和渔场位置的偏移，鱼群的集散程度和停留时间的长短等均与水文环境的变化密切相关，并在一定程度上受其制约。

蓝点马鲛分批产卵，卵浮性、球形、卵径较大，为 1.43～1.73 mm。在水温 20 ℃时，受精卵约 54 h 即可孵化。孵化后 20 d 左右的稚鱼已相当凶猛，能摄食与它大小相似的稚鱼。生长迅速，当年幼鱼体长达 250～300 mm，体重 200～400 g。

一般雄性叉长 350 mm，体重 500 g 左右开始性成熟，叉长达 450 mm、体重 750 g 左右的个体基本全部达性成熟；雌性叉长 420 mm、体重 680 g 左右有个别达性成熟，叉长达 500 mm，体重 1 100 g 左右的个体全部达性成熟。

蓝点马鲛怀卵量范围为 280 000～1 100 000 粒，怀卵量随年龄的增大而逐渐增加，其增加幅度各年龄组有所不同，初次产卵 2 岁龄鱼怀卵量最低，为 280 000～540 000 粒，重复产卵的 3、4 岁龄鱼增加为 480 000～1 100 000 粒。

（三）摄食特征

蓝点马鲛幼鱼和成鱼的饵料成分较为单纯，已查明的饵料种类共有 19 种，鱼类在食谱中占首位，重量比占 90.20%，出现频率为 87.40%，其中鳀占据最大比重，其次为玉筋鱼、青鳞鱼、天竺鲷、黄鲫、斑鰶、真鲷、鰕虎鱼等。甲壳类和头足类在其次，种类共有 7 种，重量比占 8.90%，出现频率为 12.70%，其中比较重要的种类有日本枪乌贼、曼氏无针乌贼幼体、鹰爪虾、戴氏赤虾、日本鼓虾、周氏新对虾等。

在黄渤海区，每年春汛期间生殖群体主要以体长 85～120 mm 的成鳀为食，其次为日本枪乌贼、天竺鲷、鹰爪虾。夏、秋汛期间，当年生的幼鱼摄取鳀个体大小有随幼鱼叉长的成长而增大。如一般 230～300 mm 的幼鱼通常摄取幼鳀为主，叉长 380 mm 以上者则主要以 85～120 mm 的成鳀为食。鳀是黄、渤海蓝点马鲛全年的主要饵料，故北方渔民把鳀俗称"鲅鱼食"。

四、现存资源量

2015 年仅夏季 8 月捕获蓝点马鲛，根据扫海面积法，8 月蓝点马鲛资源量为 0.46 kg/km²。

第十三节　黄鮟鱇

一、种群与洄游

黄鮟鱇（*Lophius litulon*），隶属于鮟鱇目（Lophiiformes）鮟鱇科（Lophiidae）黄鮟

鳒属（*Lophius*），俗称蛤蟆鱼、鮟鱇等，为暖温性底栖性鱼类，主要分布于中国、日本和韩国毗邻的西北太平洋海域，在中国主要见于黄海、渤海和东海海域。

东海区黄鮟鱇从 4 月开始向北—东北方向作产卵洄游，部分产卵后的群体随水温的上升继续向北—东北方向进行索饵洄游；9 月开始随水温下降逐渐南下准备越冬，12 月向东南作越冬洄游（林龙山，2004）。

二、资源分布

2015 年春季 3 月黄鮟鱇仅在 1 个站位出现，5 月在 6 个站位出现，平均资源密度分别为 0.05 kg/h 和 0.45 kg/h（图 3 - 148 和图 3 - 149）。夏季 6 月黄鮟鱇主要分布在黄海北部和大连渤海近岸水域，最高密度为 9.87 kg/h，平均资源密度为 0.98 kg/h（图 3 - 150）；8 月黄鮟鱇分布于辽东湾中部、南部水域和黄海北部，最高密度为 20.40 kg/h，平均资源密度为 1.16 kg/h（图 3 - 151）。秋季 10 月资源密度进一步提高，最高密度为 32.47 kg/h，平均资源密度 2.57 kg/h，28 个有效拖网站位中有 18 个站位出现黄鮟鱇（图 3 - 152）。

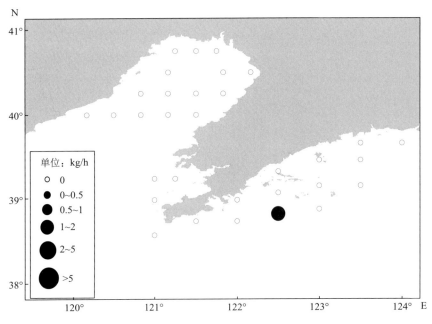

图 3 - 148　辽宁近海 2015 年 3 月黄鮟鱇密度分布

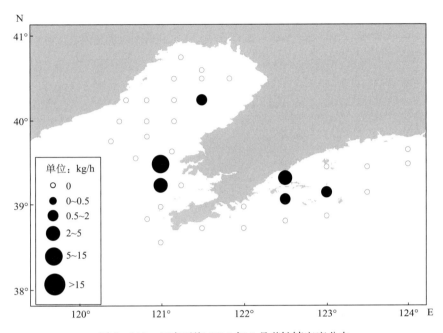

图 3-149　辽宁近海 2015 年 5 月黄鮟鱇密度分布

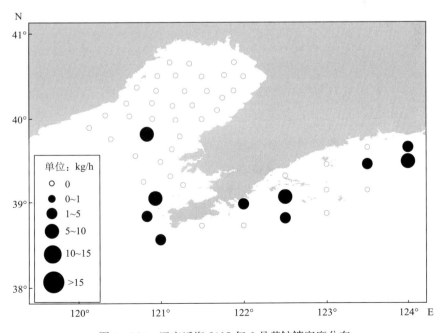

图 3-150　辽宁近海 2015 年 6 月黄鮟鱇密度分布

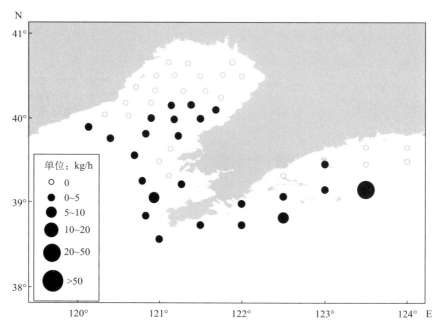

图 3-151　辽宁近海 2015 年 8 月黄鮟鱇密度分布

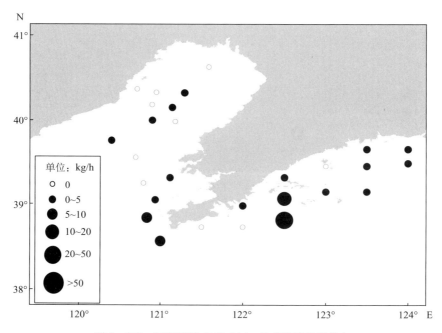

图 3-152　辽宁近海 2015 年 10 月黄鮟鱇密度分布

三、生物学特征

（一）群体组成

3月仅捕获到1尾黄鮟鱇，体长为256 mm，体重为530.5 g。

5月捕获到5尾黄鮟鱇，平均体长为306.4 mm，平均体重为884.4 g，体长范围为60～80 mm，体重范围为385.1～2 440.0 g。

6月黄鮟鱇的体长范围为225～435 mm，优势体长组为245～305 mm，占群体的77.27%（图3-153），群体的平均体长是289.6 mm；群体的体重范围为345.4～2 320.0 g，优势体重组为400～700 g，占群体的68.18%（图3-154），群体的平均体重是743.2 g。

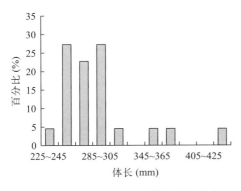

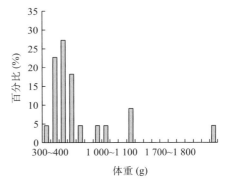

图3-153　辽宁近海6月黄鮟鱇鱼体长分布　　　　图3-154　辽宁近海6月黄鮟鱇体重分布

8月黄鮟鱇体长范围为68～430 mm，优势体长组为80～110 mm，占群体的76.98%（图3-155），群体的平均体长是98.7 mm；群体的体重范围为4.2～1 454.4 g，优势体重组为10～30 g，占群体的80.16%（图3-156），群体的平均体重是34.6 g。

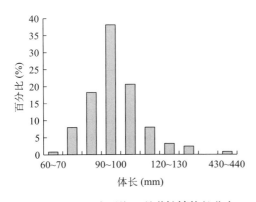

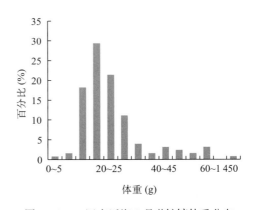

图3-155　辽宁近海8月黄鮟鱇体长分布　　　　图3-156　辽宁近海8月黄鮟鱇体重分布

10月黄鮟鱇体长范围为 124～380 mm，优势体长组为 160～220 mm，占群体的 69.84%（图 3-157），群体的平均体长是 211.4 mm；群体的体重范围为 95.7～1 765.0 g，优势体重组为 100～300 g，占群体的 73.02%（图 3-158），群体的平均体重是 284.4 g。

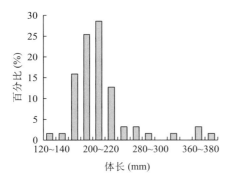

图 3-157　辽宁近海 10 月黄鮟鱇体长分布　　图 3-158　辽宁近海 10 月黄鮟鱇体重分布

（二）体长与体重关系

黄鮟鱇体长与体重关系为 $W = 2 \times 10^{-5} \times L^{3.071\,2}$（图 3-159）。

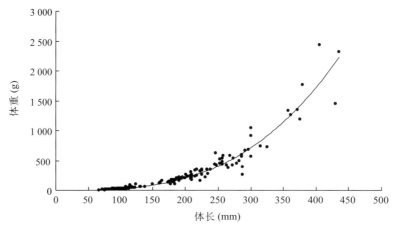

图 3-159　辽宁近海 2015 年黄鮟鱇体长与体重关系

（三）生长繁殖习性

黄鮟鱇喜栖息于近海较深水域的岩礁附近或沙泥质底层。游泳能力差，无追逐食物能力，常逆流潜伏不动，以第 1 棘的摆动诱捕食物。待食物接近口边时，突然张口，食物便随流入口。皮质穗可发光。有发声功能，声似老人咳嗽。仔鱼发育具变态特性。

黄鮟鱇的产卵期在 2—6 月，盛期为 3—4 月。产卵场可能位于东海至九州岛沿岸或黄渤海沿岸的深水区域。徐开达（2011）通过对黄海南部、东海北部黄鮟鱇生物学的研究，认为黄鮟鱇雌鱼初次性成熟体长为 293 mm，初次性成熟年龄为 1.5 岁龄。繁殖季节为 2—5 月，以 4—5 月为盛产期。雌鱼成熟系数在 4 月达到最大，5 月次之，雄鱼成熟系数在 5 月最大。其绝对繁殖力介于 311 000～1 410 000 粒，平均为 674 000 粒，属一次产卵类型。

（四）摄食特征

黄鮟鱇主要摄食小黄鱼、矛尾鰕虎鱼、细条天竺鲷、带鱼、龙头鱼、鹰爪虾、鳀鱼等饵料生物。上述鱼类是黄鮟鱇最主要的摄食类群，在食物中所占的重量百分比之和为 83.44%。黄鮟鱇的摄食强度具有明显的季节变化和体长变化，冬季最高，春季最低；小于 100 mm 体长组最高，大于 500 mm 体长组最低。在 4 个季节调查中，小黄鱼都是黄鮟鱇胃中重量百分比最高的饵料生物。矛尾鰕虎鱼和细条天竺鲷在黄鮟鱇幼鱼胃含物中所占比例较高，但在成鱼胃含物中所占比例较低。聚类分析的结果显示，黄鮟鱇在体长为 100 mm 时发生食性转换。黄鮟鱇营养级为 3.66，表明其在黄海食物网中处于较高的位置（张学健，2010）。

四、现存资源量

根据扫海面积法，2015 年春季 3 月黄鮟鱇资源量为 1.79 kg/km²，5 月资源量为 16.69 kg/km²；夏季 6 月黄鮟鱇资源量为 35.20 kg/km²，8 月资源量为 41.88 kg/km²；秋季 10 月资源量为 92.52 kg/km²。

第十四节　海　蜇

一、种群与洄游

海蜇（*Rhopilema esculentum*），隶属于腔肠动物门（Coelenterata）钵水母纲（Scyphomedusae）根口水母目（Rhizostomeae）根口水母科（Rhizostoidae）海蜇属（*Rhopilema*），辽宁省俗称面蜇，是生长在海洋中营浮游生活的大型暖水性水母类，为双胚层动物，中国近海主要经济食用水母类。

海蜇为暖水性的大型水母，因可适应的水温和盐度范围比较广，其分布范围也比较广。在我国沿海，北自鸭绿江口，南至北部湾一带，均有分布。此外，在日本西部、朝鲜半岛南部和俄罗斯远东海区也有分布，但以我国沿海分布的范围最广，且品质好、产量高，占食用水母产量的 80%。海蜇的幼体，栖息于河口咸淡水交汇处的海区。在各海区较大江河的河口处均为稚蜇繁殖和生长的场所。因各繁殖场所地理位置不同，春季海水水温回升的时间和速度差别较大，因此各海区海蜇集中繁殖、生长期和浮游的洄游路线也不相同，所以在我国从南到北沿海一带，形成了多个地方种群，如粤东、闽南、闽东、浙南、杭州湾、海州湾、莱州湾、渤海湾和辽东湾等群体。

二、生长繁殖习性

海蜇在海洋中营浮游生活，栖息于近海水域，尤其喜栖河口附近，分布区水深一般在 3～20 m，有时也达 40 m，水温 8～30 ℃，适宜水温 13～26 ℃，盐度 12～40，适宜盐度 14～26，喜栖光强度 2 400 lx 以下的弱光环境。

海蜇的生活史由有性繁殖的浮游水母体和无性繁殖的底栖螅状体行世代交替组成。成熟的水母体在夏秋季进行有性繁殖产生球形的受精卵，具梨形膜，乳白色，卵径 95～120 μm，7～8 h 的卵裂变态过程后发育为浮浪幼虫。典型的浮浪幼虫为长圆形，两端钝，前端比后端稍宽，长 95～150 μm，宽 60～90 μm，乳白色，体表满布纤毛，左旋（逆时针方向）自转浮游在水中，多数个体 4 d 内变态为螅状体，变态前活动缓慢。

浮浪幼虫附着于基质后即在附着端形成足盘，自由端形成口和口柄，并在口柄周围口盘的边缘发生 4 条对称的主辐触手，形成早期螅状体，浮浪幼虫也可在浮游状态下变态为螅状体。4 触手螅状体经 10 d 左右，在主辐触手和间辐触手之间再发生 8 条从辐触手，此时具有 16 条触手的成熟螅状体形成。

螅状体在生长中和长成后，普遍形成足囊，并越冬至第二年春季进行横裂生殖产生碟状体，足囊繁殖和横裂生殖均属于无性繁殖。足囊繁殖是螅状体在柄与托交界处伸出一条匍匐根，以其末端附着于基质，形成新的足盘，原柄部末端逐渐脱离其固着点，并收缩，螅状体移到新的位置，匍匐根变成螅状体的柄部。于是在原着点留下一团被角质外膜的组织，这就是足囊。这种螅状体移位并同时形成足囊的过程，可重复进行，留下的足囊可萌发成新的螅状体。海蜇的横裂生殖是典型的多碟型。首次横裂生殖产生的碟状体数最多达 17 个，最少 4 个，一般 6～10 个。横裂生殖过程的形态变化，包括裂节出现，触手膨大和吸收，感觉棍发生，缘瓣形成，口和口柄变形，悸动和再生触手等，不同个体略有差异。同一个螅状体也可多次重复进行横裂生殖。

初生碟状体呈半透明，无色。通常具 8 对感觉缘瓣和 8 个感觉棍。感觉缘瓣末端呈爪状，通常 4～6 个分叉。感觉裂缝较深，但通常不超过腕长的一半。4 条主辐管和 4 条间辐管相间呈辐射状排列，辐管末端呈叉形，两角向感觉缘瓣延伸。胃腔略呈八角形，腔中每间辐部位均有一条胃丝。口方形，具柄，位于内伞中央。外伞表层从辐部位有 8 个近似圆形的刺胞丛。伞径（缘瓣尖端之间的直径）1.5～4 mm。初生碟状体经 15 d 的培养可长成 20 mm 左右的幼水母，幼水母经 1 个月左右的时间可发育为成熟的水母体（图 3-160）。

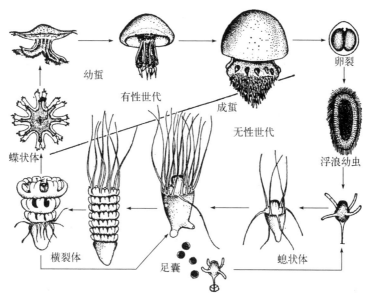

图 3-160　海蜇生活史

（仿丁耕芜等，1981）

三、摄食特征

海蜇在浮浪幼虫阶段不摄食，至变态为 4 触手螅状体幼虫时才开始摄食。触手是捕食器官，以小型浮游动物为食。碟状幼体具有 1 个方形口，摄食小型浮游生物；随着生长发育口腕形成，大约发育到伞径 20 mm 时，中央口封闭，为幼蜇。幼蜇至成长为成体阶段的摄食，是以口腕和肩板上出现的许多吸口来摄食小型浮游动物。其饵料种类很多，主要为桡足类、枝角类、介形类、涟虫类、端足类、纤毛虫类、贝类幼体和其他浮游动物幼体。

基于碳氮稳定同位素技术对辽东湾水域 100～200 mm 伞径范围内海蜇的食性研究表明，海蜇的饵料生物主要包括悬浮物、浮游植物、鱼卵、≤1 000 μm 浮游动物、1 000～1 500 μm 浮游动物和 >1 500 μm 浮游动物，其中以 ≤1 000 μm 浮游动物为主，贡献率高达 71%～88%；其他饵料生物的重要性由高到低依次为 >1 500 μm 浮游动物、1 000～1 500 μm 浮游动物、悬浮物、浮游植物和鱼卵，其平均贡献率分别为 6～19%、0～22%、0～10%、0～8% 和 0～2%（孙明，2016）。

四、资源利用情况

海蜇因其较高的经济价值历来是中国渔业的重要捕捞对象，海蜇在中国近海分布广，数量多，生产规模大，北从黄海北部的鸭绿江口和辽东湾辽河口，南到广东省湛江市沿海都有海蜇分布，有海蜇分布的水域就有海蜇渔业。

从全国范围看，海蜇的主要分布区在渤海的辽东湾、江苏省吕泗、浙江省舟山以及福建省闽东地区附近水域，海蜇主要分布水深范围 5～30 m。在 20 世纪 80 年代之前，北方海域的海蜇渔汛一般要比南方海域的渔汛稍晚，渔汛一般都在秋汛 8—10 月，到 20 世纪 90 年代，渔业竞争激烈，海蜇渔汛不断提前，渔获个体也随着渔汛提前而变小。

为贯彻落实国务院《中国水生生物资源养护行动纲要》，构建资源节约型、环境友好型社会，增殖渔业资源，增加渔民收入，辽宁省政府 2005—2010 年开展辽东湾海蜇增殖放流，在葫芦岛、锦州、盘锦、营口和瓦房店五个放流点相继向海中投放海蜇幼体，其增殖效果显著。2011 年停止放流后，辽东湾水域海蜇产量在 80～1 300 t（表 3-1）。

表 3-1　辽宁省辽东湾的海蜇渔业

年份		产量（10^3 t）	价格（元/kg）	价值（百万元）
放流年份	2005	91.0	6.0	546.0
	2006	30.9	7.0	216.0
	2007	33.6	7.0	235.0
	2008	17.5	10.8	186.0
	2009	23.5	10.0	235.0
	2010	15.7	11.0	173.0
未放流年份	2011	1.0	16.6	17.0
	2012	1.3	15.3	19.0
	2013	0.5	10.0	5.0
	2014	0.4	10.5	4.0
	2015	0.6	6.7	4.0
	2016	0.5	6.8	3.4
	2017	0.08	5.6	4.4

第十五节　毛　虾

一、种群与洄游

毛虾是毛虾属（*Acetes*）中各种的统称，是我国黄渤海区的重要渔业资源之一。我国黄、渤海沿岸所产毛虾大部分是中国毛虾（*Acetes chinesis*），另有少量日本毛虾（*Acetes japonicus*)。在辽宁省海域出现的毛虾主要为中国毛虾，主要分布于辽东湾和黄海北部鸭绿江河口水域。

辽东湾的毛虾是中国毛虾在渤海的一个独立种群。中国毛虾是甲壳类的重要资源。目前，世界上已发现的毛虾共 17 种。我国分布有 6 种，即中国毛虾、日本毛虾、红毛虾、锯齿毛虾、中型毛虾和普通毛虾。其中以中国毛虾的产量最高，其次是日本毛虾，但日本毛虾和其他种类毛虾的产量远少于中国毛虾。中国毛虾仅分布于渤海、黄海沿岸以及东海和南海沿岸，其他海域尚未发现。中国毛虾属广温低盐种，喜栖息于盐度较低、透明度低的近岸河口水域，是我国沿海定置渔业的主要捕捞对象，其中渤海的产量最高。

分布于渤海的中国毛虾由两个独立的群体组成，即辽东湾群和渤海西部群。辽东湾的中国毛虾每年产生两个世代。越冬后的毛虾，于 5 月下旬开始产卵，产卵盛期为 6 月，越年毛虾产卵后相继死亡。这段时间内出生的毛虾称夏一世代，夏一世代的毛虾生活在水温较高的季节里，生长速度很快，2 个月即发育成熟。夏一世代的产卵期为 8 月。8 月出生的毛虾称夏二世代。中国毛虾一年产生 2 个世代，亲体产卵后出现死亡，因此它的生命周期较短。

辽宁省海域内的中国毛虾属于辽东湾群，辽东湾毛虾群终年不离开辽东湾。越冬期为 1—2 月，分布于辽东湾南部的深水区。中国毛虾喜栖息于中下层，夏季亦上升到表层；春、夏、秋三季在分布区内随涨落潮而往复。毛虾因游泳能力较弱，不进行远距离洄游，但也具有明显的季节性定向移动。2 月下旬开始北上，3 月上旬主群密集于菊花岛以东，并逐渐向 5 m 等深线扩散。5 月下旬随着性腺发育趋近成熟，虾群进一步向北移动进行交尾。6 月在辽东湾北部河口区（辽河、双台子河、大凌河和小凌河）形成毛虾第一次产卵高峰，为毛虾渔业生产的黄金季节。7 月初产卵场扩展到西部菊花岛和东部鲅鱼圈沿海。因越年亲虾产卵后逐渐死亡，7 月毛虾资源急剧下降，7 月下旬越年虾已基本消失。出生在北部水域的下一代毛虾，随着生长和发育逐渐向南部海区移动。8 月下一代开始性成熟，进入产卵期，产卵场东南起至复州湾，向西北至葫芦岛外海的广阔水域。9—10 月毛虾比较分散，从南部的长兴岛到辽东湾的北部近岸都有毛虾分布。11 月又有集群现象，12 月主群移至 $40°10'N$ 以南，1 月毛虾全部进入越冬场。

二、生长繁殖习性

中国毛虾雌雄异体，雌虾体长比雄虾大 5 mm 左右。度过冬季的毛虾群体体长较大，雌虾多数为 25～35 mm，偶有少数个体体长达 40 mm 左右；雄虾体长 20～30 mm，7 月下旬到 9 月下旬期间，成虾体长较小，雌虾 20～30 mm，雄虾只有 16～35 mm。中国毛虾的产卵期较长，从 5 月下旬起至 9 月中旬止，长达 4 个月之久。在辽东湾，每年于 5 月下旬

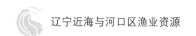

开始，已有部分成虾的性腺已经发育成熟，进行交尾。受精卵为半沉性，孵出后须经无节幼体期、潘状幼体期、糠虾幼体期和仔虾期多次变态方长成幼虾。

渤海的中国毛虾每年产生2个世代。度过冬季的毛虾，在5月下旬到7月中旬期间产卵，产卵盛期为6月，越年毛虾产卵繁殖后相继死亡。这段时间内发生的毛虾称夏一世代（第一世代）。夏一世代毛虾因生活在水温较高的季节，生长速度较快，2个多月即发育成熟。夏一世代的产卵期为7月下旬到9月下旬，盛期在8月，亲虾体长较越年虾小。雌虾体长20～30 mm，雄虾体长16～25 mm。由夏一世代繁殖后的后代称夏二世代（第二世代）。夏一世代的亲虾生殖活动后一部分能继续生存下来，并与夏二世代一同越冬，成为来年夏一世代的亲代。故越冬虾群由两部分组成：夏二世代与夏一世代。中国毛虾一年产生2个世代，加以亲体生殖后出现死亡，所以它的生命周期较短，短者仅2个月，长者也不超过1年。

三、摄食特征

毛虾的饵料主要可分为3类，浮游植物、浮游动物和有机碎屑、泥沙粒。浮游植物主要是硅藻，浮游动物为桡足类、箭虫及双壳类幼体等。毛虾在摄食上有一定的选择性，其饵料组成和摄食强度的变化与饵料的季节变化有一定的关联，如春季毛虾以硅藻为主（占70%以上），夏季则以浮游动物为主。

四、现存资源量

辽宁省毛虾捕捞生产网具主要为张网，瓦房店、营口、盘锦至绥中一带均有毛虾生产，生产旺季主要在9月。

据辽宁省渔业统计年鉴，2016—2017年辽宁省毛虾产量平均超过35 000 t，主要集中在锦州、葫芦岛和盘锦三市。

第十六节　口 虾 蛄

一、种群与洄游

口虾蛄（*Oratosquilla oratoria*），隶属于口足目（Stomatopoda）虾蛄科（Squillidae）口虾蛄属（*Oratosquilla*），俗称虾爬子、皮皮虾等，为暖温性底层甲壳类。我国渤海、黄海、东海、南海以及朝鲜、日本近海均有分布。每年12月至翌年3月为越冬期，营穴居越冬。5—7月是口虾蛄产卵繁殖季节，期间集中于近岸浅水区产卵。黄、渤海口虾蛄是地方性资源，越冬时不作长距离回头，只在深浅水区作短距离移动。

二、资源分布

2015年春季3月口虾蛄密度较低，平均资源密度为0.97 kg/h，最高密度为8.29 kg/h，高值区分布于辽东湾北部浅水区域（图3-161）；5月口虾蛄广泛分布于辽宁近海，35个有效拖网站位中有28个出现口虾蛄，出现频率为80.00%，最高密度为5.73 kg/h，平均资源密度为1.17 kg/h（图3-162）。夏季6月口虾蛄主要集中于辽东湾水域，黄海北部仅4个站位出现口虾蛄，最高密度为13.47 kg/h，平均资源密度为3.63 kg/h（图3-163）；8月口虾蛄分布重心位于辽东湾的中部及北部水域，出现频率高达87.76%，最高密度为32.01 kg/h，平均资源密度为7.33 kg/h（图3-164）。秋季10月口虾蛄密度下降，最高密度8.18 kg/h，平均资源密度为1.47 kg/h（图3-165）。

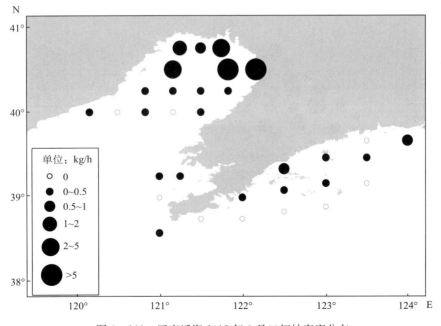

图3-161 辽宁近海2015年3月口虾蛄密度分布

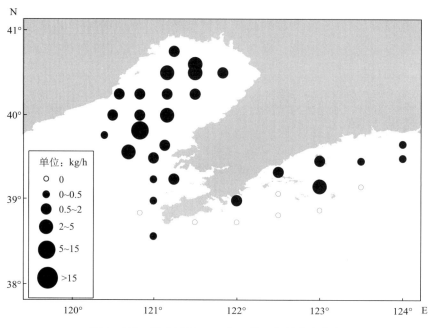

图 3-162　辽宁近海 2015 年 5 月口虾蛄密度分布

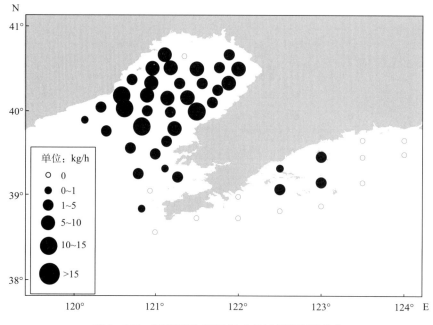

图 3-163　辽宁近海 2015 年 6 月口虾蛄密度分布

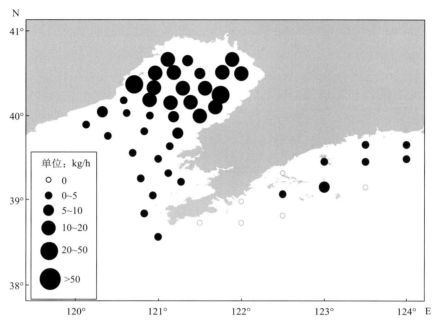

图 3-164　辽宁近海 2015 年 8 月口虾蛄密度分布

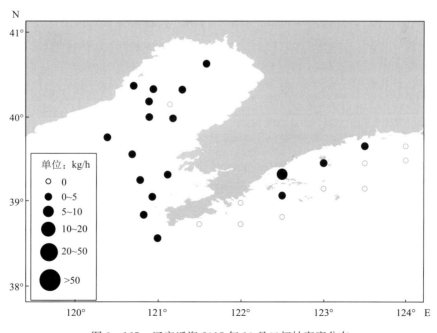

图 3-165　辽宁近海 2015 年 10 月口虾蛄密度分布

三、生物学特征

（一）群体组成

3月口虾蛄的体长范围为 36～165 mm，优势体长组为 80～140 mm，占群体的 75.64%（图 3-166），群体的平均体长是 111.1 mm；群体的体重范围为 0.8～56.6 g，优势体重组为 3～18 g，占群体的 56.41%（图 3-167），群体的平均体重是 19.1 g。

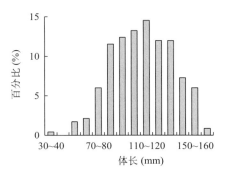

图 3-166　辽宁近海 3 月口虾蛄体长分布　　图 3-167　辽宁近海 3 月口虾蛄体重分布

5月口虾蛄的体长范围为 51～160 mm，优势体长组为 80～120 mm，占群体的 66.84%（图 3-168），群体的平均体长是 97.6 mm；群体的体重范围为 1.8～46.6 g，优势体重组为 3～18 g，占群体的 73.47%（图 3-169），群体的平均体重是 12.8 g。

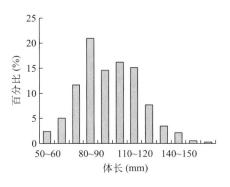
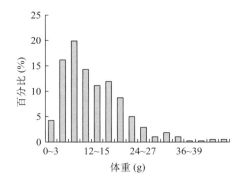

图 3-168　辽宁近海 5 月口虾蛄体长分布　　图 3-169　辽宁近海 5 月口虾蛄体重分布

6月口虾蛄的体长范围为 46～151 mm，优势体长组为 90～130 mm，占群体的 70.37%（图 3-170），群体的平均体长是 107.6 mm；群体的体重范围为 1.1～42.2 g，优势体重组为 6～21 g，占群体的 66.01%（图 3-171），群体的平均体重是 15.9 g。

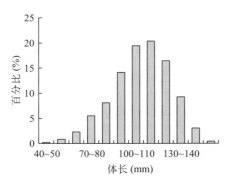

图 3-170　辽宁近海 6 月口虾蛄体长分布

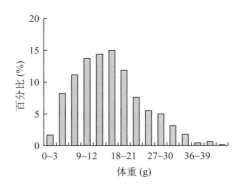

图 3-171　辽宁近海 6 月口虾蛄体重分布

8 月口虾蛄体长范围为 49~154 mm，优势体长组为 90~130 mm，占群体的 74.12%（图 3-172），群体的平均体长是 107.5 mm；群体的体重范围为 1.7~45.7 g，优势体重组为 6~21 g，占群体的 68.53%（图 3-173），群体的平均体重是 16.7 g。

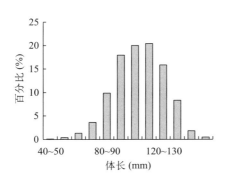

图 3-172　辽宁近海 8 月口虾蛄体长分布

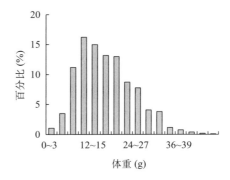

图 3-173　辽宁近海 8 月口虾蛄体重分布

10 月口虾蛄体长范围为 45~173 mm，优势体长组为 80~110 mm 和 120~130 mm，占群体的 50.63%（图 3-174），群体的平均体长是 107.0 mm；群体的体重范围为 1.3~64.3 g，优势体重组为 3~15 g，占群体的 50.63%（图 3-175），群体的平均体重是 16.7 g。

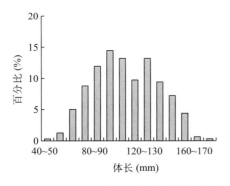
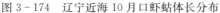

图 3-174　辽宁近海 10 月口虾蛄体长分布

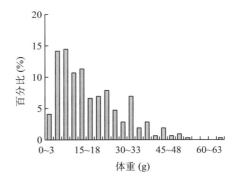

图 3-175　辽宁近海 10 月口虾蛄体重分布

（二）体长与体重关系

口虾蛄体长与体重关系为 $W = 2 \times 10^{-5} \times L^{2.8972}$（图 3 - 176）。

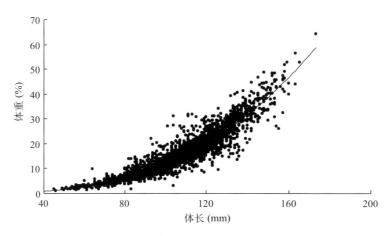

图 3 - 176　辽宁近海 2015 年口虾蛄体长与体重关系

（三）生长繁殖习性

口虾蛄生长最适温度在 20～27 ℃，最适盐度在 23～27。口虾蛄雌雄个体大小不同，雄性个体稍大于雌性个体。两性性别比大致相当，季节差异不甚明显，产卵季节前的 2—3 月雌性明显地多于雄性；产卵后的 7—8 月则雄性明显地多于雌性。

口虾蛄的生殖活动分两个阶段进行。9 月底至 10 月交尾，10 月中下旬大个体的口虾蛄已全部交尾。所见交尾雌体最小体长为 90 mm；未交尾雌体的最大体长为 110 mm。交尾后性腺即开始迅速发育，10 月下旬性腺的平均重量即达平均体重的 4.2%；到翌年 4 月中旬性腺基本成熟，平均重量增至平均体重的 10% 左右；5 月中旬则进一步增至 11.6%。

口虾蛄的怀卵量因个体大小而异，在 14 500～59 300 粒，平均为 30 500 粒；相对怀卵量在 717～1 651 粒/g，平均为 1 077 粒/g。产卵时一次排完。口虾蛄体长一般长到 80 mm 以上时才能达到性成熟，交尾并产卵。4 月底开始产卵，5 月中旬发育成熟的大个体基本上已全部产卵，6 月至 7 月中旬还发现有一定数量的性腺已经发育成熟和少量抱卵的雌体，但均属体长较小（80～120 mm）的个体，口虾蛄用颚足将产出的卵团抱在口上，并且随时都可将所抱卵团抛掉，抱卵的时间比较短暂，即使在产卵的盛期也很少在渔获物中发现抱卵的个体。

口虾蛄的卵子孵化和变态所需时间特别长，5 月底开始在浮游生物网样中发现口虾蛄的假水蚤幼体，根据各月所获假水蚤幼体的大小估计，整个变态期长达 4～5 个月。10 月上旬假水蚤幼体最大长度 26 mm，11 月中旬才开始发现较多的体长为 30 mm 左右的幼虾蛄。

(四) 摄食特征

口虾蛄的摄食强度除越冬和生殖季节外一般都比较高。生殖季节雌体停止摄食，摄食率最低。口虾蛄的食物组成与对虾十分相似，是对虾的主要竞食者。口虾蛄属于底栖动物和浮游动物食性，胃含物种多毛类、瓣鳃类、腹足类、蛇尾类和海参类等底栖动物在出现频率中占 65.5%，钩虾类、介形类、糠虾类和桡足类等浮游动物占 21.2%，稚幼鱼、长尾类和头足类等游泳动物占 13.3%。

四、现存资源量

根据扫海面积法，2015 年春季 3 月口虾蛄资源量为 35.00 kg/km²，5 月资源量为 42.18 kg/km²；夏季 6 月口虾蛄资源量为 130.83 kg/km²，8 月资源量为 263.98 kg/km²；秋季 10 月资源量为 52.83 kg/km²。

第十七节　中国明对虾

一、种群与洄游

中国明对虾（*Fenneropenaeus chinensis*），隶属于十足目（Decapoda）对虾科（Decapodae）明对虾属（*Fenneropenaeus*），俗称对虾、中国对虾等，是作长距离洄游移动的暖水性底栖虾类。中国明对虾经济价值较高，主要分布在黄渤海区，东、南海也有零星分布。

黄海、渤海的中国明对虾分为两个地理群：一个是中国黄海、渤海沿岸出生的黄海西海岸群；另一个是朝鲜半岛西部沿岸出生的黄海东海岸群。

春季，在渤海和黄海北部与中部近岸水域出生的中国明对虾，一生中要进行 2 次洄游，一次是在秋季 11 月的中下旬，由于渤海和黄海北部与中部近岸水温的下降，在那里索饵和生长的中国明对虾分别集群，进行距离不一的越冬洄游，最后到达黄海中、南部水深在 60～80 m 之间的深水区，分散进行越冬。越冬场底层水温一般是 8～10.5 ℃，越冬期为 1—3 月。根据邓景耀等的描述，中国明对虾越冬场位置在黄海 33°—36°N、122°—125°E 的区域；另一次是翌年的 3 月的中下旬，由于中国明对虾要到黄海、渤海近岸河口附近浅水区进行产卵，于是从越冬场开始集群，向近岸各产卵场进行生殖洄游，一般在 4 月底或 5 月初到达黄海、渤海近岸各产卵场进行生殖活动。

中国明对虾的主要产卵场在渤海的莱州湾、渤海湾、辽东湾和滦河口附近水域。此外，在黄海北部的海洋岛和鸭绿江口附近水域，黄海西部的山东半岛南岸的靖海湾、五垒湾、乳山湾、丁子湾、胶州湾和海州湾等河口附近水域以及黄海东部朝鲜半岛西海岸的仁川沿岸，也都有中国明对虾的产卵场。

二、资源分布

2015 年春季 3 月、5 月均未捕获中国明对虾，夏季 6 月仅 1 个站位出现中国明对虾（图 3-177），8 月中国明对虾集中分布在辽东湾的中北部水域，49 个有效拖网站位中 15 个站位出现中国明对虾，出现频率为 30.61%，最高密度为 1.00 kg/h，平均资源密度为 0.09 kg/h（图 3-178）。秋季 10 月中国明对虾分布在辽东湾的中南部的深水区域，黄海北部也有部分站位捕获，最高密度为 1.14 kg/h，平均资源密度为 0.09 kg/h（图 3-179）。

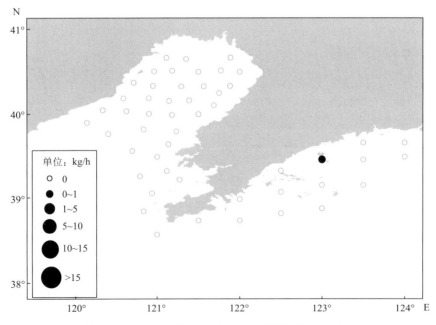

图 3-177　辽宁近海 2015 年 6 月中国明对虾密度分布

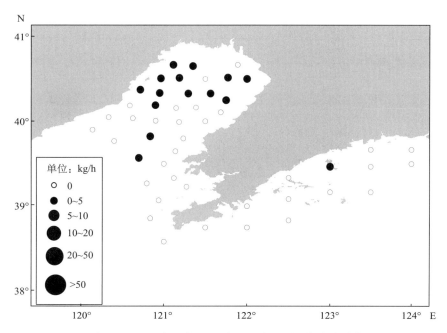

图 3-178　辽宁近海 2015 年 8 月中国明对虾密度分布

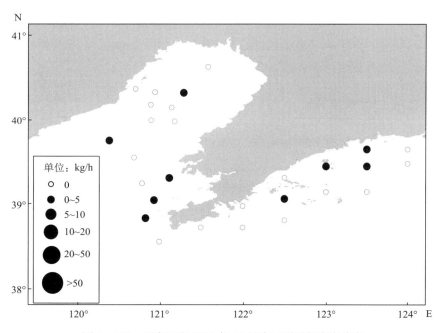

图 3-179　辽宁近海 2015 年 10 月中国明对虾密度分布

三、生物学特征

（一）群体组成

辽宁近海 3 月和 5 月均未捕获到中国明对虾，6 月仅捕获到 1 尾，体长为 177 mm，体重为 25.5 g。

8 月中国明对虾体长范围为 115～169 mm，优势体长组为 140～160 mm，占群体的 61.45%（图 3-180），群体的平均体长是 144.9 mm；群体的体重范围为 11.2～32.8 g，优势体重组为 16～28 g，占群体的 81.93%（图 3-181），群体的平均体重是 21.5 g。

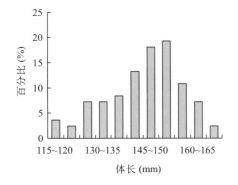 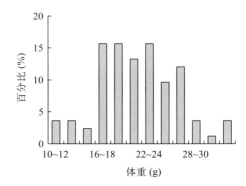

图 3-180　辽宁近海 8 月中国明对虾体长分布　　　图 3-181　辽宁近海 8 月中国明对虾体重分布

10 月捕获中国明对虾群体数量较少，平均体长为 169.5 mm，平均体重为 41.6 g，体长范围为 154～235 mm，体重范围为 28.5～82.1 g。

（二）体长与体重关系

中国明对虾体长与体重关系为 $W = 3 \times 10^{-5} \times L^{2.7018}$（图 3-182）。

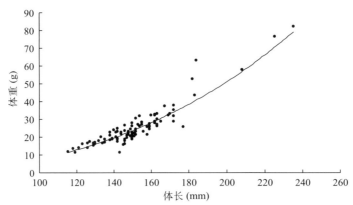

图 3-182　辽宁近海 2015 年中国明对虾体长与体重关系

（三）生长繁殖习性

中国明对虾是一年生对虾，成虾雌雄个体大小差异悬殊。雄虾平均体长 155 mm，体重 30～40 g；雌虾平均体长 190 mm，体重 75～85 g。对虾的生殖活动分两个阶段进行，每年 10 月中旬至 11 月初进行交尾。对虾交尾期间，主群分布在相对高温的水域，底层水温范围为 17～20 ℃，盛期为 18～19 ℃。交尾期间冷空气活动频繁，大风能刺激雌虾蜕皮从而形成交尾高潮。翌年春季生殖洄游的虾群游至各产卵场产卵，产卵场集中分布在河口附近，水深 10 m 以内的浅水海区。产卵期间产卵场的底层水温为 13～23 ℃，13 ℃是对虾产卵的最低温度。产卵场的盐度值为 27～31。对虾各年开始产卵的时间差别很大，渤海湾产卵场对虾开始产卵的时间，最早为 5 月 2 日，最迟为 5 月 18 日，因雌虾性腺发育状况和产卵场的水温不同而异。产卵持续时间为 1 个月左右。受精卵孵化约需 50 h，孵化后经过 6 个无节幼体期、3 个溞状幼体期和 3 个糠虾幼体期，发育至仔虾期共需超过 20 d 的时间。

对虾的仔虾有溯河的习性，主要分布在河道内或河口附近，经多次蜕皮生长育成幼虾。幼虾则主要分布在河口附近的浅水海区索饵肥育，7 月下旬当幼虾体长达 80～100 mm 时，即开始向深水移动，8 月上旬集中分于 15 m 以内的水深处，9 月上中旬渤海各湾的虾群游至渤海的 20～28 m 的深水区索饵，虾群密集，形成渤海中部和辽东湾中、南部秋汛对虾生产的良好渔场。中国明对虾在该时期的行动分布与渤海"冷水"密切相关，其对渔场水温反应的趋势是：在底层水温高于 22 ℃的条件下趋向低温，在水温低于 20 ℃的条件下则趋向高温，海底地形是影响对虾行动分布的重要因素，秋汛对虾比较稳定的渔场往往在海沟、海底洼地和盆地处形成，这在大风之后尤其明显。大风和潮汛也是影响虾群分布的外界因素，中国明对虾索饵阶段有逆风游动的习性，一次大风之后往往会改变原来的渔场。

（四）摄食特征

中国明对虾在不同的生活阶段，其摄食的饵料种类有差别，从溞状幼体期开始摄食，溞状幼体和糠虾幼体以多甲藻为主要食物，其次是舟形硅藻和圆筛藻等。仔虾期以舟形、曲舟硅藻和圆筛藻为主，也摄食少量的动物性食物，如桡足类及其幼体、瓣鳃类幼体和运动铃虫等。中国明对虾的索饵肥育场和产卵场一样，多在近岸浅水的河口附近海区，底质大部为黏性软泥，河水带来了丰富的营养盐类，促进该海区浮游生物的大量繁殖，直接或间接地为对虾幼体和幼虾的生长提供了充足的饵料基础。

中国明对虾以活动性不大的底栖生物为食。幼虾以小型甲壳类如介形类、糠虾类和底栖猛蚤为主要食物，同时也摄食软体动物、多毛类及其幼体和小鱼等。成虾则主要以底栖的甲壳类、瓣鳃类、头足类、多毛类、蛇尾类、海参类及小型鱼类等为食。

对虾的食性很杂，是一种广食性种类，其食物组成的变化主要是由于栖息海区不同所致。

四、现存资源量

2015 年春季 3 月、5 月均未捕获中国明对虾，根据扫海面积法，2015 年夏季 6 月中国明对虾资源量为 0.02 kg/km²，8 月资源量为 3.31 kg/km²；秋季 10 月资源量为 3.21 kg/km²。

第十八节 鹰 爪 虾

一、种群与洄游

鹰爪虾（*Trachypenaeus curvirostris*），隶属于十足目（Decapoda）对虾科（Penaeidae）鹰爪虾属（*Trachypenaeus*），是作短距离洄游的暖水性底层虾类，俗称鹰虾、鸡爪虾等。分布于东亚、南亚、非洲、澳大利亚诸海域；东海、黄海、渤海及南海。我国沿海北自辽东湾，南至南海海域均有分布，但以黄海、渤海为主要分布区。

黄海、渤海鹰爪虾的越冬场位于石岛东南外海，水深 60～80 m，粗、细粉沙质黏土软泥底质的海区。越冬场的范围往往随海况变化而有变动。越冬场的底层水温最高不超过 9.5 ℃，最低不低于 4.5 ℃；底层盐度最低为 31.8，最高为 33.3，越冬期在 1—3 月。

鹰爪虾的主要产卵场在黄海有，胶州湾、乳山湾、石岛湾、烟威、旅大近海浅水区及鸭绿江口。在渤海主要有莱州湾和金复湾。产卵场的底层水温一般为 20～26 ℃，而较适底温为 23～25 ℃；黄海北部近海产卵场底层盐度为 30～31，渤海产卵场底层盐度为 28～30。渤海和黄海中部的鹰爪虾产卵期一般从 6 月底开始，9 月初结束。黄海北部及辽东半岛东岸的鹰爪虾产卵期较渤海迟 10 d 左右。产卵盛期都在 7—8 月。

鹰爪虾每年 3 月下旬后期开始游离越冬场，进行生殖索饵洄游，主群沿 5～7 ℃等温线向北移动，在 36°N、123°E 附近分出一支向西和西北方向游去，4、5 月间，虾群游抵山东半岛南部沿海，6 月前后进入各产卵场。主群沿 7 ℃等温线，水深 40～60 m 向正北方向移动，4 月下旬前后到达成山头，然后分出几小支：一支向北经海洋岛以东海区游向鸭绿江口；一支穿过烟威东部外海，直插辽东半岛东南部沿海。主虾群则绕过成山头进入烟威近海，沿 6～10.5 ℃等温线、20～40 m 等深线西进，通过渤海海峡入渤海。入渤海后的虾群，分道游向辽东湾、渤海湾和莱州湾，6 月下旬前后游抵各河口产卵场。

　　鹰爪虾索饵越冬洄游的虾群，由于栖息的水深比生殖索饵洄游时深，而且各海区的环境条件也有所不同，索饵越冬洄游的开始时间也不相同。渤海的虾群洄游时间较早。10 月下半月，于各湾近岸分散索饵的虾群，开始索饵越冬洄游，向底层水温 16 ℃以上的海区移动。11 月中下旬，随着底层水温下降至 11 ℃时，虾群即沿着 12～14 ℃等温线，陆续游出渤海。12 月中旬前后，渤海中部的底层水温下降至 10 ℃左右时，虾群基本游离渤海。

二、资源分布

　　2015 年春季 3 月、5 月未捕获鹰爪虾，夏季 6 月仅在辽东湾南部水域 1 个站位出现（图 3 - 183），8 月在黄海北部水域 2 个站位出现（图 3 - 184），秋季 10 月鹰爪虾分布在辽东湾南部深水区和黄海北部水域，28 个有效拖网站位中有 8 个站位出现，出现频率为 28.57%，最高密度为 80.96 kg/h，平均资源密度为 3.86 kg/h（图 3 - 185）。

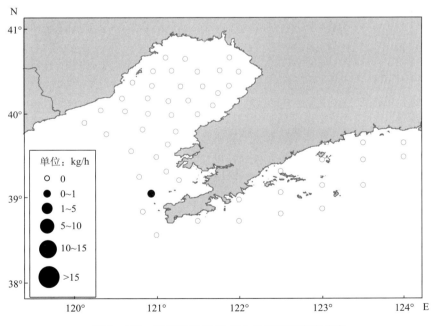

图 3 - 183　辽宁近海 2015 年 6 月鹰爪虾密度分布

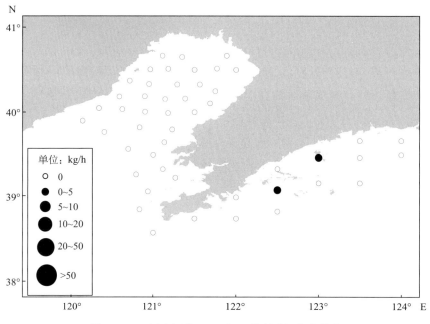

图 3 - 184　辽宁近海 2015 年 8 月鹰爪虾密度分布

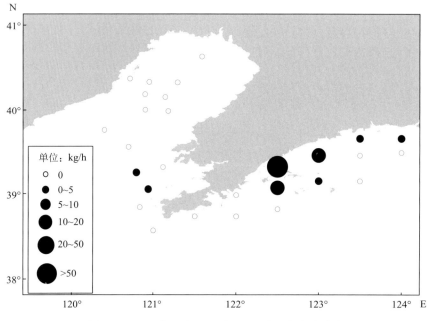

图 3 - 185　辽宁近海 2015 年 10 月鹰爪虾密度分布

三、生物学特征

（一）群体组成

辽宁近海 3 月和 5 月均未捕获到鹰爪虾。

6 月仅捕获到 1 尾鹰爪虾，体长为 88 mm，体重为 5.9 g。

8 月捕获到 2 尾鹰爪虾，体长分别为 85 mm 和 90 mm，体重为 4.9 g 和 9.5 g。

10 月鹰爪虾体长范围为 47～89 mm，优势体长组为 65～85 mm，占群体的 68.07%（图 3 - 186），群体的平均体长是 73.4 mm；群体的体重范围为 1.2～8.0 g，优势体重组为 2～7 g，占群体的 85.71%（图 3 - 187），群体的平均体重是 4.5 g。

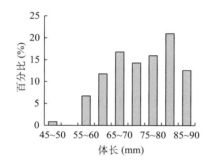

图 3 - 186　辽宁近海 10 月鹰爪虾体长分布

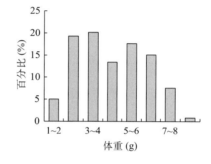

图 3 - 187　辽宁近海 10 月鹰爪虾体重分布

（二）体长与体重关系

鹰爪虾体长与体重关系为 $W=7\times10^{-6}\times L^{3.1071}$（图 3 - 188）。

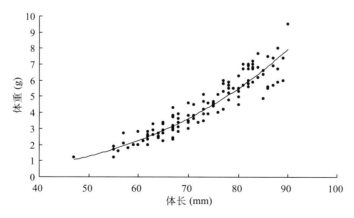

图 3 - 188　辽宁近海 2015 年鹰爪虾体长与体重关系

（三）生长繁殖习性

雌、雄鹰爪虾的性腺成熟期不一致，雄性成熟较早，一般在 5—6 月即可达性成熟；雌虾要到 6 月以后才开始成熟。鹰爪虾的交尾活动从 5 月开始，主要集中在 6、7 月进行，雌虾交尾的最小体长为 52 mm。交尾时，雄虾借助于"雄性交接器"将精荚送入雌虾的纳精囊内。交尾后，雌虾的纳精囊口一般均出现几丁质栓将囊口封闭，精子贮存在纳精囊内，直到产卵时方行受精。

鹰爪虾第一次性成熟的年龄是 2 龄，雌虾的最小体长为 56 mm，体重为 2.1 g，雄虾性成熟的最小体长为 45 mm，体重为 1.2 g。鹰爪虾的雌、雄性别比变化大体如下，自 9 月中旬以后，到翌年 3 月上旬，是当年生的小虾和越年虾合群肥育阶段。雌、雄虾的平均性别比为 44.8∶55.2。3 月下旬到 5 月上旬，为鹰爪虾的交尾前期，雌、雄虾的平均性别比为 53.1∶46.9。6 月中旬到 8 月中旬，为鹰爪虾的产卵期，雌、雄虾的平均性别比为 61.3∶38.7。

（四）摄食特征

鹰爪虾的食物组成有腹足类、瓣鳃类、甲壳类和多毛类 4 个生物类群，其中尤以浮游甲壳类和多毛类为主。鹰爪虾以产卵期（7—8 月）的摄食强度大，空胃率占 20%～30%；1—2 月的摄食强度低，空胃率达 60%～80%。鹰爪虾摄食强度的季节变化以春、夏季大于秋、冬季；摄食强度的昼夜变化是，夜间大于白天，摄食的最强时刻集中在黄昏和黎明之前。

四、现存资源量

2015 年春季 3 月、5 月均未捕获鹰爪虾，根据扫海面积法，2015 年夏季 6 月鹰爪虾资源量为 0.01 kg/km²，8 月资源量为 0.04 kg/km²；秋季 10 月资源量为 138.94 kg/km²。

第十九节　葛氏长臂虾

一、种群与洄游

葛氏长臂虾（*Palaemon gravieri*），隶属于十足目（Decapoda）长臂虾科（Palae-monidae）长臂虾属（*Palaemon*），俗称红虾等，为沿岸性地方性资源，分布于渤海、黄海和南海沿岸海域，结群性较强，尤其是在生殖和越冬季节密集度高，以吕泗渔场、长江口渔场及浙江舟山以北一带海区最为密集，是中国近海的地方性特有种。

葛氏长臂虾不进行长距离的洄游，只有深浅水之间的短距离移动，即春季由较深海区游向沿岸浅水区产卵，秋后则由浅水区游向较深水域越冬。例如，吕泗渔场春汛期间的葛氏长臂虾，来自东南方向进入吕泗渔场各沙漕产卵，中心渔场在偏东南一带海域。浙江北部渔场的葛氏长臂虾在3月即开始进入岛屿附近产卵，中心渔场在海礁、浪岗、嵊山之间以及浪岗东、东北一带海域。

二、资源分布

2015年春季3月葛氏长臂虾主要分布于辽东湾水域，32个有效拖网站位中有20个站位出现葛氏长臂虾，出现频率为62.50%，最高密度为1.37 kg/h，平均资源密度为0.21 kg/h（图3-189）；5月分布重心仍位于辽东湾水域，最高密度为0.56 kg/h，平均资源密度为0.05 kg/h（图3-190）。夏季6月葛氏长臂虾密度较5月高，最高密度为4.10 kg/h，平均资源密度为0.18 kg/h（图3-191）；8月葛氏长臂虾密度进一步提升，广泛分布在辽东湾水域，最高密度为3.98 kg/h，平均资源密度为0.68 kg/h（图3-192）。秋季10月葛氏长臂虾密度有所下降，黄海北部未捕获葛氏长臂虾，主要分布在辽东湾水域，最高密度为1.26 kg/h，平均资源密度为0.12 kg/h（图3-193）。

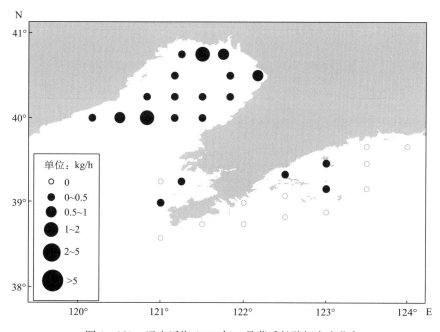

图3-189　辽宁近海2015年3月葛氏长臂虾密度分布

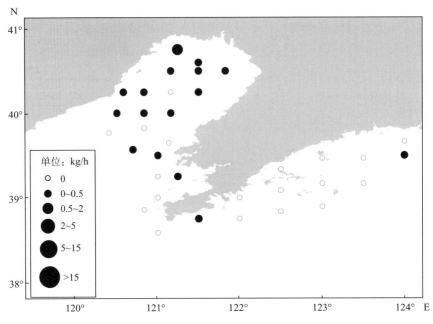

图 3 - 190　辽宁近海 2015 年 5 月葛氏长臂虾密度分布

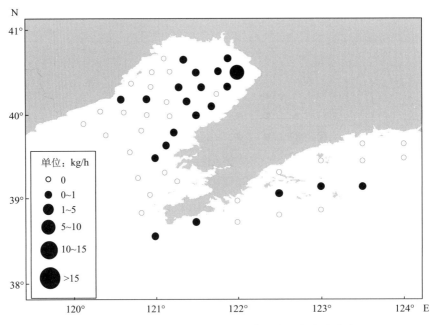

图 3 - 191　辽宁近海 2015 年 6 月葛氏长臂虾密度分布

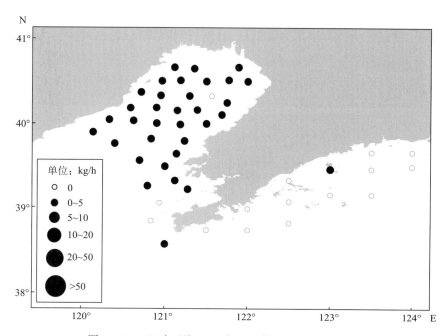

图 3 - 192　辽宁近海 2015 年 8 月葛氏长臂虾密度分布

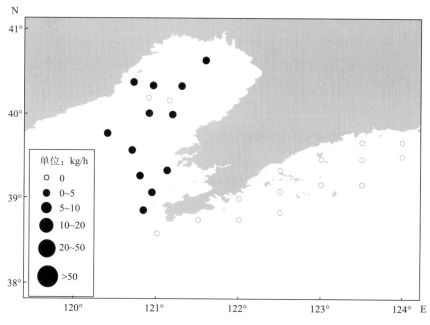

图 3 - 193　辽宁近海 2015 年 10 月葛氏长臂虾密度分布

三、生物学特征

(一) 群体组成

3月葛氏长臂虾的体长范围为 25～76 mm，优势体长组为 40～45 mm 和 50～65 mm，占群体的 63.55%（图 3-194），群体的平均体长是 52.1 mm；群体的体重范围为 0.4～6.5 g，优势体重组为 0.5～1.5 g 和 2.0～3.5 g，占群体的 84.11%（图 3-195），群体的平均体重是 2.1 g。

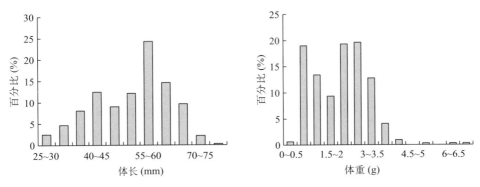

图 3-194　辽宁近海 3 月葛氏长臂虾体长分布　　图 3-195　辽宁近海 3 月葛氏长臂虾体重分布

5月葛氏长臂虾的体长范围为 20～80 mm，优势体长组为 50～60 mm，占群体的 40.65%（图 3-196），群体的平均体长是 51.5 mm；群体的体重范围为 0.2～4.2 g，优势体重组为 0.5～2.0 g，占群体的 53.55%（图 3-197），群体的平均体重是 1.9 g。

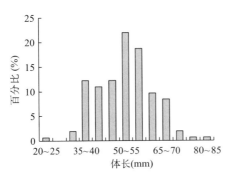 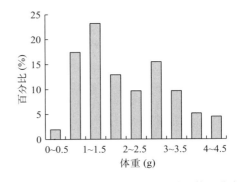

图 3-196　辽宁近海 5 月葛氏长臂虾体长分布　　图 3-197　辽宁近海 5 月葛氏长臂虾体重分布

6月葛氏长臂虾的体长范围为 26～80 mm，优势体长组为 40～45 mm 和 55～65 mm，占群体的 58.09%（图 3-198），群体的平均体长是 52.4 mm；群体的体重范围为 0.2～6.4 g，优势体重组为 0.2～4.0 g，占群体的 89.67%（图 3-199），群体的平均体重是 2.3 g。

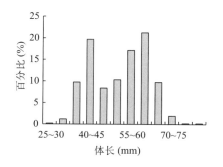

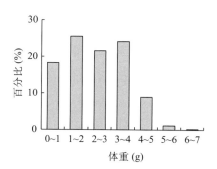

图 3 - 198　辽宁近海 6 月葛氏长臂虾体长分布　　图 3 - 199　辽宁近海 6 月葛氏长臂虾体重分布

8 月葛氏长臂虾体长范围为 22～81 mm，优势体长组为 30～45 mm，占群体的 71.08%（图 3 - 200），群体的平均体长是 43.0 mm；群体的体重范围为 0.1～7.2 g，优势体重组为 0.1～2.0 g，占群体的 81.76%（图 3 - 201），群体的平均体重是 1.4 g。

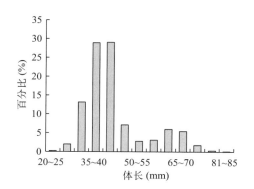

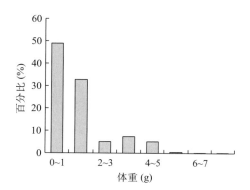

图 3 - 200　辽宁近海 8 月葛氏长臂虾体长分布　　图 3 - 201　辽宁近海 8 月葛氏长臂虾体重分布

10 月葛氏长臂虾体长范围为 32～69 mm，优势体长组为 40～50 mm，占群体的 62.38%（图 3 - 202），群体的平均体长是 45.9 mm；群体的体重范围为 0.4～4.9 g，优势体重组为 1～2 g，占群体的 71.78%（图 3 - 203），群体的平均体重是 1.5 g。

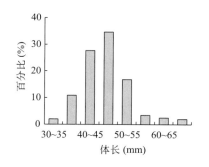

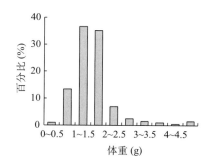

图 3 - 202　辽宁近海 10 月葛氏长臂虾体长分布　　图 3 - 203　辽宁近海 10 月葛氏长臂虾体重分布

（二）体长与体重关系

葛氏长臂虾体长与体重关系为 $W=4\times10^{-5}\times L^{2.7266}$（图 3-204）。

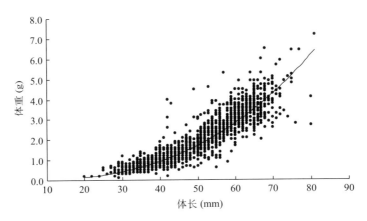

图 3-204　辽宁近海 2015 年葛氏长臂虾体长与体重关系

（三）生长繁殖习性

葛氏长臂虾生活于泥沙底质浅海，河口附近也有。繁殖季节在 4—8 月，属于一年产卵多次的一次性产卵类型，两次产卵相隔时间因温度不同而异，最初约 30 d，随着温度升高缩短为 15 d 左右。其性腺一般在 3 月开始成熟，抱卵率可达 80%，4—5 月全部抱卵。在产卵季节，雌虾抱卵不久，其头胸甲卵巢又开始发育至 2 期，抱卵后期，腹部卵粒呈淡绿色或淡灰色，此时有部分雌虾头胸甲卵巢已达 3 期。当腹部虾卵孵化为溞状幼体进入水中时，头胸甲卵巢已发育至 4 期，再经过 2~5 d，再次产卵。卵棕绿色。幼体自孵出后，在水温 24 ℃、盐度 12、饵料充足的条件下，有规律的每 2 d 蜕皮 1 次，共经 11 次蜕皮，约 22 d 完成变态，入仔虾期。

葛氏长臂虾体长分布范围为 20~73 mm，优势体长为 38~61 mm，平均体长为 48.5 mm。其中，雄虾体长分布范围为 23~61 mm，优势体长为 38~49 mm，平均体长为 44.1 mm；雌虾体长分布范围为 20~73 mm，优势体长为 47~61 mm，平均体长为 52.7 mm。

葛氏长臂虾雌雄比例一般是雌虾略多于雄虾（58∶42），但产卵旺汛时雌雄比例达 80∶20。但是，雌雄比例又随着体长的不同而有所不同，即体长在 47 mm 以下的葛氏长臂虾以雄性占多数，体长达到 59 mm 以上时，几乎全部是雌虾。

室内养殖观察结果表明，葛氏长臂虾重复抱卵的次数最多可达 6 次，每次抱卵量是随着雌虾个体大小、卵巢发育状况以及产卵次数的多少而有所差异。一般情况下，个体大的或初次抱卵的抱卵量较多，达 3 000～6 500 粒，平均 4 500 粒。其中以第一腹肢抱卵最多，第二、三、四对腹肢抱卵数量依次减少，第五对腹肢不抱卵。受精卵在亲体腹部完成整个胚胎发育过程，直至变态为溞状幼体后即进入水中。

（四）摄食特征

葛氏长臂虾摄食强度以 1 级为主，占全年出现率的 41.9%。其次为 2 级，占 25.9%；0 级占第三位，为 24.1%；以 3 级为最少，仅占 8.1%。同时，一年中又以秋季的摄食强度大，5—6 月产卵高潮时摄食强度最小。

四、现存资源量

根据扫海面积法，2015 年春季 3 月葛氏长臂虾资源量为 7.53 kg/km²，5 月资源量为 1.87 kg/km²；夏季 6 月葛氏长臂虾资源量为 6.60 kg/km²，8 月资源量为 24.42 kg/km²；秋季 10 月资源量为 4.48 kg/km²。

第二十节　脊腹褐虾

一、种群洄游

脊腹褐虾（*Crangon affinis*），隶属于十足目（Decapoda）褐虾科（Cragonidae）褐虾属（*Crangon*），是冷温性地方性种群。分布范围自俄罗斯堪察加半岛到日本、中国黄海、渤海一带，向南最远分布到东海的边缘舟山群岛附近 30°00′N 以北的海区。

黄海北部、中部的脊腹褐虾主要分布在冷水团盘踞、深度较大的海区，但其分布范围，与冷水分布势力密切相关，并随冷水势力的消长，其分布范围有明显的季节变化。冬季 12 月至翌年 2 月，虾群的主要越冬区，在黄海中部深度大于 30 m 的较深水区，分布均匀、密度大。冬季，在渤海中部水深大于 25 m 的深水区也有虾群分布，数量比黄海要小得多。2 月底至 3 月初，虾群开始向近岸海区进行生殖洄游。黄海中南部虾群向山东半岛南岸和江苏沿岸海区移动；黄海北部虾群向辽东半岛南岸和山东半岛北岸海区移动，并有部分进入渤海。4 月，脊腹褐虾的分布最广，可遍及整个黄渤海区，渤海三大湾的数量已明显增多，以莱州湾南部和辽东半岛南岸海区分布量最高。6—11 月，虾群主要分布于深水区，渤海虾群数量已明显减少。8—10月渤海内部已不见其踪迹，在黄海北部中央海区虾群密集，数量成倍增加。脊腹褐虾移动趋势与渤海水温的变化直接有关。脊腹褐虾经常分布范围的底层水温为 8～14 ℃，盐度 30 左右，水深 40～60 m，以软泥底质出现率最高，其次为沙质泥。

二、资源分布

2015 年春季 3 月，32 个有效拖网站位中 28 个站位出现脊腹褐虾，出现频率为 87.50%，最高密度为 5.71 kg/h，位于黄海北部南部深水区，平均资源密度为 0.47 kg/h（图 3 - 205）；5 月脊腹褐虾仍广泛分布于辽宁近海，密度较 3 月高，最高密度为 34.99 kg/h，平均资源密度为 1.50 kg/h（图 3 - 206）。夏季 6 月脊腹褐虾主要分布于黄海北部和辽东湾中部及南部水域，出现频率为 74.51%，最高密度为 76.54 kg/h，平均资源密度为 3.58 kg/h（图 3 - 207）；8 月脊腹褐虾分布范围基本与 6 月一致，辽东湾北部浅水区无脊腹褐虾分布，出现频率为 67.35%，最高密度为 36.07 kg/h，平均资源密度为 2.54 kg/h（图 3 - 208）。秋季 10 月脊腹褐虾仅出现在大连周边深水区域，最高密度为 19.38 kg/h，平均资源密度为 1.01 kg/h（图 3 - 209）。

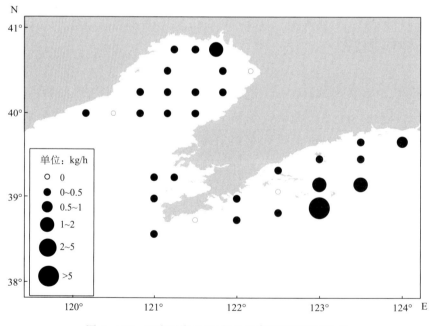

图 3 - 205　辽宁近海 2015 年 3 月脊腹褐虾密度分布

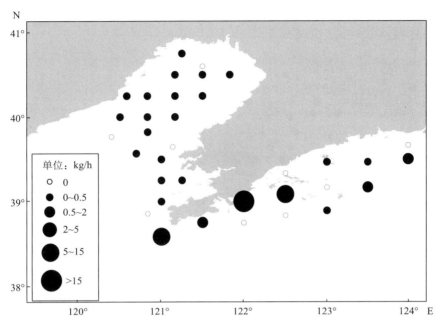

图 3-206 辽宁近海 2015 年 5 月脊腹褐虾密度分布

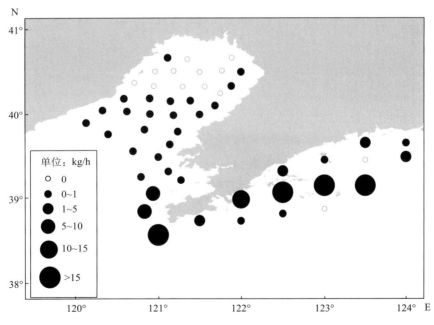

图 3-207 辽宁近海 2015 年 6 月脊腹褐虾密度分布

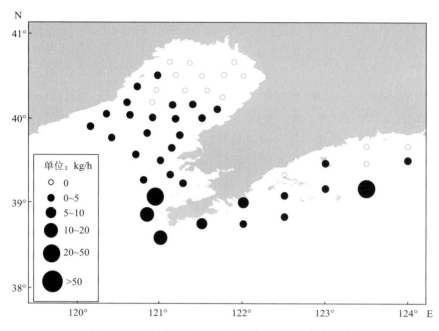

图 3 - 208　辽宁近海 2015 年 8 月脊腹褐虾密度分布

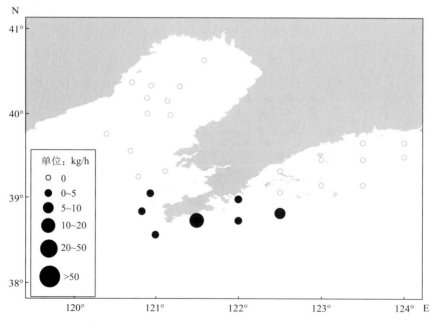

图 3 - 209　辽宁近海 2015 年 10 月脊腹褐虾密度分布

三、生物学特征

（一）群体组成

3月脊腹褐虾的体长范围为 28～78 mm，优势体长组为 35～55 mm，占群体的 71.10%（图 3-210），群体的平均体长是 46.8 mm；群体的体重范围为 0.1～9.2 g，优势体重组为 0.5～1.5 g，占群体的 61.12%（图 3-211），群体的平均体重是 1.5 g。

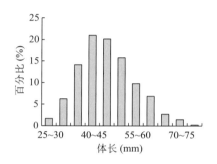

图 3-210　辽宁近海 3 月脊腹褐虾体长分布

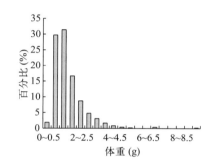

图 3-211　辽宁近海 3 月脊腹褐虾体重分布

5月脊腹褐虾的体长范围为 23～77 mm，优势体长组为 40～55 mm，占群体的 62.14%（图 3-212），群体的平均体长是 48.7 mm；群体的体重范围为 0.2～5.5 g，优势体重组为 0.5～1.5 g，占群体的 63.57%（图 3-213），群体的平均体重是 1.4 g。

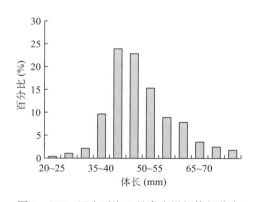

图 3-212　辽宁近海 5 月脊腹褐虾体长分布

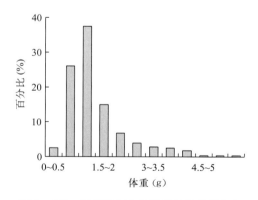

图 3-213　辽宁近海 5 月脊腹褐虾体重分布

6月脊腹褐虾的体长范围为 18～72 mm，优势体长组为 45～60 mm，占群体的 73.76%（图 3-214），群体的平均体长是 51.0 mm；群体的体重范围为 0.4～4.0 g，优势体重组为 1～2 g，占群体的 68.95%（图 3-215），群体的平均体重是 1.6 g。

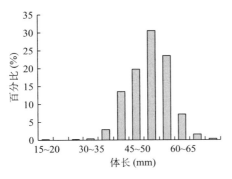

图 3-214 辽宁近海 6 月脊腹褐虾体长分布　　图 3-215 辽宁近海 6 月脊腹褐虾体重分布

8 月脊腹褐虾体长范围为 23～79 mm，优势体长组为 35～65 mm，占群体的 88.87%（图 3-216），群体的平均体长是 48.9 mm；群体的体重范围为 0.3～4.4 g，优势体重组为 0.5～2.0 g，占群体的 71.43%（图 3-217），群体的平均体重是 1.4 g。

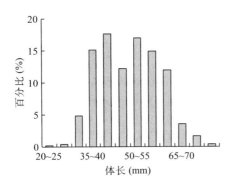
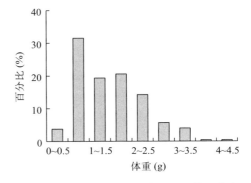

图 3-216 辽宁近海 8 月脊腹褐虾体长分布　　图 3-217 辽宁近海 8 月脊腹褐虾体重分布

10 月脊腹褐虾体长范围为 32～75 mm，优势体长组为 40～65 mm，占群体的 83.21%（图 3-218），群体的平均体长是 52.9 mm；群体的体重范围为 0.4～4.6 g，优势体重组为 1～3 g，占群体的 72.99%（图 3-219），群体的平均体重是 2.0 g。

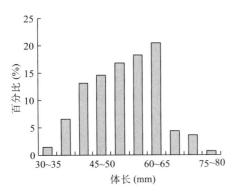

图 3-218 辽宁近海 10 月脊腹褐虾体长分布　　图 3-219 辽宁近海 10 月脊腹褐虾体重分布

（二）体长与体重关系

脊腹褐虾体长与体重关系为 $W=2\times10^{-4}\times L^{2.3244}$ （图 3 - 220）。

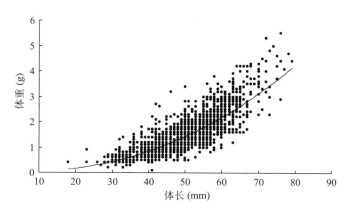

图 3 - 220　辽宁近海 2015 年脊腹褐虾体长与体重关系

（三）生长繁殖习性

脊腹褐虾白天喜潜入海底的沙中，而夜间出来摄食。雌雄个体大小差异显著，雌体最大体长为 78 mm，体重 7.5 g，雄体最大体长为 47 mm，体重 1.2 g。性别比随季节变化较明显。春季生殖季节雌多于雄，且雌体比例随产卵期的进程不断增加，5 月雌体达 90%左右。夏季雄体比例逐渐减少，8 月雌略多于雄，性别比接近 1∶1。秋季雌性减少，雌少于雄，约占 40%。冬季雌性增多，雌又多于雄，占 65%左右。

脊腹褐虾抱卵生殖的季节较长，终年几乎均可捕到抱卵亲虾，一年中有 2 次抱卵高峰期，盛期为 3—4 月和 8 月。第一次抱卵期间的同时，体内卵巢又渐丰满，当幼体脱离母体后，亲虾作中间蜕皮，后又重新抱卵。孵出的溞状幼体，营浮游生活，经过糠虾幼体变态为营底栖生活的幼体。脊腹褐虾抱卵雌体的最小体长为 27 mm，抱卵量随个体大小而异，为 500~10 000 粒，平均抱卵量为 5 000 粒左右。

（四）摄食特征

脊腹褐虾主要摄食移动行为不强的小型底栖动物及其幼体。从食物组成来看，主要可分为四大类：环节动物、甲壳动物、软体动物和棘皮动物，此外还夹带有少量泥沙。其中环节动物中的多毛类和软体动物中的瓣鳃类、腹足类占优势，其次为甲壳类动物中的端足类和棘皮动物中的蛇尾类。摄食强度和食物组成又随季节变化而有差异。

四、现存资源量

根据扫海面积法，2015 年春季 3 月脊腹褐虾资源量为 0.47 kg/km²，5 月资源量为 54.06 kg/km²；夏季 6 月脊腹褐虾资源量为 128.86 kg/km²，8 月资源量为 91.32 kg/km²；秋季 10 月资源量为 36.31 kg/km²。

第二十一节　三疣梭子蟹

一、种群与洄游

三疣梭子蟹（*Portunus trituberculatus*），隶属于十足目（Decapoda）梭子蟹科（Portunidae）梭子蟹属（*Portunus*），俗称飞蟹、梭子蟹等，是暖温性、多年生的大型蟹类，经济价值较高，营底栖生活。分布于中国渤海、黄海、东海、南海近海，朝鲜及日本近海海域。

渤海内的三疣梭子蟹越冬后 4 月上旬开始生殖洄游，主要游向渤海湾和莱州湾近岸，4 月底开始在 10 m 水深以下的浅水区河口附近产卵。越年的剩余群体与当年的补充群体一起在近岸索饵肥育，与当年的补充群体一起在近岸索饵肥育，随着水温不断下降，其分布范围逐渐扩大。12 月初开始进行短距离越冬洄游，陆续到达黄河口东北渤海中部水深 20～25 m 软泥底质海区蛰伏越冬。秋汛越年的索饵群体先于当年群体离开索饵场外移，12 月下旬至翌年 3 月下旬是三疣梭子蟹越冬期，越冬期间梭子蟹的分布较为分散，并蛰伏在泥中。三疣梭子蟹在产卵索饵期间有比较明显的昼夜垂直移动，白天匍匐海底，夜间出来觅食并有明显的趋光性。

二、资源分布

2015 年春季 3 月、5 月和夏季 6 月，三疣梭子蟹出现频率较低，出现站位数均未超过 4 个，春季 3 月 32 个有效拖网站位中仅 1 个站位出现三疣梭子蟹，平均资源密度为 0.01 kg/h（图 3-221）；5 月 35 个有效拖网站位中有 3 个站位出现三疣梭子蟹，出现频率为 8.57%，平均资源密度为 0.05 kg/h（图 3-222）。夏季 6 月 51 个有效拖网站位中有 2 个站位出现三疣梭子蟹，出现频率为 3.92%，平均资源密度为 0.08 kg/h（图 3-223）。夏季 8 月 49 个有效拖网站位中 15 个站位出现三疣梭子蟹，出现频率为 30.61%，最高密度为 12.21 kg/h，平均资源密度为 0.56 kg/h（图 3 - 224）。秋季 10 月三疣梭子蟹密度高于 8 月，28 个有效拖网站位有 22 个站位出现三疣梭子蟹，出现频率为 78.57%，最高密度为 21.50 kg/h，平均资源密度为 3.26 kg/h（图 3 - 225）。

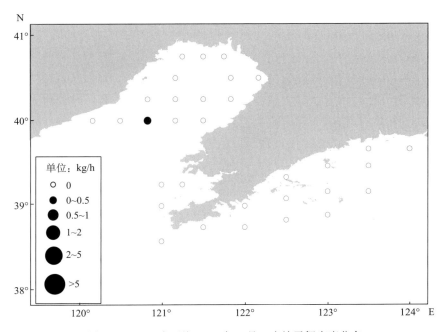

图 3 - 221　辽宁近海 2015 年 3 月三疣梭子蟹密度分布

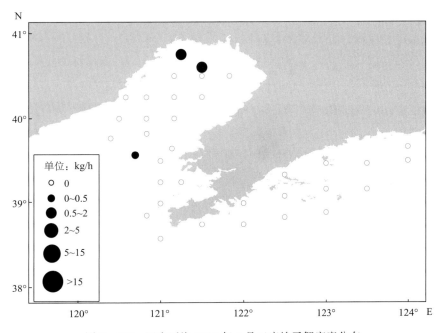

图 3 - 222　辽宁近海 2015 年 5 月三疣梭子蟹密度分布

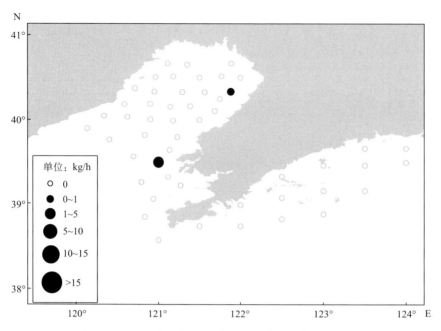

图 3 - 223　辽宁近海 2015 年 6 月三疣梭子蟹密度分布

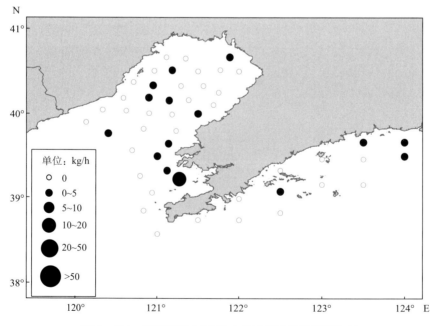

图 3 - 224　辽宁近海 2015 年 8 月三疣梭子蟹密度分布

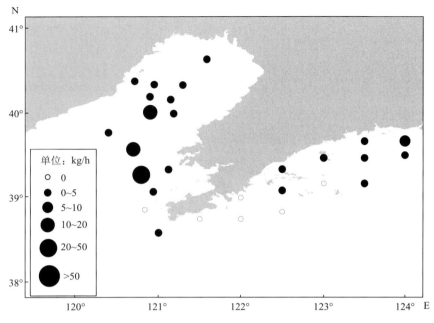

图 3 - 225 辽宁近海 2015 年 10 月三疣梭子蟹密度分布

三、生物学特征

(一) 群体组成

辽宁近海 3 月仅捕获 1 尾三疣梭子蟹，头胸甲长为 75 mm，体重为 104.8 g；5 月捕获到 2 尾三疣梭子蟹，头胸甲长分别为 69 mm 和 70 mm，体重分别为 139.1 g 和 158.5 g。

6 月捕获三疣梭子蟹群体数量较少，平均头胸甲长为 57.0 mm，平均体重为 101.8 g，头胸甲长范围为 40~82 mm，体重范围为 31.3~262.0 g。

8 月三疣梭子蟹头胸甲长范围为 20~86 mm，优势头胸甲长组为 20~25 mm 和 60~75 mm，占群体的 55.56%（图 3 - 226），群体的平均头胸甲长是 58.2 mm；群体的体重范围为 1.9~331.4 g，优势体重组为 1.9~20.0 g 和 100~160 g，占群体的 55.56%（图 3 - 227），群体的平均体重是 133.6 g。

10 月三疣梭子蟹头胸甲长范围为 16~91 mm，优势头胸甲长组为 35~60 mm，占群体的 56.07%（图 3 - 228），群体的平均头胸甲长是 51.5 mm；群体的体重范围为 2.1~364.6 g，优势体重组为 2.1~80.0 g，占群体的 62.62%（图 3 - 229），群体的平均体重是 80.1 g。

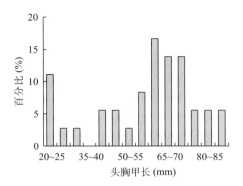

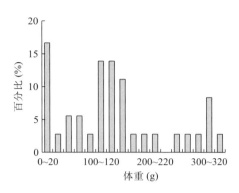

图 3 - 226　辽宁近海 8 月三疣梭子蟹头胸甲长分布　图 3 - 227　辽宁近海 8 月三疣梭子蟹体重分布

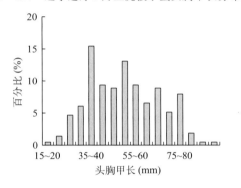

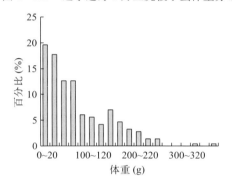

图 3 - 228　辽宁近海 10 月三疣梭子蟹头胸甲长分布　图 3 - 229　辽宁近海 10 月三疣梭子蟹体重分布

（二）体长与体重关系

三疣梭子蟹头胸甲长与体重关系为 $W = 2 \times 10^{-4} \times L^{3.1661}$ （图 3 - 230）。

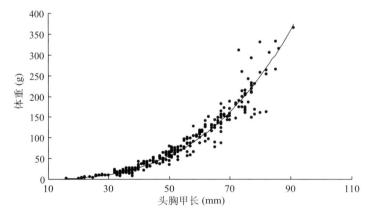

图 3 - 230　辽宁近海 2015 年三疣梭子蟹头胸甲长与体重关系

（三）生长繁殖习性

三疣梭子蟹雌雄两态个体大小差别不大，但腹部形状明显有别。雄性腹部为狭三角形，雌性腹部仔、幼蟹为等腰三角形，交尾后腹部变为椭圆形。所见未交尾雌蟹的最大个体头胸甲长为 57 mm，而已交尾雄蟹的最小个体头胸甲长为 51 mm。

不同海区和不同生活阶段的梭子蟹雌雄性别比差异较大。7—11 月近岸当年梭子蟹的索饵群体性别比大体相等；生殖季节的 4—6 月近岸产卵场雌性个体占绝对优势，一般可达 80%～90%，外海雄性个体占的比例较大，到 6 月上旬第二次产卵之前近岸雄性个体的比例明显地增多。

三疣梭子蟹的生殖活动分交尾和产卵两个阶段，秋汛 7—8 月是越年蟹交尾期；9—10 月是当年蟹的交尾期。至翌年春汛 4—6 月仍可捕到少量头胸甲长 13～49 mm 的越年的尚未交尾的幼蟹。交尾在雌蟹刚蜕皮后进行，交尾后的雌蟹大量摄食，性腺迅速发育成熟，至 11 月初离开近岸越冬洄游之前，卵巢即充满头胸甲的全部空间。不同大小个体的性腺重量可达体重的 7%～12%。

越冬后的三疣梭子蟹每年 4 月初向近岸洄游，4 月中旬生殖群体游至近岸河口附近产卵场，4 月下旬底层水温升至 12 ℃左右时，开始产卵，这时有 60% 以上的雌体均已抱卵，至 5 月下旬卵子由鲜艳的橘黄色逐渐变为褐色或黑灰色，5 月底至 6 月初第一次抱卵散籽孵化。第一次产卵以后，性腺再次迅速发育成熟，6 月中旬大部分个体开始第二次抱卵，至 6 月下旬卵块即变为褐黑色，并相继散籽孵化。抱卵孵化所需时间的长短明显与水温有关。三疣梭子蟹两次产卵开始的时间相隔约 40 d，而两次散籽孵化的时间相隔却不足 30 d，加之 7—8 月幼蟹生长迅速，两次出生的幼蟹个体大小虽有一定差异，但基本上是一次性补充。孵化后的幼体营浮游生活，经过 5 个溞状幼体期和一个大眼幼体期，即 6 次蜕皮完成幼体变态进入仔蟹期，第一次抱卵孵化后的幼体的发育变态期约为 30 d。

（四）摄食特征

三疣梭子蟹属广食性蟹类，以各种底栖动物和小型鱼类为食，主要类别为瓣鳃类、腹足类、多毛类和底栖甲壳类，其次为幼鱼、蛇尾类和头足类，有机碎屑和海藻碎片也有出现。春汛梭子蟹生殖季节摄食强度不大，空胃、残胃约占 67%，秋汛是梭子蟹的主要索饵肥育期，摄食强烈，半胃和饱胃占 60% 以上。

四、现存资源量

根据扫海面积法，2015 年春季 3 月三疣梭子蟹资源量为 0.23 kg/km²，5 月资源量为 1.73 kg/km²；夏季 6 月三疣梭子蟹资源量为 2.74 kg/km²，8 月资源量为 20.31 kg/km²；秋季 10 月资源量为 117.36 kg/km²。

第二十二节　日　本　蟳

一、种群与洄游

日本蟳（*Charybdis japonica*），隶属于十足目（Decapoda）梭子蟹科（Portnidae）蟳属（*Charybdis*），俗称花盖、赤甲红等，是暖温性、中型蟹类。在渤海、黄海、东海和南海均有分布。此外，在朝鲜半岛、日本近海也有出现。

日本蟳广泛分布于黄海、渤海近海，不作长距离洄游。春季，由较深水域向近岸各产卵场移动产卵，秋末返回较深水域越冬。

二、资源分布

2015 年春季 3 月日本蟳密度较低，平均资源密度为 0.01 kg/h，32 个有效拖网站位中仅 3 个站位出现日本蟳，出现频率为 9.38%（图 3 - 231）；5 月日本蟳密度稍高于 3 月，最高密度为 6.44 kg/h，位于大连老铁山水域，平均资源密度为 0.24 kg/h，出现频率为 25.71%

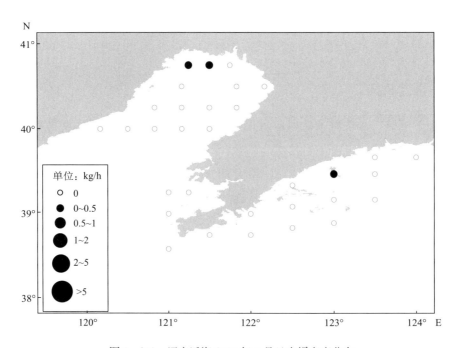

图 3 - 231　辽宁近海 2015 年 3 月日本蟳密度分布

（图 3 - 232）。夏季日本蝚分布重心位于辽东湾水域，6 月最高密度为 1.64 kg/h，平均资源密度为 0.15 kg/h，出现频率为 43.14%（图 3 - 233）；8 月最高密度为 2.96 kg/h，平均密度为 0.58 kg/h，出现频率为 55.10%（图 3 - 234）。秋季 10 月日本蝚的分布范围与夏季基本一致，出现频率为 53.57%，最高密度为 1.48 kg/h，平均资源密度为 0.22 kg/h（图 3 - 235）。

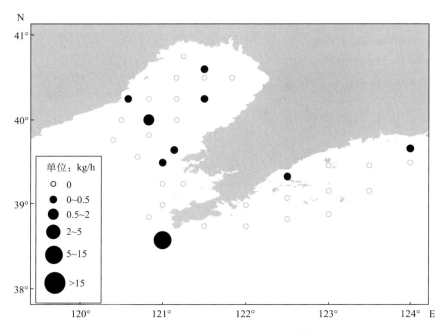

图 3 - 232　辽宁近海 2015 年 5 月日本蝚密度分布

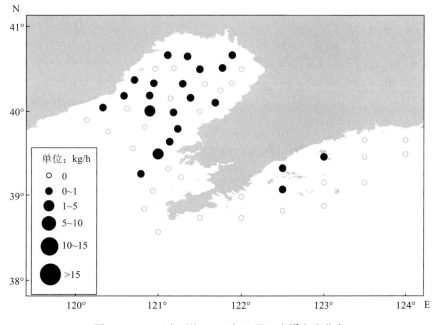

图 3 - 233　辽宁近海 2015 年 6 月日本蝚密度分布

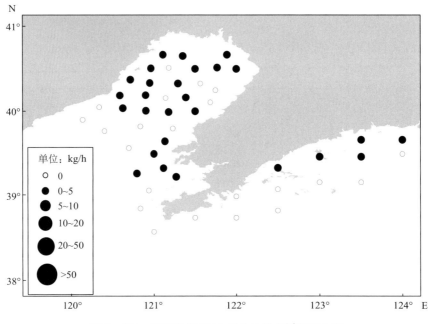

图 3-234　辽宁近海 2015 年 8 月日本蟳密度分布

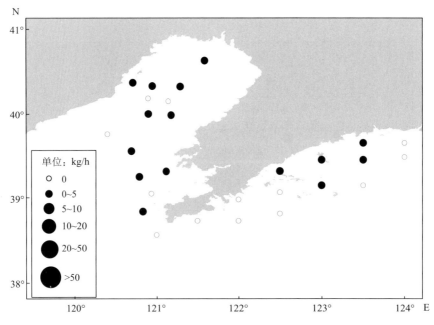

图 3-235　辽宁近海 2015 年 10 月日本蟳密度分布

三、生物学特征

（一）群体组成

3 月捕获日本蚵群体数量较少，平均头胸甲长为 32.4 mm，平均体重为 22.7 g，头胸甲长范围为 24～47 mm，体重范围为 7.1～61.9 g。

5 月捕获日本蚵群体数量也较少，平均头胸甲长为 37.7 mm，平均体重为 31.1 g，头胸甲长范围为 21～57 mm，体重范围为 5.7～98.9 g。

6 月日本蚵的头胸甲长范围为 16～56 mm，优势头胸甲长组为 25～35 mm 和 45～50 mm，占群体的 55.27%（图 3-236），群体的平均头胸甲长是 35.1 mm；群体的体重范围为 2.7～118.8 g，优势体重组为 2.7～20.0 g，占群体的 45.45%（图 3-237），群体的平均体重是 31.8 g。

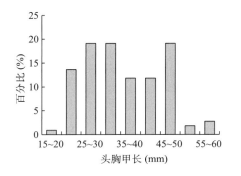
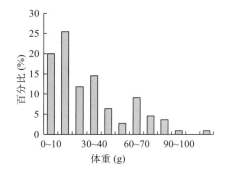

图 3-236　辽宁近海 6 月日本蚵头胸甲长分布　　图 3-237　辽宁近海 6 月日本蚵体重分布

8 月日本蚵头胸甲长范围为 20～59 mm，优势头胸甲长组为 30～40 mm，占群体的 54.29%（图 3-238），群体的平均头胸甲长是 38.3 mm；群体的体重范围为 3.8～110.7 g，优势体重组为 10～30 g，占群体的 53.57%（图 3-239），群体的平均体重是 33.8 g。

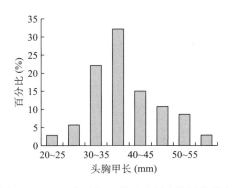
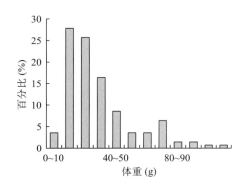

图 3-238　辽宁近海 8 月日本蚵头胸甲长分布　　图 3-239　辽宁近海 8 月日本蚵体重分布

10月日本蟳头胸甲长范围为 18～59 mm，优势头胸甲长组为 20～35 mm 和 45～50 mm，占群体的 66.67%（图 3-240），群体的平均头胸甲长是 36.8 mm；群体的体重范围为 3.0～113.4 g，优势体重组为 3.0～20.0 g，占群体的 42.86%（图 3-241），群体的平均体重是 35.4 g。

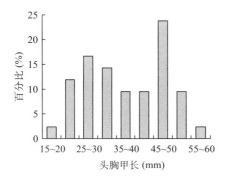

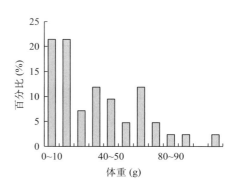

图 3-240　辽宁近海 10 月日本蟳头胸甲长分布　　图 3-241　辽宁近海 10 月日本蟳体重分布

（二）体长与体重关系

日本蟳头胸甲长与体重关系为 $W=7\times10^{-4}\times L^{2.9512}$（图 3-242）。

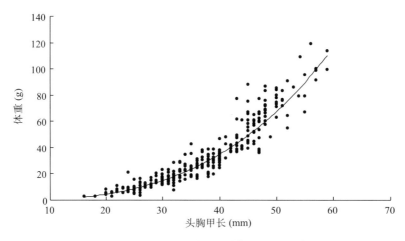

图 3-242　辽宁近海 2015 年日本蟳头胸甲长与体重关系

（三）生长繁殖习性

日本蟳属于多次抱卵，成熟卵类似于其他蟹类，呈球形或近球形，为中黄卵，卵具有初级卵膜。据实地调查与观察，日本蟳一般在抱卵前几小时或一两天内进行交配，交配的时间往往选择在晚上，交配后雄体把精荚留在了雌性的纳精囊内。在海区蟹笼作业时常捕到正在交配或交配前后不久的一雌一雄两性个体，渔民称之为"对蟹"。交配后两性分离，互不相顾，不久雌体就开始产卵。卵从卵巢中排出，与纳精囊中释放的精子在输卵管会合受精，然后通过生殖孔排出体外，再由腹部及腹肢的协助，受精卵黏附于第2～5对腹肢的刚毛上。

黄海北部及辽东湾海域盛产日本蟳，渔获物中常能见到两种体色明显不同的个体，一种头胸甲和附肢呈灰绿或青灰色，腹部为白色，俗称花盖；另一种体色暗红，尤其是头胸甲和附肢背面，俗称赤甲红。两种体色蟹形态相似，且线粒体和核糖体 DNA 序列高度相似。赤甲红多分布在岩礁、海藻丰富的区域，而花盖在泥沙底质区域分布较多，且随潮汐迁徙明显，活动范围更为广泛。这两种体色的蟹经常出现在同一海域。两种体色日本蟳均能正常抱卵，表明其体色并不与性成熟时期相对应。两种体色蟹5—6月间性腺发育速度虽有差异，但其性腺指数差异并没有达到显著性水平。因此，生活在同一海域两种体色的蟹间有可能进行交配。经试验证明两种体色的日本蟳间可以正常交配，且体色并不是日本蟳配偶选择的决定因素。

（四）摄食特征

日本蟳胃中各种食物的出现频率依次为甲壳类、硅藻类、绿藻类、鱼类和贝类。甲壳类（主要是虾类）是日本蟳的主要食物。日本蟳的摄食强度很小，摄食等级以 1 级为主，约占 55％，0 级占 38％，2 级仅占 7％，各月摄食等级相差不大，其雌雄性活动期间及生殖期间的摄食强度也无明显差异。

四、现存资源量

根据扫海面积法，2015 年春季 3 月日本蟳资源量为 0.27 kg/km²，5 月资源量为 8.46 kg/km²；夏季 6 月日本蟳资源量为 5.51 kg/km²，8 月资源量为 20.88 kg/km²；秋季 10 月资源量为 7.89 kg/km²。

第二十三节　枪乌贼

一、种群与洄游

黄海、渤海的枪乌贼主要有两个品种，一种是日本枪乌贼（*Loliolus japonnica*），另一种是火枪乌贼（*Loliolus beka*），两种枪乌贼外形相似，所以很难区分。黄海以日本枪乌贼为主，渤海则以火枪乌贼为主。日本枪乌贼分布在日本列岛周围的南、北海区；火枪乌贼分布在中国东海、南海、日本的南部海区以及印度尼西亚海区，但偏近岸。

黄海、渤海日本枪乌贼在 34°00′—37°00′ N、122°00′—124°00′ E，即黄海中部水深大于 50 m 的深水区越冬。越冬期为 12 月至翌年 2 月，越冬场底层水温为 7～10 ℃，盐度为 32～33，软泥底质。每年 3 月，越冬群体开始向黄、渤海各产卵场进行生殖洄游。一部分群体游向山东半岛南岸及海州湾一带水深 20 m 以内的浅水区产卵；主群向北越过成山头后再分为两支洄游：一支到黄海北部海洋岛渔场的碧流河口浅水区产卵；另一支一部分在烟威近岸海区产卵，另一部分于 5 月进入渤海，在莱州湾、秦皇岛附近海区等产卵场产卵。生殖期 4—6 月，5 月为产卵盛期，但渤海较黄海略晚些。产卵场底层水温最低值为 10 ℃，底层盐度为 31，亲体产卵后相继死亡。孵化的幼体在产卵场附近索饵生长，9—10 月当年生的群体分散索饵并逐渐向深水移动，广泛分布于黄海沿岸。11 月由各产卵场外泛的各支当年生群体，在石岛外海分布较密集，缓慢南移，12 月大部分群体已进入黄海中部深水区越冬，越冬群体密集。

渤海的火枪乌贼也在黄海越冬，越冬场可能在黄海北部。3 月火枪乌贼仅在渤海海峡附近零星出现，到 4 月则已遍布整个渤海，直至 11 月为止，分布范围很广。其产卵场主要分布在莱州湾、渤海湾、秦皇岛附近海区及渤海中部海区，在 38°00′—39°00′ N、119°30′—120°30′ E，水深小于 25 m 的浅水区。产卵时间持续较长，5—10 月均可发现产卵亲体，产卵盛期在 5 月中旬至 6 月中旬和 7 月中旬至 8 月中旬，形成两次产卵高峰。5—8 月各产卵场的底层水温在 14～27 ℃，底层盐度在 27.46～33.55。幼体在产卵场索饵生长，胴长大于 13 mm 的补充群体 9 月开始出现在渔获物中，此时分布在莱州湾的群体有向较深水域移动趋势，10—11 月又重新密布于整个莱州湾。12 月渤海再一次出现为数较多的补充群体。随着渤海水温的降低，群体数量明显下降，开始进入黄海越冬，但是 1 月在渤海中部较深水区仍可拖到少量火枪乌贼，直到 2 月才在渤海完全消失。

二、资源分布

2015 年春季 3 月枪乌贼密度较低，最高密度为 0.17 kg/h，平均资源密度为 0.01 kg/h，32 个有效拖网站位中 11 个站位出现枪乌贼，出现频率为 34.38%，主要分布在黄海北部（图 3 - 243）；5 月枪乌贼密度稍高于 3 月，最高密度为 0.63 kg/h，平均资源密度为 0.05 kg/h，出现频率为 34.29%，分布在黄海北部和辽东湾中南部水域（图 3 - 244）。夏季枪乌贼密度进一步提升，广泛分布于辽宁近海，6 月最高密度为 8.41 kg/h，位于黄海北部的东港沿岸水域，平均资源密度为 0.45 kg/h，出现频率为 60.78%（图 3 - 245）；8 月最高密度为 23.42 kg/h，平均密度为 4.03 kg/h，黄海北部枪乌贼的密度高于辽东湾水域,出现频率高达 87.76% (图 3 - 246)。秋季 10 月枪乌贼的分布范围与夏季基本一致,出现频率为 78.57%,最高密度为 9.57 kg/h,平均资源密度为 2.31 kg/h (图 3 - 247)。

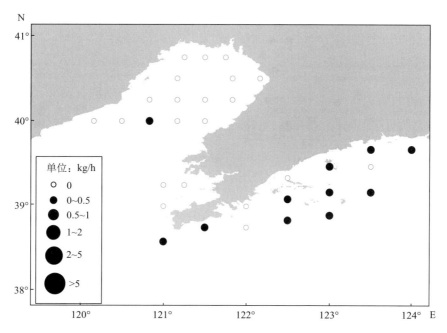

图 3 - 243　辽宁近海 2015 年 3 月枪乌贼密度分布

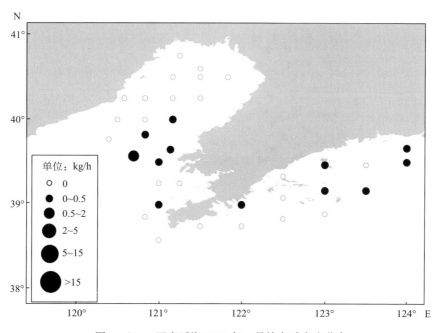

图 3 - 244　辽宁近海 2015 年 5 月枪乌贼密度分布

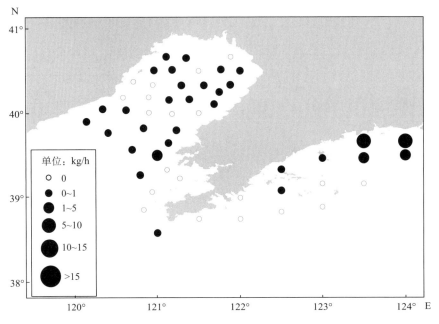

图 3-245　辽宁近海 2015 年 6 月枪乌贼密度分布

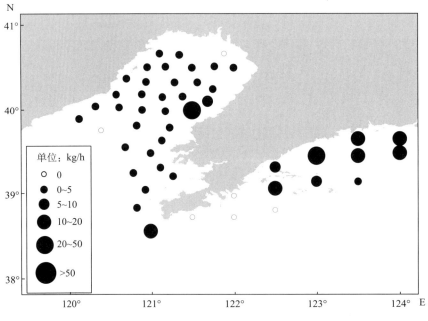

图 3-246　辽宁近海 2015 年 8 月枪乌贼密度分布

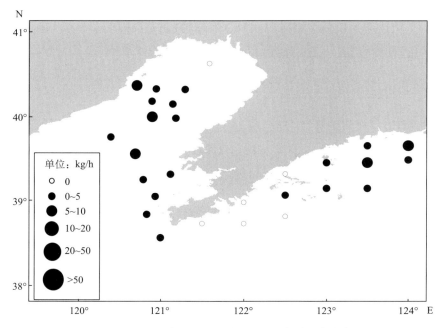

图 3 - 247　辽宁近海 2015 年 10 月枪乌贼密度分布

三、生物学特征

（一）群体组成

　　3 月捕获枪乌贼种群数量较少，平均胴长为 38.9 mm，平均体重为 3.9 g，胴长范围为 20～50 mm，体重范围为 1.2～8.4 g。

　　5 月枪乌贼的胴长范围为 33～89 mm，优势胴长组为 35～55 mm，占群体的 67.57%（图 3 - 248），群体的平均胴长是 51.4 mm；群体的体重范围为 2.3～33.7 g，优势体重组为 3.0～6.0 g，占群体的 54.05%（图 3 - 249），群体的平均体重是 8.7 g。

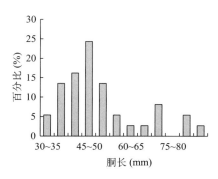

图 3 - 248　辽宁近海 5 月枪乌贼胴长分布

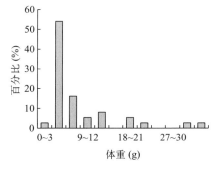

图 3 - 249　辽宁近海 5 月枪乌贼体重分布

6月枪乌贼的胴长范围为21～80 mm，优势胴长组为45～60 mm，占群体的65.59%（图3-250），群体的平均胴长是51.0 mm；群体的体重范围为1.3～30.4 g，优势体重组为3～12 g，占群体的79.76%（图3-251），群体的平均体重是8.5 g。

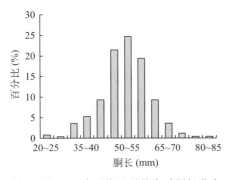

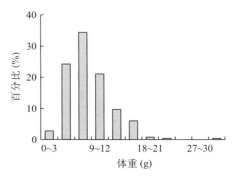

图3-250　辽宁近海6月枪乌贼胴长分布　　图3-251　辽宁近海6月枪乌贼体重分布

8月枪乌贼胴长范围为14～95 mm，优势胴长组为35～60 mm，占群体的76.91%（图3-252），群体的平均胴长是47.4 mm；群体的体重范围为0.9～39.5 g，优势体重组为3～9 g，占群体的66.12%（图3-253），群体的平均体重是7.2 g。

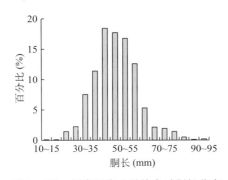

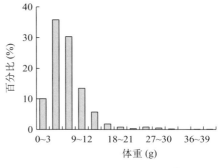

图3-252　辽宁近海8月枪乌贼胴长分布　　图3-253　辽宁近海8月枪乌贼体重分布

10月枪乌贼胴长范围为18～68 mm，优势胴长组为30～45 mm，占群体的67.04%（图3-254），群体的平均胴长是37.7 mm；群体的体重范围为0.7～16.1 g，优势体重组为2～6 g，占群体的72.54%（图3-255），群体的平均体重是3.7 g。

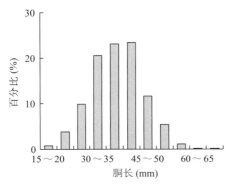

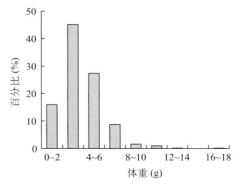

图3-254　辽宁近海10月枪乌贼胴长分布　　图3-255　辽宁近海10月枪乌贼体重分布

（二）体长与体重关系

枪乌贼胴长与体重关系为 $W = 1.2 \times 10^{-3} \times L^{2.2032}$（图 3 - 256）。

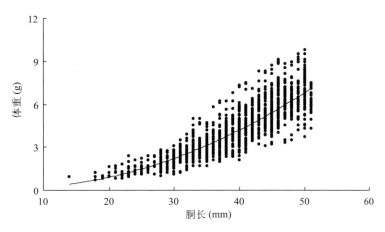

图 3 - 256　辽宁近海 2015 年枪乌贼胴长与体重关系

（三）生长繁殖习性

日本枪乌贼和火枪乌贼雌雄个体大小差异不大，生殖时先交配而后产卵，卵子分批成熟，分批产出。幼体为卵生，不经过任何幼虫阶段。卵子排出后为白色透明的棒状卵鞘所包被，鞘内含许多卵粒，许多棒状卵鞘常聚集在一起黏着于其他物体上，性腺发育雄体早于雌体。

黄海日本枪乌贼个体怀卵量在 3 300～9 200 粒，随个体大小而异，平均怀卵量为 5 100 粒。怀卵量与胴长、体重均呈正相关，但胴长与怀卵量的关系较体重与怀卵量的关系密切。黄海日本枪乌贼的性别比变化不太明显，从 10 月至翌年 1 月以及 4 月、5 月，雌雄性别比均接近 1∶1，仅 2 月、3 月雌体明显多于雄体，性别比约为 63∶37。

渤海火枪乌贼的生殖群体，4 月进入渤海后，胴长约为 53 mm 以上的较大个体主要在 5 月、6 月产卵，胴长 53 mm 以下的个体要继续生长，多数将于 7 月、8 月产卵，少数可能要到 9 月、10 月产卵。生命周期为 1 年，其性别比无明显变化，4—11 月雌雄性别比均接近 1∶1。

（四）摄食特征

黄海、渤海日本枪乌贼和火枪乌贼属于中下层游泳动物，为广食性种类，主要以糠虾、毛虾、太平洋磷虾、钩虾、桡足类和其他小型甲壳类以及鱼类的幼鱼为食。但它们的摄食率较低，各月空胃率特别高，一般都在 50% 以上，饱、半饱胃都在 20% 以下。

黄海日本枪乌贼的摄食强度以 11 月、12 月较低，空胃率均在 70% 以上，其中 2 月最低，饱、半饱胃仅占 3.9%。春季摄食强度较高，3 月空胃率占 54.9%，饱、半饱胃占

17.8%，为全年摄食强度最高的月。4月是雌体全年摄食强度最高的月份，空胃率占49.6%，饱、半饱胃占15.7%，这种状况正好与它的生长和性腺的发育是一致的。

渤海枪乌贼的摄食强度以7月、9月较高，空胃率均在70%以下，饱、半饱胃占15%以上。7月枪乌贼群体由当年生的日本枪乌贼补充群体和越年世代的火枪乌贼生殖群体组成；9月枪乌贼群体由当年生火枪乌贼补充群体和当年生的日本枪乌贼群体组成，所以这两个月群体生长或性腺发育较快，这种状况与它们摄食强度较高是一致的。除此而外，其他月摄食强度都较低，空胃率大都在80%以上，饱、半饱胃大都在5%以下。

在渤海枪乌贼的食物组成中，4—6月以糠虾、钩虾和其他小型甲壳类占优势，出现频率为89.3%，7—9月以幼鱼占优势，出现频率为74.5%，10—11月幼鱼出现频率为17.4%，桡足类、糠虾类和其他小型甲壳类出现频率为40.3%。

四、现存资源量

根据扫海面积法，2015年春季3月枪乌贼资源量为 0.51 kg/km²，5月资源量为 1.89 kg/km²；夏季6月枪乌贼资源量为 17.25 kg/km²，8月资源量为 144.98 kg/km²；秋季10月资源量为 83.01 kg/km²。

第二十四节　长、短蛸

一、种群与洄游

长、短蛸为长蛸（*Octopus cf. minor*）和短蛸（*Octopus fangsiao*）的统称，均隶属于八腕目（Octopoda）蛸科（Octopodidae）蛸属（*Octopus*），俗称章鱼、八爪鱼，是作短距离洄游移动的底栖头足类。在中国南北各海区均有分布，其中北部海区略多。春季长蛸多在低潮线以上活动，夏、秋两季多在潮间带中区，冬季则在潮下带深潜，具有短距离的生殖和越冬洄游习性。

二、资源分布

2015年春季3月，32个有效拖网站位中16个站位出现长、短蛸，高值站位分布在辽东湾北部水域，最高密度为 2.23 kg/h，平均资源密度为 0.30 kg/h（图 3 - 257）；5月出现频率为 71.43%，最高密度为 2.93 kg/h，位于东港沿岸水域，平均资源密度为 0.29 kg/h

（图 3-258）。夏季 6 月长、短蛸集中分布在辽东湾水域，出现频率为 64.71%，最高密度为 5.05 kg/h，平均资源密度为 0.48 kg/h（图 3-259）；8 月长、短蛸密度较 6 月低，出现频率为 42.86%，最高密度为 3.46 kg/h，平均资源密度为 0.29 kg/h（图 3-260）。秋季 10 月长、短蛸密度较夏季高，28 个有效拖网站位中 23 个站位出现长、短蛸，出现频率为 82.14%，最高密度为 18.51 kg/h，平均资源密度为 2.75 kg/h（图 3-261）。

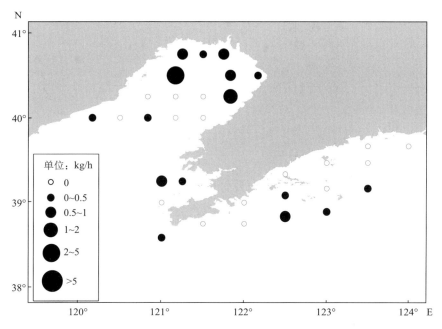

图 3-257　辽宁近海 2015 年 3 月长、短蛸密度分布

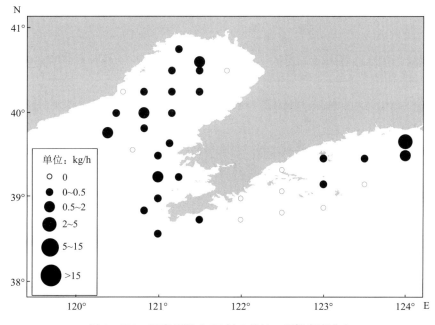

图 3-258　辽宁近海 2015 年 5 月长、短蛸密度分布

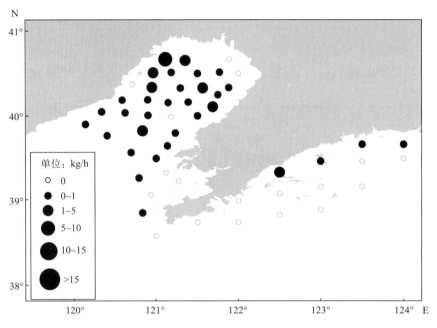

图 3-259　辽宁近海 2015 年 6 月长、短蛸密度分布

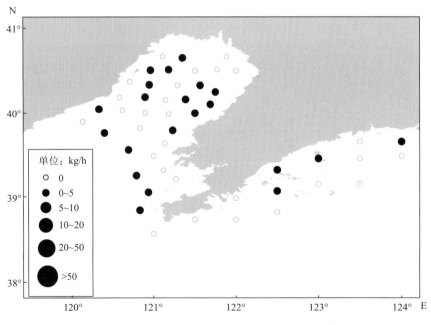

图 3-260　辽宁近海 2015 年 8 月长、短蛸密度分布

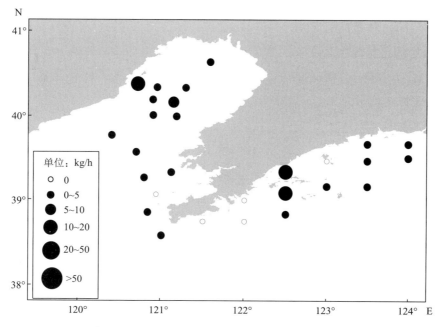

图 3-261　辽宁近海 2015 年 10 月长、短蛸密度分布

三、生物学特征

（一）群体组成

3 月长蛸的全长范围为 212～632 mm，优势全长组为 350～500 mm，占群体的 56.41%（图 3-262），群体的平均全长是 452.7 mm；群体的体重范围为 8.5～144.9 g，优势体重组为 20～60 g 和 70～80 g，占群体的 66.67%（图 3-263），群体的平均体重是 63.2 g。

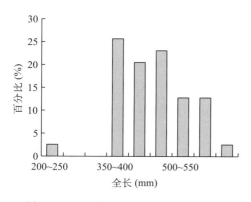

图 3-262　辽宁近海 3 月长蛸全长分布

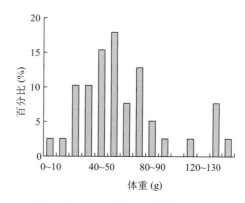

图 3-263　辽宁近海 3 月长蛸体重分布

3月捕获短蛸群体数量较少，平均全长为207.9 mm，平均体重为45.9 g，全长范围为160～253 mm，体重范围为20.5～65.4 g。

5月长蛸的全长范围为232～600 mm，优势全长组为300～350 mm，占群体的24.14%（图3-264），群体的平均全长是367.4 mm；群体的体重范围为4.3～208.1 g，优势体重组为4.3～20.0 g，占群体的55.17%（图3-265），群体的平均体重是42.1 g。

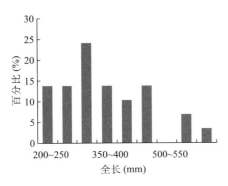

图3-264　辽宁近海5月长蛸全长分布　　　图3-265　辽宁近海5月长蛸体重分布

5月捕获短蛸群体数量较少，平均全长为195.0 mm，平均体重为36.3 g，全长范围为146～254 mm，体重范围为21.0～63.1 g。

6月长蛸的全长范围为172～1 170 mm，优势全长组为250～400 mm，450～500 mm和550～600 mm，占群体的61.17%（图3-266），群体的平均全长是447.6 mm；群体的体重范围为4.6～296.4 g，优势体重组为4.6～20.0 g，占群体的47.57%（图3-267），群体的平均体重是68.3 g。

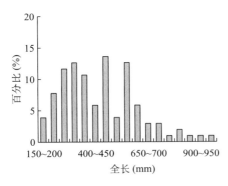

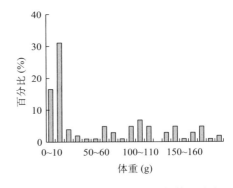

图3-266　辽宁近海6月长蛸全长分布　　　图3-267　辽宁近海6月长蛸体重分布

6月捕获短蛸群体数量较少，平均全长为202.5 mm，平均体重为30.3 g，全长范围为90～366 mm，体重范围为4.5～67.6 g。

8月长蛸全长范围为 151～810 mm，优势全长组为 350～450 mm，500～550 mm 和 600～650 mm，占群体的 60.00%（图 3 - 268），群体的平均全长是 447.4 mm；群体的体重范围为 3.8～172.4 g，优势体重组为 20～50 g，占群体的 40.00%（图 3 - 269），群体的平均体重是 56.1 g。

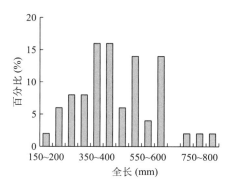

图 3 - 268　辽宁近海 8 月长蛸全长分布　　　图 3 - 269　辽宁近海 8 月长蛸体重分布

8月捕获短蛸群体数量较少，平均全长为 133.4 mm，平均体重为 15.3 g，全长范围为 59～285 mm，体重范围为 2.8～69.4 g。

10月长蛸全长范围为 285～825 mm，优势全长组为 500～600 mm，占群体的 46.67%（图 3 - 270），群体的平均全长是 534.0 mm；群体的体重范围为 11.8～215.1 g，优势体重组为 50～70 g、90～110 g 和 130～150 g，占群体的 57.78%（图 3 - 271），群体的平均体重是 113.0 g。

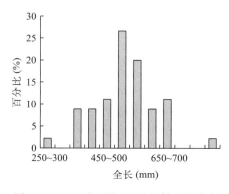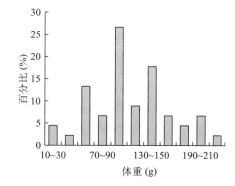

图 3 - 270　辽宁近海 10 月长蛸全长分布　　　图 3 - 271　辽宁近海 10 月长蛸体重分布

10月短蛸全长范围为 113～297 mm，优势全长组为 170～250 mm，占群体的 75.00%（图 3 - 272），群体的平均全长是 207.6 mm；群体的体重范围为 9.1～124.7 g，优势体重组为 20～50 g，占群体的 64.38%（图 3 - 273），群体的平均体重是 45.7 g。

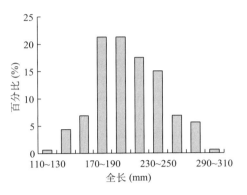

图 3 - 272　辽宁近海 10 月短蛸全长分布

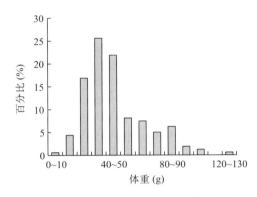

图 3 - 273　辽宁近海 10 月短蛸体重分布

（二）体长与体重关系

长蛸全长与体重关系为 $W=2\times10^{-6}\times L^{2.794\,6}$（图 3 - 274）。

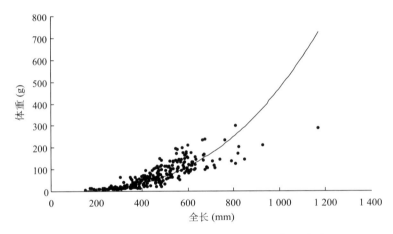

图 3 - 274　辽宁近海 2015 年长蛸全长与体重关系

（三）生长繁殖习性

长蛸为雌雄异体、异形，行体内受精。雄性右侧第三腕茎化，性成熟已交配的雄蛸茎化腕逐步萎缩退化。长蛸在 6 月初自然产卵，产卵前 10 d 左右长蛸逐渐停止摄食，产卵期及孵化期一直不进食。分 2～3 批产卵，总产卵量 100～200 粒/只，卵呈乳白色长葡萄状。

人工养殖条件下，长蛸交配水温为 23～26 ℃，盐度为 28～35。交配时雄性个体在雌性个体的上方或侧旁，将茎化腕插入雌性个体外套膜内，由漏斗吐出乳白色、4 cm 左右的线状精荚，精荚沿茎化腕吸盘借助漏斗喷水进入雌蛸外套膜腔内，完成交配过程。交配后，精子储存于输卵管腺中，交配时间一般约 40 min。通常亲蛸进行一对一交配，但在人工培育条件下，由于密度较大，重复交配、一雌多雄交配、一雄多雌交配现象经常发生，常导致亲蛸受伤甚至死亡。因此，人工养殖条件下，控制好雌、雄个体交配的时间与比例是十分重要的。

在天然海区长蛸主要营底栖生活，为沿岸底栖种类，其多利用腕足在海底爬行，也能凭借漏斗喷水的反作用短暂游行于底层海水中。其生活场所多为泥底，少数为沙泥底或礁石底。长蛸可用其腕足挖洞栖居，尤其在其繁殖季节。天然海区长蛸多将卵产在自挖的洞中孵化，少数产在礁石缝隙及海螺壳中。

（四）摄食特征

长蛸以蟹类、虾类、贝类和底栖鱼类为食，最喜摄食蟹类，其次是虾蛄，而各种贝类如贻贝、扇贝、文蛤等摄食很少，小杂鱼则基本不吃。其摄食凶猛，通常在夜间进行摄食活动，遇敌害或受到惊扰时会喷射墨状液体掩护其逃走。

四、现存资源量

根据扫海面积法，2015 年春季 3 月长、短蛸资源量为 10.80 kg/km²，5 月资源量为 10.37 kg/km²；夏季 6 月长、短蛸资源量为 17.32 kg/km²，8 月资源量为 10.52 kg/km²；秋季 10 月资源量为 98.83 kg/km²。

第四章
鸭绿江河口区渔业资源

第一节　调查与研究方法

一、调查时间与调查方法

于 2015 年和 2016 年开展两个年度的鸭绿江河口区渔业资源调查，其中 2015 年度鸭绿江河口区渔业资源调查采用单船底拖网，于 5 月至翌年 4 月每月进行一次调查，共计 12 个航次，调查范围为鸭绿江丹东段河口区，调查网具为单船有翼单囊拖网，扫海宽度约 4 m，囊网网目 10 mm，拖速控制在 2.0 kn，拖速均匀，每站拖网时间为 0.5 h。

2016 年 5—11 月，采用吊挂舷张网（俗称"挑网"）的方式开展调查，船两舷各一块网，水平网口 10 m，垂直网口 4 m，网衣长约 20 m，囊网网目约 5 mm，网口固定于船舷两侧长 12 m的横杆上。调查每月 1 次，每次连续收集 24 h 共计 3 个潮流的渔获物，共计 7 个航次。

二、站位布设

2015 年 5 月至 2016 年 4 月在鸭绿江口布设了 3 个拖网站点，2016 年 5 月至 11 月布设舷张网站位 1 个（图 4 - 1）。因 2 月为河口水域浮冰较多，渔船未能出海作业，以及拖网过程中遇到障碍物等情况，2015 年 5 月至 2016 年 4 月共计完成 32 个有效拖网站次；2016 年 5—11 月的定置网采样，共计 7 个航次，每航次设置一个站位，共计完成 7 个有效站位。

三、数据处理与评价

（一）数据标准化

拖网调查采集的渔获生物量和尾数标准化计量单位分别为 kg/h 和个/h。

图 4 - 1　鸭绿江河口区调查站位

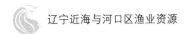

舷张网采集的渔获生物量和尾数换算成网口面积为 100 m² 的丰度，采样时间为 24 h。

（二）优势种

优势种的确定采用群聚综合丰盛度（卢继武，1992）：

$$A_S = (W \times N)^{1/2}$$

式中：A_S 为群聚综合丰盛度；N 为尾数；W 为体质量。取单种 A_S 占渔获总种类之和比例超过 5% 的种类作为鸭绿江口水域各航次或采样站点的优势种。

（三）群落多样性

生物多样性特征分析主要采用物种丰富度指数（D）、物种多样度指数（H'）和物种均匀度指数（J'）。

生物多样性特征计算公式如下：

物种丰富度指数 D（Margaler，1958）：

$$D = \frac{S-1}{\log_2 N}$$

多样性指数 H'（Shannon-Wiener，1963）：

$$H' = -\sum_{i=1}^{S} P_i \cdot \log_2 P_i$$

式中：S——种类数；

$\quad\quad N$——生物量或总密度；

$\quad\quad P_i$——第 i 种占总生物量或总密度的比例。

均匀度指数（Pielou，1966）：

$$J' = \frac{H'}{\log_2 S}$$

式中：S——样方中的种类数；

$\quad\quad H'$——多样性指数。

第二节　拖网调查

一、种类组成

2015 年 5 月至 2016 年 4 月，11 个月共计捕获渔业生物 35 种，隶属于 10 目、19 科、

32 属，其中鱼类 26 种，隶属于 9 目、14 科、24 属；虾类 5 种，隶属于 1 目、3 科、5属；蟹类 4 种，隶属于 1 目、2 科、3 属，未采集到头足类（表 4-1）。

表 4-1　鸭绿江河口区拖网调查渔业生物种类名录

序号	种类	拉丁名
1	赤鼻棱鳀	*Thrissa kammalensis* Bleeker
2	凤鲚	*Coilia mystus* Linnaeus
3	刀鲚	*Coilia nasus* Schlegel
4	鳊	*Parabramis pekinensis*（Basilewsky）
5	鲫	*Carassius auratus* Linnaeus
6	北方花鳅	*Cobitis granoei* Rendahl
7	鲇	*Silurus asotus* Linnaeus
8	池沼公鱼	*Hypomesus olidus* Pallas
9	安氏新银鱼	*Neosalanx anderssoni* Rendahl
10	鲅	*Liza haematocheila* Temminck et Schlegel
11	鲬	*Platycephalus indicus* Linnaeus
12	松江鲈	*Trachidermus fasciatus* Heckel
13	花杜父鱼	*Cottus poecilopus* Heckel
14	绯䲗	*Callionymus beniteguri* Jordan et Snyder
15	暗缟鰕虎鱼	*Tridentiger obscurus* Temminck et Schlegel
16	普氏缰鰕虎鱼	*Amoya pflaumi* Bleeker
17	裸项蜂巢鰕虎鱼	*Favonigobius gymnauchen* Bleeker
18	波氏栉鰕虎鱼	*Ctenogobius cliffordpopei*（Nichols）
19	对马阿匍鰕虎鱼	*Aboma tsushimae* Jordan et Snyder
20	矛尾刺鰕虎鱼	*Acanthogobius hasta*（Temminck et Schlegel）
21	蝌蚪鰕虎鱼	*Lophiogobius ocellicauda* Gunther
22	矛尾鰕虎鱼	*Chaeturichthys stigmatias* Richardson
23	尾纹裸头鰕虎鱼	*Chaenogobius annularis* Gill
24	红狼牙鰕虎鱼	*Odontamblyopus rubicundus*（Hamihon）
25	钝吻黄盖鲽	*Pseudopleuronectes yokohamae* Gunther
26	窄体舌鳎	*Cynoglossus gracilis* Gunther
27	中华安乐虾	*Eualus sinensi* Yu
28	长额七腕虾	*Heptacarpus pandaloides* Stimpson
29	脊腹褐虾	*Crangon affinis* Haan
30	脊尾白虾	*Exopalaemon carinicauda* Holthuis
31	葛氏长臂虾	*Palaemon gravieri* Yu, 1930
32	中华虎头蟹	Orithyia sinica Linnaeus
33	中华绒螯蟹	*Eriocheir sinensis* H. Milne-Edwards
34	中华近方蟹	*Hemigrapsus sinensis* Rathbun
35	绒毛近方蟹	*Hemigrapsus penicillatus*（De Haan）

采集到的渔业资源种类数的月变化，春季末至秋季（5 月至 10 月）种类数较多，种类数最高为 7 月和 9 月，均为 16 种；冬季至春季（11 月至翌年 4 月）种类数较少，种类数最少为 11 月，有 5 种（图 4-2）。

在渔业资源种类数的空间变化上，S3 站点采集的种类数最多，为 26 种，表现为以海洋性、洄游性及河口定居性种类数为主，如赤鼻棱鳀、刀鲚、凤鲚、鲬、鰕虎鱼科、葛氏长臂虾、脊腹褐虾和中华绒螯蟹等，淡水鱼类仅鲫出现在该站，鳊、池沼公鱼、北方花鳅和鲇均未捕获；S1 和 S2 站点采集的种类数相同，均为 19 种，表现为淡水种类增多，而海洋性种类减少，如钝吻黄盖鲽、鲬等（图 4 - 3）。

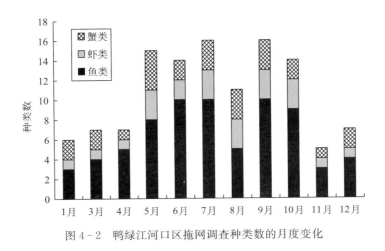

图 4 - 2　鸭绿江河口区拖网调查种类数的月度变化

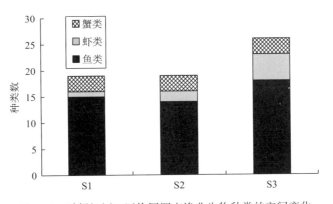

图 4 - 3　鸭绿江河口区拖网调查渔业生物种类的空间变化

二、优势种

鸭绿江河口区拖网调查，出现频率最高的前 5 位依次为中华绒螯蟹、脊尾白虾、松江鲈、斑尾复鰕虎鱼和鲫，分别占 32 个有效站次的 90.63%、65.63%、65.63%、46.88% 和 28.13%。重量百分比前 5 位分别是绒毛近方蟹、中华绒螯蟹、斑尾复鰕虎鱼、脊尾白虾和尾纹裸头鰕虎鱼，其值分别为 32.90%、15.35%、13.02%、10.09 % 和 4.36%。尾数百分比前 5 位分别是绒毛近方蟹、脊腹褐虾、脊尾白虾、尾纹裸头鰕虎鱼和中华绒螯蟹，其值分别为 31.82％、26.85％、22.22％、5.52％和 4.21％。

据综合丰盛度计算，鸭绿江河口区鱼类群落优势种共计 14 种，分别是松江鲈、斑尾复鰕虎鱼、鮻、鲫、尾纹裸头鰕虎鱼、蝌蚪鰕虎鱼、刀鲚、绯䲗、鳊、波氏栉鰕虎鱼、对马阿匍鰕虎鱼、凤鲚、矛尾鰕虎鱼和普氏栉鰕虎鱼（表 4-2）。

表 4-2　鸭绿江河口区拖网调查鱼类优势种（％）

种类	1 月	3 月	4 月	5 月	6 月	7 月	8 月	9 月	10 月	11 月	12 月
松江鲈	8.4		10.4	53.1	10.7	11.1	7.5	18.6	7.9		17.7
斑尾复鰕虎鱼		78.2	14.7		7.3	20.6	6.8	25.7	38.5		
鮻	66.4	8.6	50.7							35.7	64.0
鲫	25.2				6.1					28.1	12.8
尾纹裸头鰕虎鱼					26.7	40.9	81.5	45.0			
蝌蚪鰕虎鱼		12.4	15.7						33.6		
刀鲚			8.6	5.6							
绯䲗					14.7						5.5
鳊									36.2		
波氏栉鰕虎鱼					7.8						
对马阿匍鰕虎鱼						17.0					
凤鲚					19.7						
矛尾鰕虎鱼									14.8		
普氏栉鰕虎鱼				32.1							

注：优势种为综合丰盛度比例＞5％的种类。

出现次数最多的优势种是松江鲈，11 个月共计出现 9 次，其次为斑尾复鰕虎鱼，出现 7 次，鮻、鲫和尾纹裸头鰕虎鱼作为优势种分别出现 5 次、4 次和 4 次，11 个月调查仅在一个月作为优势种出现的种类有 6 种，分别为鳊、波氏栉鰕虎鱼、对马阿匍鰕虎鱼、凤鲚、矛尾鰕虎鱼和普氏栉鰕虎鱼。

无脊椎动物群落优势种共计 5 种，分别是中华绒螯蟹、脊尾白虾、绒毛近方蟹、脊腹褐虾和中华近方蟹。出现次数最多的优势种是中华绒螯蟹，11 个月共计出现 10 次，其次为脊尾白虾和绒毛近方蟹，均出现 6 次，中华近方蟹仅在 1 个月作为优势种出现（表 4-3）。

表 4-3　鸭绿江河口区拖网调查无脊椎动物优势种（％）

种类	1 月	3 月	4 月	5 月	6 月	7 月	8 月	9 月	10 月	11 月	12 月
中华绒螯蟹	90.0	94.9	41.4	30.4	5.0	14.4		5.5	9.2	99.6	92.7
脊尾白虾	6.4		58.6	29.7			11.5	56.4	15.9		
绒毛近方蟹				29.7	91.8	76.5	79.7	30.2	5.5		
脊腹褐虾							5.0	5.7	66.5		
中华近方蟹				5.6							

注：优势种为综合丰盛度比例＞5％的种类。

三、资源密度的时空分布

鸭绿江河口区拖网调查，鱼类月平均资源密度为 3.02 kg/h，最高月为 10 月，其值为 12.34 kg/h，主要种类为斑尾复虾虎鱼和蝌蚪虾虎鱼，分别占资源密度的 57.04% 和 18.07；其次为 4 月，为 5.54 kg/h，主要种类为鲅，占资源密度的 48.94%；资源密度最低月为 12 月，其值为 0.41 kg/h（图 4 - 4）。

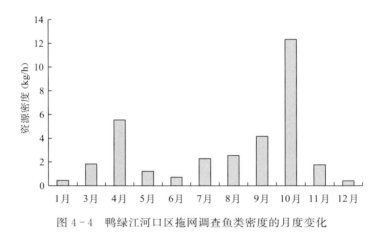

图 4 - 4　鸭绿江河口区拖网调查鱼类密度的月度变化

空间分布上，3 个采样站位的鱼类月平均资源密度为 1.01 kg/h，最高资源密度为 S3 站位，为 1.65 kg/h，主要种类有鲅、松江鲈和鳊，分别占资源密度的 48.09%、12.65% 和 9.13%；S2 站位资源密度居中，其值为 0.75 kg/h，主要种类有斑尾复虾虎鱼和松江鲈，分别占该站资源密度的 62.11% 和 8.31%；最低资源密度为 S1 站位，为 0.63 kg/h，主要种类有斑尾复虾虎鱼、尾纹裸头虾虎鱼、蝌蚪虾虎鱼和矛尾虾虎鱼，分别占该站资源密度的 36.18%、18.92%、14.41% 和 9.42%（图 4 - 5）。

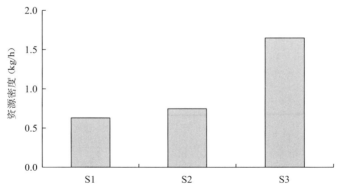

图 4 - 5　鸭绿江河口区拖网调查鱼类密度的空间分布

　　11 个月的拖网调查，无脊椎动物的月平均资源密度为 5.30 kg/h，其中虾类 1.11 kg/h，蟹类 4.19 kg/h。无脊椎动物资源密度最高月为 9 月，其值为 14.74 kg/h，主要种有脊尾白虾、绒毛近方蟹和中华绒螯蟹，分别占资源密度的 40.80％、36.42％和 16.62％；其次为 8 月，资源密度为 10.87 kg/h，主要种有绒毛近方蟹和脊尾白虾，分别占资源密度的 87.05％和 5.98％；资源密度最低月为 1 月，其值为 0.48 kg/h，主要种为中华绒螯蟹，占资源密度的 96.06％（图 4-6）。

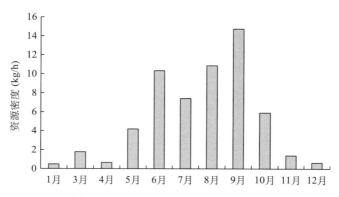

图 4-6　鸭绿江河口区拖网调查无脊椎动物密度的月度变化

　　空间分布上，3 个采样站位的无脊椎动物月平均资源密度为 1.78 kg/h，最高资源密度为 S3 站位，为 3.23 kg/h，主要种类为绒毛近方蟹和中华虎头蟹，分别占该站资源密度的 77.73％和 4.88％；其次为 S2 站，其资源密度为 1.17 kg/h，主要种类有中华绒螯蟹和脊尾白虾，分别占资源密度的 47.31％和 37.16％；最低资源密度为 S1 站位，为 0.94 kg/h，主要种类有脊尾白虾和中华绒螯蟹，分别占该站资源密度的 38.76％和 58.12％（图 4-7）。

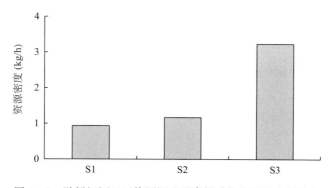

图 4-7　鸭绿江河口区拖网调查无脊椎动物密度的空间分布

四、多样性指数

　　多样性指数以生物量计，丰富度指数均值为 0.76，以 9 月最高，为 1.04，以 11 月最低，为 0.43；多样性指数均值为 1.06，以 8 月最高，为 1.35，以 11 月最低，为 0.77；均匀度指数均值为 0.62，以 1 月最高，为 0.78，以 6 月最低，为 0.43。

丰富度指数均值为 1.10，以 5 月最高，为 1.42，以 4 月最低，为 0.83；多样性指数以尾数计，多样性指数均值为 0.95，以 8 月最高，为 1.22，以 11 月最低，为 0.66；均匀度指数均值为 0.57，以 4 月最高，为 0.78，以 9 月最低，为 0.33（表 4 - 4）。

表 4 - 4　鸭绿江河口区拖网调查渔业资源生物多样性指数

类别	指数	1月	3月	4月	5月	6月	7月	8月	9月	10月	11月	12月
重量	D	0.56	0.63	0.52	0.98	0.86	0.99	0.87	1.04	0.87	0.43	0.62
	H'	1.01	0.84	1.08	1.26	0.80	1.06	1.35	1.23	1.31	0.77	0.99
	J'	0.78	0.52	0.73	0.63	0.43	0.51	0.71	0.55	0.64	0.57	0.73
尾数	D	1.07	1.11	0.83	1.42	1.11	1.26	1.02	1.19	1.07	0.91	1.12
	H'	0.96	0.93	1.04	1.06	0.76	1.16	1.22	0.77	0.92	0.66	0.96
	J'	0.76	0.58	0.78	0.54	0.41	0.56	0.63	0.33	0.48	0.50	0.68

第三节　舷张网调查

一、种类组成

2016 年舷张网调查，共计捕获渔业生物 74 种，其中鱼类（包括圆口纲）56 种，隶属于 15 目、29 科、50 属；虾类（包括口足目和糠虾目）13 种，隶属于 3 目、9 科、10 属；蟹类 4 种，隶属于 1 目、3 科、3 属；头足类 1 种，隶属于 1 目、1 科（表 4 - 5）。

表 4 - 5　鸭绿江河口水域舷张网调查渔业生物种类名录（2016 年）

序号	种类名	拉丁名
1	东北七鳃鳗	*Lampetra morii* Berg
2	星康吉鳗	*Conger myriaster*（Brevoort）
3	青鳞小沙丁鱼	*Sardinella zunasi*（Bleeker）
4	斑鰶	*Konosirus punctatus* Temminck et Schlegel
5	鳀	*Engraulis japonicus* Sehlegel et Schlegel
6	黄鲫	*Setipinna taty* Cuvier et Valenciennes
7	赤鼻棱鳀	*Thrissa kammalensis* Bleeker
8	中颌棱鳀	*Thrissa mystax* Bloch et schneider
9	凤鲚	*Coilia mystus* Linnaeus
10	刀鲚	*Coilia nasus* Schlegel

（续）

序号	种类名	拉丁名
11	草鱼	*Ctenopharyngodon idellus* Cuvier et valenciennes
12	鲫	*Carassius auratus* Linnaeus
13	鲢	*Hypophthalmichthys molitrix* (Cuvier et valenciennes)
14	北方条鳅	*Nemachilus nudus* Bleeker
15	泥鳅	*Misgurnus anguillicaudatus* (Cantor)
16	大鳞副泥鳅	*Paramisgurnus dabryanus* Sauvage
17	鲇	*Silurus asotus* Linnaeus
18	亚洲公鱼	*Hypomesus transpacificus nipponensis* McAllister
19	池沼公鱼	*Hypomesus olidus* Pallas
20	安氏新银鱼	*Neosalanx anderssoni* (Rendahl)
21	中国大银鱼	*Protosalanx hyalocranius* (Abbott)
22	有明银鱼	*Salanx ariakensis* Kishinoiye
23	大头鳕	*Gadus macrocephalus* Tilesius
24	黄鮟鱇	*Lophius litulon* (Jordan)
25	鲛	*Liza haematocheila* (Temminck et Schlegel)
26	尖嘴柱颌针鱼	*Strongylura anastomella* (Valenciennes)
27	日本下鱵鱼	*Hyporhamphus sajori* (Temminck et Schlegel)
28	尖海龙	*Syngnathus acus* Linnaeus
29	许氏平鲉	*Sebastes schlegeli* Valenciennes
30	鲬	*Platycephalus indicus* (Linnaeus)
31	松江鲈	*Trachidermus fasciatus* Heckel
32	棘头梅童鱼	*Collichthys lucidus* (Richardson)
33	皮氏叫姑鱼	*Johnius belengeri* (Cuvier)
34	小黄鱼	*Larimichthys polyactis* (Bleeker)
35	方氏云鳚	*Enedrias fangi* Wang et Wang
36	绯䲗	*Callionymus beniteguri* Jordan et Snyder
37	短鳍䲗	*Callionymus kitaharae* Jordan et Seale
38	李氏䲗	*Repomucenus richardsoni* (Bleeker)
39	髭缟鰕虎鱼	*Tridentiger barbatus* (Gunther)
40	纹缟鰕虎鱼	*Tridentiger trigonocephalus* (Gill)
41	波氏栉鰕虎鱼	*Ctenogobius cliffordpopei* (Nichols)
42	对马阿匍鰕虎鱼	*Aboma tsushimae* Jordan et Snyder
43	长体刺鰕虎鱼	*Acanthogobius elongata* (Fang)
44	矛尾刺鰕虎鱼	*Acanthogobius hasta* (Temminck et Schlegel)
45	蝌蚪鰕虎鱼	*Lophiogobius ocellicauda* Gunther
46	矛尾鰕虎鱼	*Chaeturichthys stigmatias* Richardson

（续）

序号	种类名	拉丁名
47	肉犁克丽鰕虎鱼	*Chloea sarchynnis* Jordan et Snyder
48	尾纹裸头鰕虎鱼	*Chaenogobius annularis* Gill
49	红狼牙鰕虎鱼	*Odontamblyopus rubicundus* (Hamihon)
50	小头栉孔鰕虎鱼	*Ctenotrypauchen microcephalus* (Bleeker)
51	东带鱼	*Trichiurus japonicus* Temminck et Schelegel
52	蓝点马鲛	*Scomberomorus niphonius* (Cuvier et Valenciennes)
53	乌鳢	*Ophiocephalus argus* Cantor
54	钝吻黄盖鲽	*Pseudopleuronectes yokohamae* (Gunther)
55	半滑舌鳎	*Cynoglossus semilaevis* Gunther，1873
56	红鳍东方鲀	*Takifugu rubripes* (Temminck et Schlegel)
57	长额刺糠虾	*Acanthomysis longirostris* Li
58	口虾蛄	*Oratosguilla oratoria* (De Haan)
59	中国毛虾	*Acetes chinensis* Hansen
60	短脊鼓虾	*Alpheus acutocarinatus* De Man
61	日本鼓虾	*Alpheus japonicus* Miers
62	脊腹褐虾	*Crangon affinis* Haan
63	脊尾白虾	*Exopalaemon carinicauda* (Holthuis)
64	葛氏长臂虾	*Palaemon gravieri* Yu
65	巨指长臂虾	*Palaemon macrodactylus* Rathbon
66	锯齿长臂虾	*Palaemon serrifer* Stimpson
67	细螯虾	*Leptochela gracilis* Stimpson
68	哈氏美人虾	*Callianassa harmandi* Bouvier
69	伍氏蝼蛄虾	*Upgoebia wuhsienweni* Yu
70	中华虎头蟹	*Orithyia sinica* Linnaeus
71	三疣梭子蟹	*Portunus trituberculatus* Miers
72	中华近方蟹	*Hemigrapsus sinensis* Rathbun
73	绒毛近方蟹	*Hemigrapsus penicillatus* (de Haan)
74	火枪乌贼	*Loliolus beka* Sasaki

56 种鱼类（包括圆口纲的东北七鳃鳗），以鲈形目种类数最多，8 科、19 属、22 种；其次为鲱形目，2 科、6 属、8 种；鳗鲡目、鲇形目、鳕形目、鮟鱇目、鲻形目、刺鱼目、鲀形目均采集到 1 种。按其生态类型可分为淡水鱼类，包括东北七鳃鳗、草鱼、鲫、鲢、北方条鳅、泥鳅、鮎、亚洲公鱼等；洄游性鱼类，包括刀鲚、凤鲚和松江鲈；河口定居性鱼类，包括大银鱼、有明银鱼、安氏新银鱼、鲅、日本下鱵鱼、鰕虎鱼科鱼类等；海洋性鱼类，如星康吉鳗、青鳞小沙丁鱼、鲲、黄鲫、大头鳕、黄鮟鱇、小黄鱼、蓝点马鲛、半滑舌鳎等。

13 种虾类（包括糠虾目）主要有长额刺糠虾、脊尾白虾、日本鼓虾、中国毛虾、葛氏长臂虾、脊腹褐虾等。

4 种蟹类为中华虎头蟹、三疣梭子蟹、中华近方蟹和绒毛近方蟹。

1 种头足类为火枪乌贼。

采集到的渔业资源种类数的月度变化无明显趋势，10 月种类数相对较高，为 38 种，其中鱼类 25 种，虾类 10 种，蟹类 2 种，头足类 1 种；6 月采集的渔业生物种类数最低，为 21 种，其中鱼类 14 种，虾类 5 种，蟹类 2 种（图 4-8）。

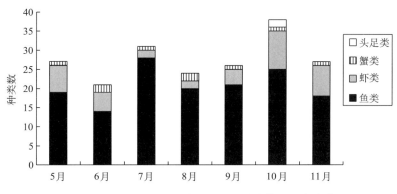

图 4-8　鸭绿江河口区舷张网调查种类数的月度变化

二、优势种

2016 年舷张网调查出现频率最高的前 6 位依次是脊尾白虾、松江鲈、斑尾复鰕虎鱼、红狼牙鰕虎鱼、蝌蚪鰕虎鱼和纹缟鰕虎鱼，其中脊尾白虾和松江鲈在 7 个月调查均出现，其余 4 种鱼类均出现在 6 个月。重量百分比前 5 位分别是脊尾白虾、斑鰶、中国毛虾、中华近方蟹和绒毛近方蟹，分别为 17.50%、15.08%、9.49%、7.43% 和 6.52%；尾数百分比前 5 位分别是长额刺糠虾、中国毛虾、脊尾白虾、巨指长臂虾和斑鰶，分别为 70.37%、19.61%、2.53%、1.39% 和 1.29%。

据综合丰盛度计算，鸭绿江河口鱼类群落优势种共计 17 种，分别为斑鰶、赤鼻棱鳀、刀鲚、青鳞小沙丁鱼、中颌棱鳀、池沼公鱼、安氏新银鱼、松江鲈、矛尾鰕虎鱼、斑尾复鰕虎鱼、波氏栉鰕虎鱼、红狼牙鰕虎鱼、蝌蚪鰕虎鱼、肉犁克丽鰕虎鱼、长体阿匍鰕虎鱼、纹缟鰕虎鱼和蓝点马鲛。

出现次数最多的优势种是斑尾复鰕虎鱼，7 个月调查共计出现 5 次，斑鰶、青鳞小沙丁鱼、安氏新银鱼、松江鲈、红狼牙鰕虎鱼、蝌蚪鰕虎鱼作为优势种均出现 3 次，7 个月调查仅在 1 个月作为优势种出现的种类有 8 种，分别为赤鼻棱鳀、刀鲚、中颌棱鳀、池沼公鱼、肉犁克丽鰕虎鱼、长体阿匍鰕虎鱼、纹缟鰕虎鱼和蓝点马鲛（表 4-6）。

表 4-6 鸭绿江河口区舫张网调查鱼类优势种（2016 年）

种类	5 月	6 月	7 月	8 月	9 月	10 月	11 月
斑尾复鰕虎鱼			6.1	8.1	5.1	15.5	27.3
斑鰶			66.6	17.0	5.2		
青鳞小沙丁鱼		16.5		58.1	14.3		
安氏新银鱼		5.8	6.4	9.8			
松江鲈		20.5				5.2	7.3
红狼牙鰕虎鱼		14.7				13.9	13.8
蝌蚪鰕虎鱼	8.6		6.4			22.0	
矛尾鰕虎鱼						27.2	7.7
波氏栉鰕虎鱼		10.1					18.8
赤鼻棱鳀					39.1		
刀鲚		21.6					
中颌棱鳀					22.7		
池沼公鱼	6.0						
肉犁克丽鰕虎鱼	36.5						
长体阿匍鰕虎鱼	15.2						
纹缟鰕虎鱼							12.4
蓝点马鲛			11.8				

注：优势种为综合丰盛度比例＞5％的种类。

无脊椎动物群落优势种共计 9 种，分别是长额刺糠虾、中国毛虾、脊腹褐虾、脊尾白虾、巨指长臂虾、锯齿长臂虾、细螯虾、绒毛近方蟹和中华近方蟹。

出现次数最多的优势种是脊尾白虾，7 个月共计出现 5 次，其次为长额刺糠虾、中国毛虾和绒毛近方蟹，均出现 3 次，仅在一个月作为优势种出现的无脊椎动物有 4 种，为脊腹褐虾、锯齿长臂虾、细螯虾和中华近方蟹（表 4-7）。

表 4-7 鸭绿江河口区舫张网调查无脊椎动物优势种（2016 年）

种类	5 月	6 月	7 月	8 月	9 月	10 月	11 月
脊尾白虾			77.5	40.9	11.6	7.4	35.3
长额刺糠虾	81.0	76.9				70.1	
中国毛虾	18.5				88.2	8.3	
绒毛近方蟹			11.1	57.8			9.9
巨指长臂虾			0.0	1.2		6.8	40.0
脊腹褐虾							11.8
锯齿长臂虾			11.4			0.0	
细螯虾						6.7	
中华近方蟹		22.9					

注：优势种为综合丰盛度比例＞5％的种类。

三、资源密度分布

2016 年鸭绿江河口区舫张网调查，鱼类月平均资源密度为 0.201 0 kg/m^2，资源密度最高月为 7 月，其值为 0.699 0 kg/m²，主要种类有斑鲦、蓝点马鲛和斑尾复鰕虎鱼，分别占资源密度的 62.59％、17.88％和 7.15％；其次为 8 月，为 0.305 2 kg/m²，主要种类有青鳞小沙丁鱼、斑尾复鰕虎鱼和安氏新银鱼，分别占资源密度的 40.95％、17.74％和 8.52％；资源密度最低月为 6 月，其值为 0.010 5 kg/m²，主要种类有刀鲚、红狼牙鰕虎鱼和松江鲈，分别占资源密度的 38.29％、17.65％和 15.78％（图 4-9）。

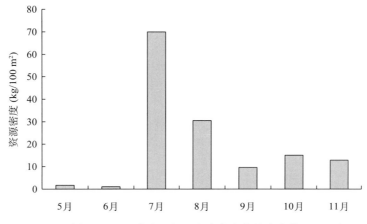

图 4-9　鸭绿江河口区舷张网调查鱼类密度的月度变化（2016 年）

无脊椎动物的月平均资源密度为 0.285 4 kg/m²，其中虾类 0.217 2 kg/m²，蟹类 0.068 1 kg/m²，头足类 0.000 1 kg/m²。无脊椎动物资源密度最高月为 10 月，其值为 0.445 2 kg/m²，主要种类有长额刺糠虾、脊尾白虾和巨指长臂虾，分别占资源密度的 36.50％、28.08％和 16.85％；其次为 9 月，资源密度为 0.378 3 kg/m²，主要种类有中国毛虾和脊尾白虾，分别占资源密度的 66.09％和 33.05％；资源密度最低月为 5 月，其值为 0.139 9 kg/m²，主要种类有长额刺糠虾和中国毛虾，分别占资源密度的 67.00％和 29.80％（图 4-10）。

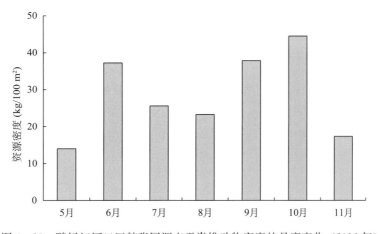

图 4-10　鸭绿江河口区舷张网调查无脊椎动物密度的月度变化（2016 年）

四、多样性指数

多样性指数以生物量计，丰富度指数均值为 2.30，以 10 月最高，为 2.98，以 6 月最低，为 1.64；多样性指数均值为 1.29，以 11 月最高，为 2.27，以 9 月最低，为 0.42；均匀度指数均值为 0.39，以 11 月最高，为 0.69，以 9 月最低，为 0.13。

丰富度指数均值为 2.17，以 7 月最高，为 2.88，以 6 月最低，为 1.40；多样性指数以尾数计，多样性指数均值为 0.79，以 7 月最高，为 1.62，以 9 月最低，为 0.04；均匀度指数均值为 0.24，以 8 月最高，为 0.51，以 9 月最低，为 0.01（表 4 - 8）。

表 4 - 8　鸭绿江河口区舷张网调查渔业资源生物多样性指数

类别	指数	5 月	6 月	7 月	8 月	9 月	10 月	11 月
重量	D	2.24	1.64	2.62	2.11	2.00	2.98	2.52
	H'	0.50	0.89	1.72	1.96	0.42	1.28	2.27
	J'	0.15	0.29	0.50	0.62	0.13	0.35	0.69
尾数	D	1.77	1.40	2.88	2.34	1.73	2.46	2.60
	H'	0.15	0.27	1.62	1.61	0.04	0.29	1.55
	J'	0.05	0.09	0.47	0.51	0.01	0.08	0.47

第四节　资源特征趋势分析

通过 2015 年 5 月至 2016 年 11 月对鸭绿江河口水域拖网和舷张网调查采集的渔获分析，鸭绿江河口水域共计发现渔业生物 84 种，隶属于 19 目、44 科、68 属。其中鱼类（包括圆口纲）63 种，隶属于 15 目、30 科、51 属；虾类（包括糠虾目和口足目）15 种，隶属于 3 目、10 科、12 属；蟹类 5 种，隶属于 1 目、3 科、4 属；头足类 1 种（表 4 - 9）。

表 4 - 9　鸭绿江河口水域渔业生物种类组成

目	科	属	种
七鳃鳗目 Petromyzoniformes	1	1	1
鳗鲡目 Anguilliformes	1	1	1
鲱形目 Clupeiformes	2	6	8
鲤形目 Cypriniformes	2	5	8

（续）

目	科	属	种
鲇形目 Perciformes	1	1	1
胡瓜鱼目 Osmeriformes	2	4	5
鳕形目 Gadiformes	1	1	1
鮟鱇目 Lophiiformes	1	1	1
鲻形目 Mugiliformes	1	1	1
颌针鱼目 Beloniformes	2	2	2
刺鱼目 Gasterosteiformes	1	1	1
鲉形目 Scorpaeniformes	3	3	4
鲈形目 Perciformes	9	21	25
鲽形目 Pleuronectiformes	2	2	3
鲀形目 Tetraodontiformes	1	1	1
糠虾目 Mysida	1	1	1
口足目 Stomatopoda	1	1	1
十足目 Decapoda	11	14	18
枪形目 Teuthoidea	1	1	1

1997—1998 年在鸭绿江河口区的调查共计捕获鱼类 48 种，甲壳类 11 种，其他动物 7 种。与 1997—1998 年的调查结果相比，本次调查渔获物种类组成基本相同，且因本次调查采用了 2 种网具等原因，渔获种类数如鱼类和甲壳类等多于历史调查结果。

脊尾白虾、松江鲈及鰕虎鱼类如斑尾复鰕虎鱼等在鸭绿江河口水域出现频率较高，常年栖息于该水域且资源密度占比较高；同时长额刺糠虾、中国毛虾等无脊椎动物的丰盛度极高，对鸭绿江河口水域的物质循环和能量流动起着重要的作用。1997—1998 年调查发现鸭绿江河口水域中少数种类在数量上占据群落结构的绝对优势，2016 年舷张网调查与 1997—1998 年调查方式类似，其结果也表现为相同的趋势，且占据群落结构的种类组成也基本一致，为糠虾、中国毛虾和斑尾复鰕虎鱼等。

本次拖网调查结果表明，调查水域渔业生物的群落结构的种类组成、资源密度伴随盐度梯度呈现一定的变化规律，淡水种随水域盐度的增加，其种类和资源密度逐步减少，海洋性种的种类数和资源密度则逐步增多。1997—1998 年的调查呈现相同的结果，且与其他河口水域相似（顾洪静，2014）。

本次舷张网调查，渔业生物资源尾数密度均值为 1 738.22 个/m²，1997—1998 年的调查结果经标准化后为 3 665.12 个/m²（不包括水虱类、双壳类、腹足类、水生昆虫），较 1997—1998 年调查结果减少 50%。主要种类如斑尾复虾虎鱼、脊尾白虾、中国毛虾和糠虾类分别为 1997—1998 年调查结果的 0.26%、62.35%、29.86 和 89.32%，均有不同程度的减少，且斑尾复虾虎鱼的丰盛度值下降最为明显。

本次舷张网调查所用网具囊网网目与 1997—1998 年调查一致，但网具尺度在网口长度、宽度及网衣长度上仍有区别，调查网具的不完全一致，对调查结果会产生一定的影响。但近年来捕捞对渔业资源的压力是客观事实，同时因气候变化及水环境受到胁迫等因素，鸭绿江河口水域渔业资源表现为一定程度的衰退。

第五章
大型底栖生物

海洋底栖生物又称水底生物，是指生活在自潮间带至海底的表面和沉积物中营底栖生活的所有生物，是海洋中种类最多、生态学关系最复杂的生态类群，生态学意义非常重要，在海洋生态系能量流动的物质循环中有举足轻重的作用。大型底栖动物（macrofauna）是指分选时能被孔径为 0.5 mm 网筛留住的底栖动物，主要包括腔肠动物、环节动物多毛类、软体动物、节肢动物甲壳类和棘皮动物 5 个主要类群。此外，常见的底栖生物还有海绵动物、纽虫、苔藓动物和底栖鱼类等。

辽东湾较深，平均水深 22 m，海水交换比其他海湾差，沿岸结冰期较长，底质多样，有软泥、粉沙质黏土和细沙贝壳。

第一节　材料与方法

一、数据来源

数据来源于辽宁省海洋水产科学研究院 2012 年 6 月、8 月、9 月、11 月，2013 年和 2014 年的 5 月、10 月，2015 年 5 月对辽东湾海域进行了 9 个航次、14 个站位的调查。其中由于辽东湾近岸海域布设了大量的地笼网和蟹笼的原因，有些站位未能进行作业。站位分布如图 5-1 所示。

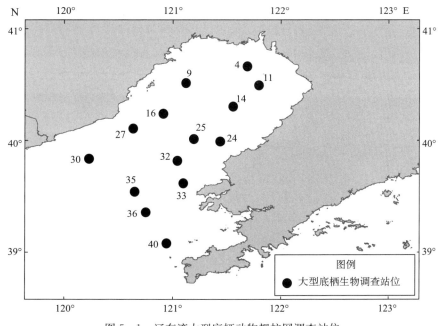

图 5-1　辽东湾大型底栖动物耙拉网调查站位

二、数据获取及分析方法

大型底栖生物的调查采用耙拉网。耙拉网的网口宽为 196 cm，网口高 22 cm，网衣长 250 cm，网目为 1 cm×1 cm，调查船辽锦渔 15 448，功率 205.8 kW，拖速为 2 kn，拖网时间为 15 min。样品的处理、保存、计数和称量等均按《海洋调查规范》(GB/T 12763.6—2007) 进行。

优势度：

$$Y=\frac{n_i}{N}f_i$$

式中：N——所有物种的个体总数；

n_i——第 i 种的个体数；

f_i——该种出现的站位数占总站位数的百分比。

优势度 $Y>2$ 界定为优势种。

第二节　种类组成

一、2012 年种类组成

本次调查共获得大型底栖生物 9 个门类 71 种，种类最多的是软体动物 27 种，其次是节肢动物 13 种，最少的是腕足动物 1 种，如图 5-2 所示；四个航次中 6 月出现最多为 51 种，其次是 9 月出现 37 种，再次是 8 月出现 22 种，最少的是 11 月出现 13 种。

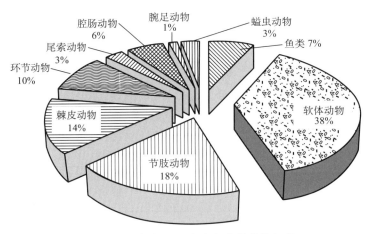

图 5-2　辽东湾 2012 年底栖生物种类组成

二、2013 年种类组成

本次调查共获得大型底栖生物 7 个门类 70 种，种类最多的是软体动物 24 种，其次是节肢动物 20 种，最少的是海绵动物门和腔肠动物门各为 1 种，如图 5-3 所示；两个航次中 5 月出现 47 种，10 月出现 41 种。

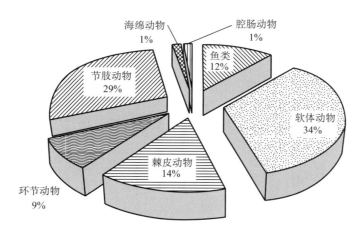

图 5-3 辽东湾 2013 年底栖生物种类组成

三、2014 年种类组成

本次调查共获得大型底栖生物 6 个门类 63 种，种类最多的是软体动物 26 种，其次是节肢动物 20 种，最少的是腕足动物 1 种，如图 5-4 所示；两个航次中 5 月出现 43 种，10 月出现 39 种。

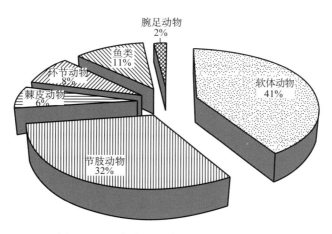

图 5-4 辽东湾 2014 年底栖生物种类组成

四、2015 年种类组成

本次调查共获得大型底栖生物 5 个门类 24 种，种类最多的是节肢动物 7 种，其次是软体动物 6 种，最少的环节动物 2 种；27 号站最多 13 种，其次是 4 号站共发现 11 种，最少的为 11 号、16、25 号站位均为 3 种，如图 5-5 所示。

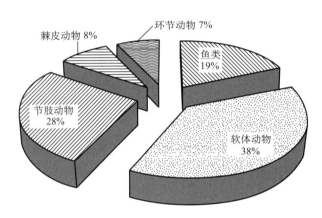

图 5-5 辽东湾 2015 年底栖生物种类组成

五、2012—2015 年种类对比分析

耙拉网 4 年的调查总共发现 134 种大型底栖生物（18 种未定），其中鱼类 16 种，软体动物 46 种，甲壳类 30 种，棘皮动物 13 种，环节动物 19 种，其他的 10 种。2012—2015 年调查结果显示，底栖生物种类数和门类数呈递减的趋势，分析原因为 2012 年调查了四个航次，2013 年、2014 年两个航次，2015 年一个航次，而且由于天气等原因调查站位逐渐减少，调查样品的分拣过程中出现的偏差造成的，并不能单纯地根据调查结果认为生物资源种类下降。如图 5-6、表 5-1 所示。

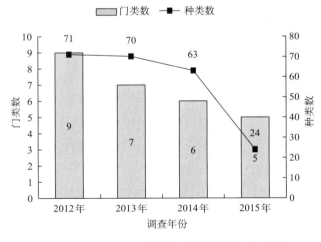

图 5-6 2012—2015 年底栖生物种类数、门类数

表 5-1　2012—2015 年辽东湾底栖生物耙拉网调查种类名录

序号	中文名	拉丁名
鱼　类		
1	李氏鲔	*Callionymus richardsoni* Bleeker
2	矛尾鰕虎鱼	*Symechogobius hasta*
3	鳀	*Engraulis japonicus*
4	中华栉孔鰕虎鱼	*Ctenotrypauchen chinensis*
5	斑尾复鰕虎鱼	*Synechogobius ommaturus*
6	方氏云鳚	*Enedrias fangi*
7	焦氏舌鳎	*Cynoglossus joyneri*
8	大泷六线鱼	*Hexagrammos otakii*
9	五带高鳍鰕虎鱼	*Pterogobius zacalles*
10	细条天竺鲷	*Apogon lineatus*
11	小头栉孔鰕虎鱼	*Ctenotrypauchen microcephalus*
12	细纹狮子鱼	*Liparis tanakae*
13	沙氏下鱵	*Hyporhamphus sojori*
软体动物		
1	长偏顶蛤	*Modiolus elongatus*
2	脉红螺	*Rapana* Venosa
3	尖高旋螺	*Acrilla acuminate*
4	火枪乌贼	*Loligo beka* （Sasaki）
5	薄片镜蛤	*Dosinia laminata*
6	口马丽口螺	*Calliostoma koma*
7	红带织纹螺	*Nassarius succinctus*
8	肉食拟海牛	*Philinopsis gigliolii*
9	微黄镰玉螺	*Polinices fortunei*
10	纵肋织纹螺	*Nassarius variciferus*
11	浅黄白樱蛤	*Macoma tokyoensis*
12	文蛤	*Meretrix meretrix* （Linnaeus）
13	小刀蛏	*Cultellus attenuatus*
14	中国不等蛤	*Anomia chinensis*
15	泥螺	*Bullacta exarata* （Philippi）
16	等边浅蛤	*Gomphina aequilatera*
17	双喙耳乌贼	*Sepiola birostrata*
18	渤海鸭嘴蛤	*Laternula marilina*
19	彩虹明樱蛤	*Moerella iridescens*
20	光滑河篮蛤	*Potamocorbula laevis*
21	魁蚶	*Scapharca broughtonii*
22	白带三角口螺	*Trigonaphera bocageana*
23	栉孔扇贝	*Chlamys farreri*

（续）

序号	中文名	拉丁名
24	双喙耳乌贼	*Sepiola birostrata*
25	日本镜蛤	*Dosinorbis japonica*
26	假主厚旋螺	*Crassispira pseudoprinciplis*
27	习氏阿玛螺	*Amaea thielei*
28	古氏滩栖螺	*Batillaria cumingi*
29	托氏（虫昌）螺	*Umbonium thomasi*
30	凸壳肌蛤	*Musculus senhousia*
31	长蛸	*Octopus variabilis*
32	拟紫口玉螺	*Natica janthostomoides*
33	丽小笔螺	*Mitrella bella*
34	香螺	*Neptunea arthritica cumingii* Crosse
35	日本枪乌贼	*Loligo beka*
36	西格织纹螺	*Nassarius siquinjorensis*
37	真玉螺	*Eunaticina papilla*
38	白带玉螺	*Natica albifasciata*
39	纵带滩栖螺	*Batillaria zonalis*
40	布氏蚶	*Arca boucaridi*
节肢动物		
1	口虾蛄	*Oratosquilla oratoria*（De Haan）
2	日本关公蟹	*Dorippe japonica*
3	泥脚隆背蟹	*Carcinoplax vestita*
4	脊腹褐虾	*Crangon affinis*
5	葛氏长臂虾	*Palaemon gravieri*
6	日本蟳	*Charybdis japonica*
7	海蜇虾	*Latreutes anoplonyx*
8	三疣梭子蟹	*Portunus trituberculatus*
9	长足七腕虾	*Heptacarpus rectirostris*
10	鲜明鼓虾	*Alpheus distinguendus*
11	日本鼓虾	*Alpheus japonicus*
12	艾氏活额寄居蟹	*Diogenes edwardsii*
13	隆背黄道蟹	*Cancer gibbosulus*
14	日本浪漂水蚤	*Cirolana japonensis*
15	屈腹七腕虾	*Heptacarpus geniculatu*
16	慈母互敬蟹	*Hyastenus pleione*
17	中国毛虾	*Acetes chinensis*
18	豆形拳蟹	*Philyra pisum*

（续）

序号	中文名	拉丁名
19	中华豆蟹	*Pinnotheres sinensis*
20	脊尾白虾	*Palaemon（Exopalamon）carincauda*
21	大蝼蛄虾	*Upgoebin major*
22	窄额安乐虾	*Eualus leptognathus*
23	锯额瓷蟹	*Porcellana serratifrons*
24	隆线强蟹	*Eucrate creata* de Haan
25	鞭腕虾	*Hippolysmata vittata*
26	细鳌虾	*Leptochela gracilis*
环节动物		
1	新三齿巢沙蚕	*Diopatra neotridens*
2	澳洲鳞沙蚕	*Acrilla acuminate*
3	不倒翁虫	*Sternaspis sculata*
4	米列虫	*Melinna cristata*
5	巴西沙蜀	*Arenicola brasiliensis*
6	双齿围沙蚕	*Nereis succinea*
7	日本双边笔帽虫	*Amphictence japonica*（Nilsson）
8	长吻沙蚕	*Glycera chirori*
9	孟加拉海扇虫	*pherusa bengalensis*
棘皮动物		
1	哈氏刻肋海胆	*Temnopleurus hardwickii*
2	砂海星	*Luidia quinaria* von Martens
3	棘刺锚参	*Protankyra bidentata*
4	心形海胆	*Echinocardium cordatum*
5	正环沙鸡子	*Phyllophorus ordinata*
6	多棘海盘车	*Asterias amurensis* LÜatken
7	细雕刻肋海胆	*Temnopleurus toreumaticus*
8	司氏盖蛇尾	*Stegophiura sladeni*
9	马氏刺蛇尾	*Ophiothrix marenzelleri* Koehler
10	柯氏双鳞蛇尾	*Amphipholis kochi*
11	钮细锚参	*Leptosynapta ooplax*
腔肠动物		
1	海仙人掌	*Cavemularia obesa*
2	海月水母	*Aurelia aurita*
3	黄海葵	*Anthopleura xanthogrammica*
4	太平洋黄海葵	*Anthopleura pacifica* Uchida
蟿虫动物		
1	短吻铲荚蟿	*Listriolobus brevirostris*
2	池蟿	*Ikedosoma* sp.

（续）

序号	中文名	拉丁名
尾索动物		
1	紫拟菊海鞘	*Botrylloides violaceus*
2	柄海鞘	*Styela clava* Herdman
腕足动物		
1	酸浆贝	*Terebratella coreanica*
海绵动物		
1	海绵	*Spongia*

第三节 栖息密度与生物量

一、2012 年栖息密度与生物量

（一）6 月调查结果

调查发现 6 月各站位的平均栖息密度为 9 793.16 个/km²，其中软体动物密度最大为 3 697.02 个/km²，其次节肢动物为 1 966.50 个/km²，最小的鱼类、腕足动物、螠虫动物均为 39.33 个/km²，各门动物的栖息密度如图 5-7 所示；各站位的底栖生物栖息密度最大的 4 号、36 号站为 21 474 个/km²，其次为 40 号站 20 373 个/km²，最小的为 33 号站 1 101 个/km²，各站位的栖息密度分布如图 5-8 所示。

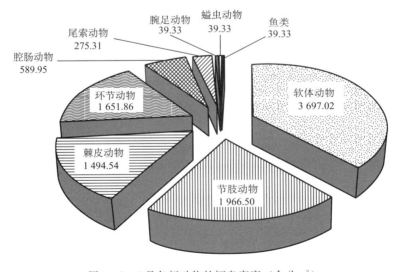

图 5-7 6 月各门动物的栖息密度（个/km²）

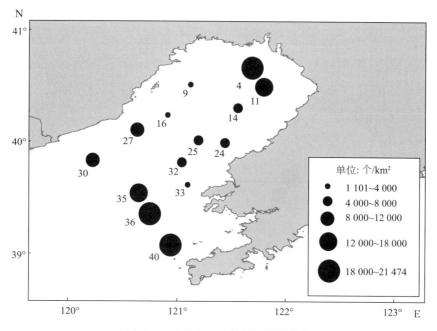

图 5-8　6月各站位的栖息密度分布

调查发现 6 月各站位的平均生物量为 0.048 8 g/m²，其中软体动物密度最大为 0.019 2 g/m²，其次棘皮动物为 0.013 2 g/m²，最小的鱼类为 0.000 2 g/m²，各门动物的生物量如图 5-9 所示；各站位的底栖生物生物量最大的 35 号站为 0.139 7 g/m²，最小的为 33 号站 0.008 5 g/m²，各站位的生物量分布如图 5-10 所示。

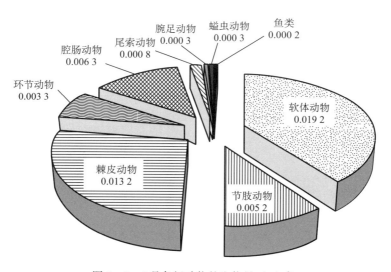

图 5-9　6月各门动物的生物量（g/m²）

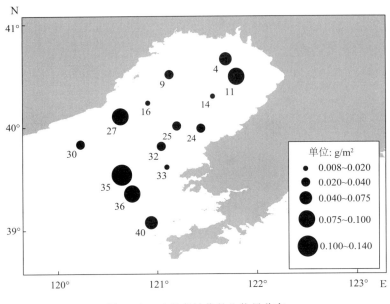

图 5-10　6月各站位的生物量分布

(二) 8月调查结果

调查发现 8 月各站位的平均栖息密度为 5 955.64 个/km²，其中棘皮动物密度最大为 2 202.48 个/km²，其次节肢动物为 2 018.94 个/km²，最小的腔肠动物为 122.36 个/km²，各门动物的栖息密度如图 5-11 所示；各站位的底栖生物栖息密度最大的 4 号站为 15 968 个/km²，其次为 24 号站 11 012 个/km²，最小的为 14 号站 551 个/km²，各站位的栖息密度分布如图 5-12 所示。

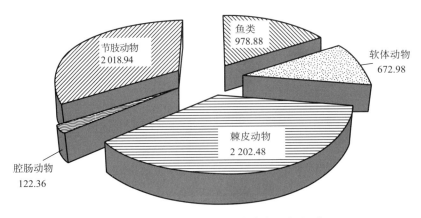

图 5-11　8月各门动物的栖息密度（个/km²）

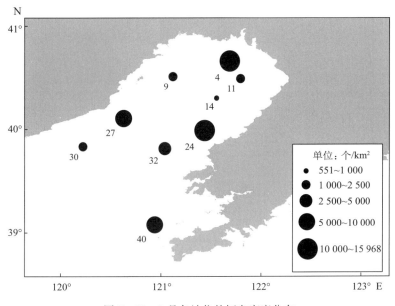

图 5-12　8 月各站位的栖息密度分布

调查发现 8 月各站位的平均生物量为 0.060 7 g/m²，其中棘皮动物密度最大为 0.021 2 g/m²，其次节肢动物为 0.020 4 g/m²，最小的软体动物为 0.005 3 g/m²，各门动物的生物量如图 5-13 所示；各站位的底栖生物生物量最大的 4 号站为 0.178 0 g/m²，最小的为 30 号站 0.006 9 g/m²，各站位的生物量分布如图 5-14 所示。

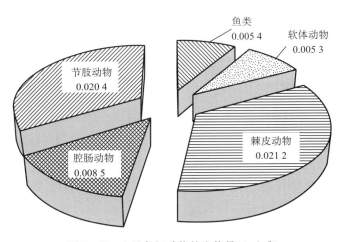

图 5-13　8 月各门动物的生物量（g/m²）

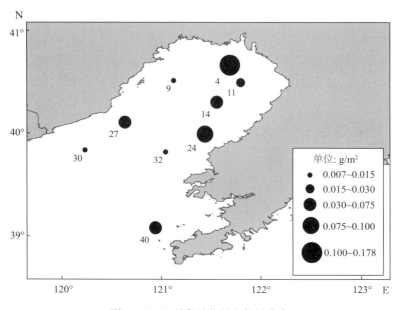

图 5-14　8月各站位的生物量分布

(三) 9月调查结果

调查发现 9 月各站位的平均栖息密度为 6 725.42 个/km²，其中棘皮动物密度最大为 3 854.34 个/km²，其次环节动物为 904.59 个/km²，最小的蠕虫动物为 157.32 个/km²，各门动物的栖息密度如图 5-15 所示；各站位的底栖生物栖息密度最大的 4 号站为 15 968 个/km²，其次为 36 号站 13 215 个/km²，最小的为 30 号站 1 652 个/km²，各站位的栖息密度分布如图 5-16 所示。

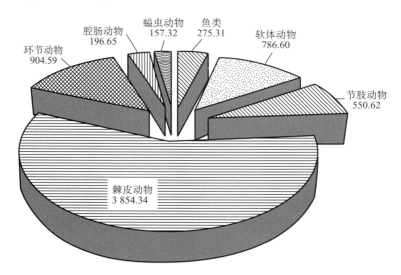

图 5-15　9月各门动物的栖息密度（个/km²）

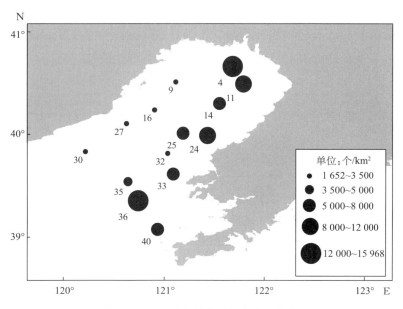

图 5 - 16 9月各站位的栖息密度分布

调查发现 9 月各站位的平均生物量为 0.062 5 g/m²，其中棘皮动物密度最大为 0.040 2 g/m²，其次节肢动物为 0.007 6 g/m²，最小的环节动物为 0.001 0 g/m²，各门动物的生物量如图 5 - 17 所示；各站位的底栖生物生物量最大的 36 号站为 0.133 4 g/m²，最小的为 30 号站 0.008 1 g/m²，各站位的生物量分布如图 5 - 18 所示。

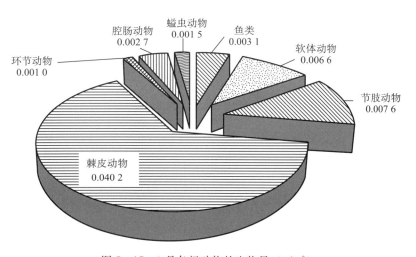

图 5 - 17 9月各门动物的生物量（g/m²）

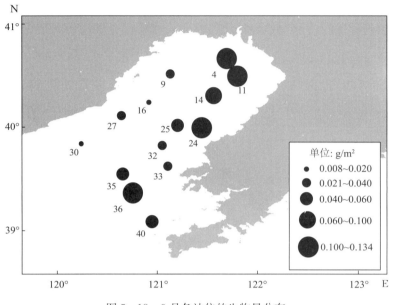

图 5-18   9 月各站位的生物量分布

（四）11 月调查结果

调查发现 11 月各站位的平均栖息密度为 3 413.84 个/km²，其中节肢动物密度最大为 1 321.49 个/km²，其次棘皮动物为 991.12 个/km²，最小的软体动物为 110.12 个/km²，各门动物的栖息密度如图 5-19 所示；各站位的底栖生物栖息密度最大的 40 号站为 9 361 个/km²，其次为 35 号站 4 405 个/km²，最小的为 27 号站 551 个/km²，各站位的栖息密度分布如图 5-20 所示。

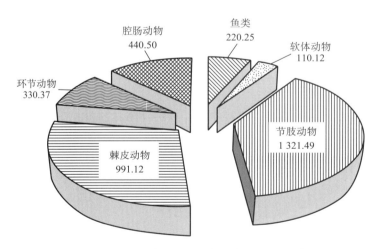

图 5-19   11 月各门动物的栖息密度（个/km²）

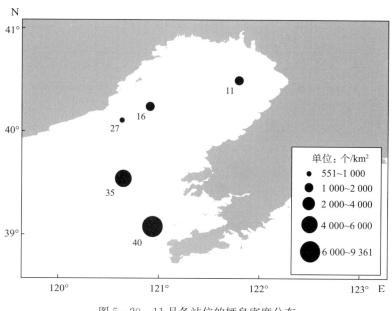

图 5 - 20　11 月各站位的栖息密度分布

　　调查发现 11 月各站位的平均生物量为 0.055 3 g/m²，其中节肢动物密度最大为 0.021 2 g/m²，其次棘皮动物为 0.011 9 g/m²，最小的鱼类为 0.000 5 g/m²，各门动物的生物量如图 5 - 21 所示；各站位的底栖生物生物量最大的 40 号站为 0.217 0 g/m²，最小的为 27 号站 0.005 g/m²，各站位的生物量分布如图 5 - 22 所示。

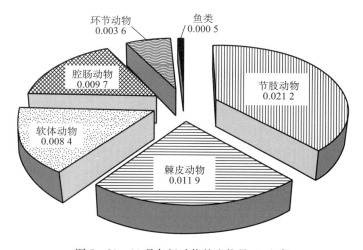

图 5 - 21　11 月各门动物的生物量（g/m²）

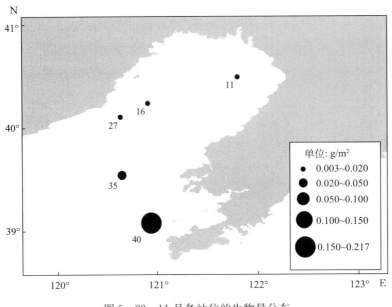

图 5-22 11 月各站位的生物量分布

二、2013 年栖息密度与生物量

（一）5 月调查结果

调查发现 5 月各站位的平均栖息密度为 19 042.26 个/km²，其中软体动物密度占比最大为 35.90%，其次节肢动物为 33.49%，占比最小的腔肠动物为 0.24%，各门动物的栖息密度如图 5-23 所示；各站位的底栖生物栖息密度最大的 11 号站为 47 353.28 个/km²，其次为 25 号站 39 094 个/km²，最小的为 35 号站 2 202 个/km²，各站位的栖息密度分布如图 5-24 所示。

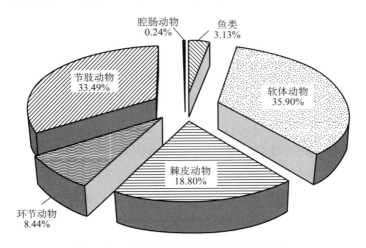

图 5-23 5 月各门动物的栖息密度百分比

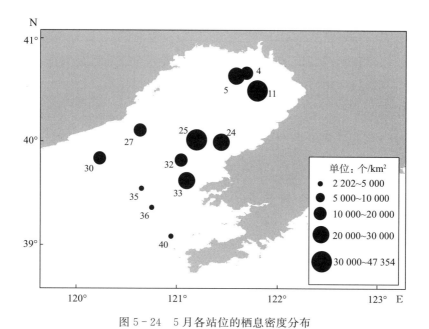

图 5-24　5 月各站位的栖息密度分布

调查发现 5 月各站位的平均生物量为 0.052 50 g/m²，其中棘皮动物占比最大为 35.91％，其次软体动物为 24.89％，占比最小的腔肠动物为 0.55％，各门动物的栖息密度如图 5-25 所示；各站位的底栖生物栖息密度最大的 5 号站为 0.125 8 g/m²，最小的为 40 号站 0.010 4 g/m²，各站位的生物量分布如图 5-26 所示。

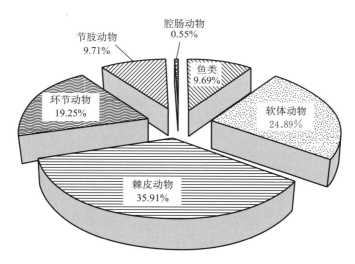

图 5-25　5 月各门动物的生物量百分比

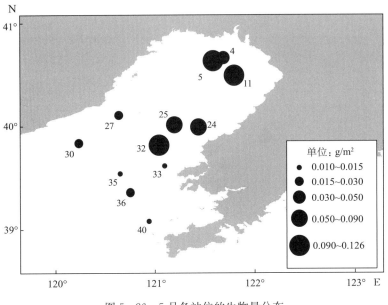

图 5-26 5 月各站位的生物量分布

(二) 10 月调查结果

调查发现 10 月各站位的平均栖息密度为 39 844.9 个/km²，其中节肢动物密度占比最大为 70.73%，其次软体动物为 16.20%，占比最小的环节动物为 0.13%，各门动物的栖息密度如图 5-27 所示；各站位的底栖生物栖息密度最大的 14 号站为 109 573 个/km²，最小的为 40 号站 2 753 个/km²，各站位的栖息密度分布如图 5-28 所示。

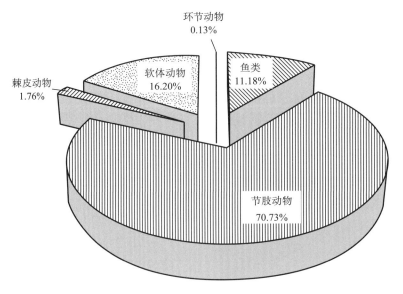

图 5-27 10 月各门动物的栖息密度百分比

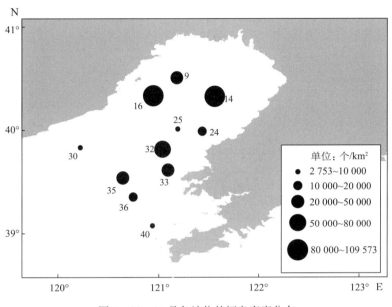

图 5-28　10 月各站位的栖息密度分布

调查发现 10 月各站位的平均生物量为 0.076 9 g/m²，其中节肢动物密度占比最大为 37.62%，其次软体动物为 33.78%，占比最小的环节动物为 0.05%，各门动物的生物量如图 5-29 所示；各站位的底栖生物生物量最大的 14 号站为 0.440 7 g/m²，最小的为 30 号站 0.003 1 g/m²，各站位的生物量分布如图 5-30 所示。

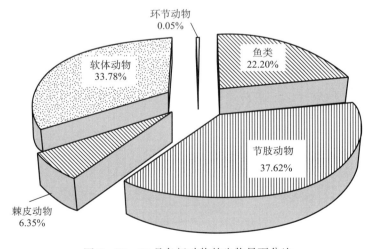

图 5-29　10 月各门动物的生物量百分比

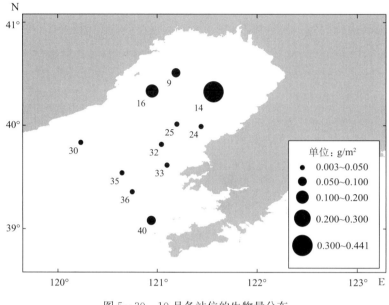

图 5-30　10 月各站位的生物量分布

三、2014 年栖息密度与生物量

(一) 5 月调查结果

调查发现 5 月各站位的平均栖息密度为 61 449.14 个/km²，其节肢动物密度最大为 37 332.01 个/km²，占比 60.75%，其次棘皮动物为 15 637.6 个/km²，占比 25.45%，最小的腕足动物为 55.06 个/km²，占比 0.09%，各门动物的栖息密度百分比如图 5-31 所示；各站位的底栖生物栖息密度最大 25 号站为 189 413.1 个/km²，其次为 37 号站162 983.4 个/km²，最小的为 14 号站 5 506.2 个/km²，各站位的栖息密度如图 5-32 所示。

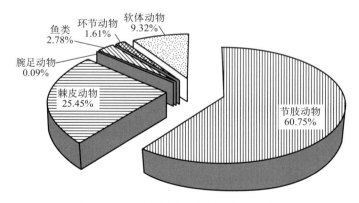

图 5-31　5 月各门动物的栖息密度百分比

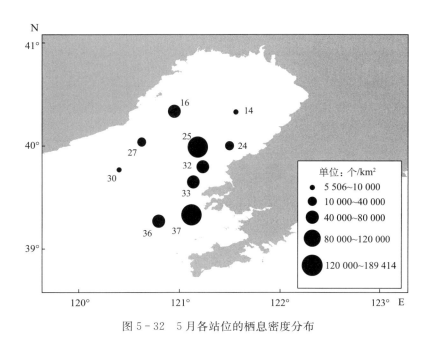

图 5 - 32　5 月各站位的栖息密度分布

　　调查发现 5 月各站位的平均生物量为 0.225 9 g/m²，其中棘皮动物最大为 0.127 6 g/m²，占比 56.47%，其次软体动物为 0.050 9 g/m²，占比 22.55%，最小的腕足动物为 0.000 1 g/m²，占比 0.06%，各门动物的生物量百分比如图 5 - 33 所示；各站位的底栖生物生物量最大的 25 号站为 0.698 5 g/m²，其次 36 号站为 0.633 8 g/m²，最小的为 24 号站 0.009 9 g/m²，各站位生物量分布如图 5 - 34 所示。

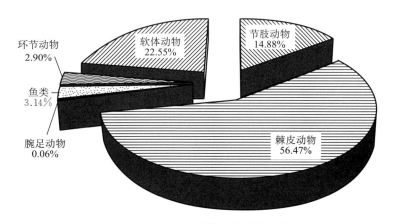

图 5 - 33　5 月各门动物的生物量百分比

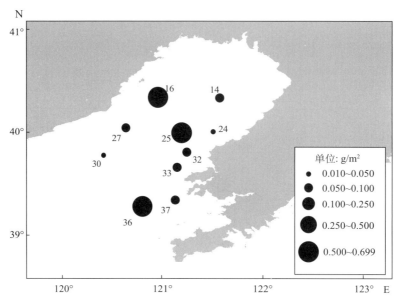

图 5 - 34　5 月各站位的生物量分布

（二）10 月调查结果

调查发现 10 月各站位的平均栖息密度为 54 557.22 个/km²，其中节肢动物密度最大为 44 691.95 个/km²，占比 82%，其次软体动物为 5 735.62 个/km²，占比 11%，最小的为环节动物 688.27 个/km²，占比 1%，各门动物的栖息密度百分比如图 5 - 35 所示；各站位的底栖生物栖息密度最大的 12 号站为 327 618.6 个/km²，其次为 40 号站位 11 236.4 个/km²，最小的为 25 号站 550.62 个/km²，各站位栖息密度分布如图 5 - 36 所示。

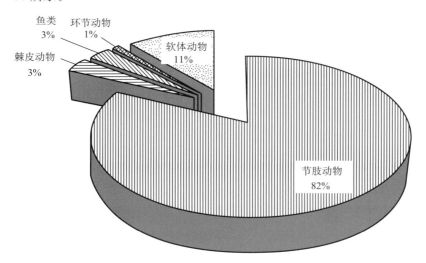

图 5 - 35　10 月各门动物的栖息密度百分比

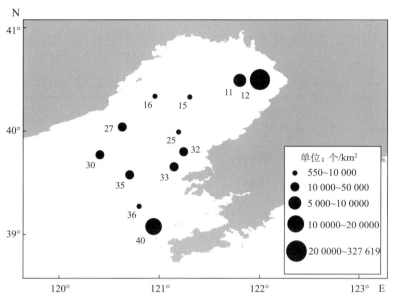

图 5 - 36 10 月各站位的栖息密度分布

调查发现 10 月各站位的平均生物量为 0.037 0 g/m²，其中节肢动物密度最大为 0.042 3 g/m²，占比 62%，其次软体动物为 0.012 2 g/m²，占比 18%，最小的环节动物为 0.000 5 g/m²，占比 1%，各门动物的生物量百分比如图 5 - 37 所示；各站位的底栖生物生物量最大的 12 号为 0.402 3 g/m²，其次为 11 号站 0.180 6 g/m²，最小的为 25 号站 0.001 8 g/m²，各站位生物量分布如图 5 - 38 所示。

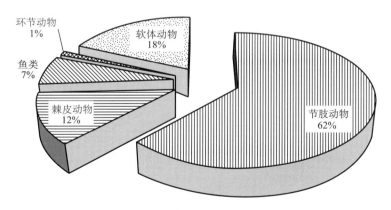

图 5 - 37 10 月各门动物的生物量百分比

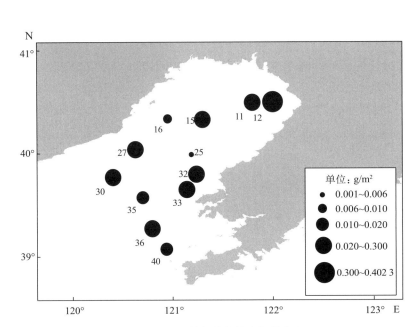

图 5 - 38　10 月各站位的生物量分布

四、2015 年栖息密度与生物量

调查发现 5 月各站位的平均栖息密度为 6 607.43 个/km²，其软体动物密度最大为 2 517.12 个/km²，占比 38%，其次节肢动物为 1 809.18 个/km²，占比 28%，最小的环节动物为 471.96 个/km²，占比 7%，各门动物的栖息密度百分比如图 5 - 39 所示；各站位的底栖生物栖息密度最大 27 号站为 13 214.87 个/km²，其次为 14 号站 8 259.29 个/km²，最小的为 40 号站 3 303.72 个/km²，如图 5 - 40 所示。

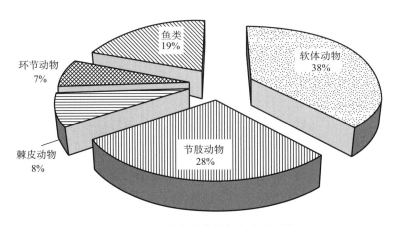

图 5 - 39　5 月各门动物的栖息密度百分比

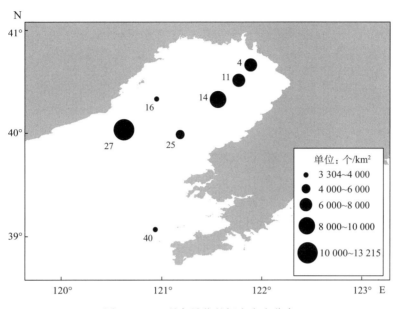

图 5-40　5 月各站位的栖息密度分布

5 月各站位的平均生物量为 0.05 g/m²，其中软体动物密度最大为 0.018 6 g/m²，占比 37%，其次为节肢动物 0.011 5 g/m²，占比 23%，最小的环节动物为 0.005 4 g/m²，占比 11%，各门动物的生物量百分比如图 5-41 所示；各站位的底栖生物生物量最大的 27 号站为 0.131 8 g/m²，其次为 14 号站 0.098 3 g/m²，最小的为 4 号站 0.004 g/m²，如图 5-42 所示。

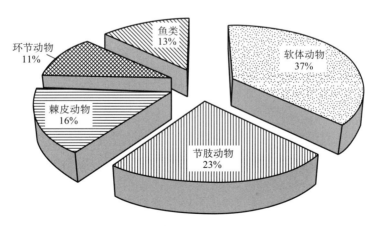

图 5-41　5 月各门动物的生物量百分比

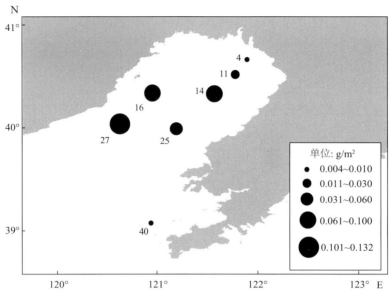

图 5 - 42　5 月各站位的生物量分布

五、2012—2015 年底栖生物和生物量对比分析

由图 5 - 43 可以看出，2012—2015 年底栖生物种群的栖息密度和生物量呈现先递增后锐减的趋势。底栖生物的栖息密度 2013 年是 2012 年的 4.55 倍，2014 年是 2013 年的 1.97 倍；生物量 2013 年是 2012 年的 1.14 倍，2014 年是 2013 年的 4.06 倍。

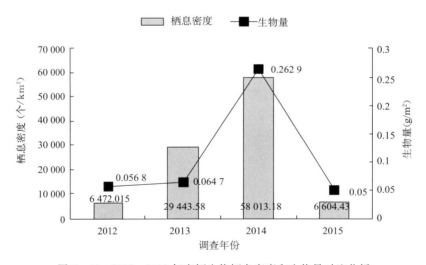

图 5 - 43　2012—2015 年底栖生物栖息密度和生物量对比分析

综合分析，辽东湾大型底栖生物的 2012—2014 年变化，生物的栖息密度和生物量出现大幅增长的趋势，可能是由于海洋资源修复的效果；而 2015 年的栖息密度与生物量都

与 2012 年持平，但 2015 年仅仅调查了 1 个航次的 7 个站位，并不能说明 2015 年的锐减是由于底栖生物受损导致的。由于调查的年限不是很长，调查的站位密度不是很高，可能出现偶然的因素，因此，建议尽快实现渔业资源调查的标准化、长期化和高密度化。

第四节　优势种类

一、2012 年优势种类

（一）6 月调查结果

6 月调查发现，优势度扁玉螺 4.42%，沙蚕 4.22%，哈氏刻肋海胆 3.01%，巴西沙蠋 2%，以上物种定为优势种。

（二）8 月调查结果

8 月调查发现，优势度砂海星 13.04%，哈氏刻肋海胆 5.44%，矛尾鰕虎鱼 4.76%，日本蟳 3.17%，口虾蛄 2.27%，葛氏长臂虾 2.04%，以上物种定为优势种。

（三）9 月调查结果

9 月调查发现，优势度砂海星 24.44%，哈氏刻肋海胆 15.87%，巴西沙蠋 1.38%，以上物种定为优势种。

（四）11 月调查结果

11 月调查发现，优势度三疣梭子蟹 11.61%，砂海星 7.74%，海仙人掌 5.16%，中华栉孔鰕虎鱼 2.58%，以上物种定为优势种。

二、2013 年优势种类

（一）5 月调查结果

5 月调查发现，优势度日本浪漂水蚤 8.86%，扁玉螺 6.75%，泥螺、砂海星 6.23%，脊腹褐虾 3.86%，哈氏刻肋海胆 2%，以上物种定为优势种。

（二）10 月调查结果

10 月调查发现，优势度中国毛虾 26.68％，葛氏长臂虾 18.27％，日本鼓虾 2.56％，口虾蛄 2.33％，以上物种定为优势种。

三、2014 年优势种类

（一）5 月调查结果

5 月调查发现，优势度脊腹褐虾 25.84％，沙海星 6.77％，中国毛虾 4.73％，口虾蛄 3.92％，哈氏刻肋海胆 3.09％，扁玉螺 2.72％，以上物种定为优势种。

（二）10 月调查结果

10 月调查发现，优势度艾氏活额寄居蟹 11.12％，日本鼓虾 5.79％，中国毛虾 4.41％，葛氏长臂虾 2.78％，以上物种定为优势种。

四、2015 年优势种类

5 月调查发现，优势度扁玉螺 15.31％，口虾蛄 4.08％，短吻红舌鳎 3.57％，脊腹褐虾 2.04％，以上物种定为优势种。

五、2012—2015 年优势种

通过 4 个年度的调查发现哈氏刻肋海胆、沙海星、扁玉螺、脊腹褐虾、葛氏长臂虾为优势种。

第五节　生物多样性

一、2012 年生物多样性

（一）6 月调查结果

调查海域的群落物种多样性指数 H'、物种均匀度指数 J'、物种丰富度指数 D_{Ma} 如

表 5-2 所示。多样性指数最高的是 27 号站位为 2.43，最低值出现在 33 号站位为 0.69；物种均匀度指数最高值出现在 16 号、33 号站位均为 1，最低值出现在 36 号站位为 0.62；物种丰富度指数最高的是 11 号站位为 1.27，最低值出现在 33 号站位为 0.14。

表 5-2　6 月调查生物的多样性指数

站位	种类	数量（个/km²）	D_{Ma}	J'	H'
4	9	21 474	0.80	0.78	1.71
9	3	3 854	0.24	0.73	0.80
11	13	12 664	1.27	0.91	2.34
14	9	5 506	0.99	0.99	2.16
16	5	2 753	0.51	1.00	1.61
24	5	6 607	0.46	0.82	1.31
25	3	4 405	0.24	0.95	1.04
27	12	8 810	1.21	0.98	2.43
30	10	8 810	0.99	0.93	2.13
32	6	4 956	0.59	0.88	1.58
33	2	1 101	0.14	1.00	0.69
35	11	13 765	1.05	0.82	2.02
36	11	21 474	1.00	0.62	1.52
40	12	20 373	1.11	0.87	2.16

（二）8 月调查结果

调查海域的群落物种多样性指数 H'、物种均匀度指数 J'、物种丰富度指数 D_{Ma} 如表 5-3 所示。多样性指数最高的是 40 号站位为 0.76，最低值出现在 14 号站位为 0；物种丰富度指数最高值出现在 9 号、11 号、30 号站位均为 1.00，最低值出现在 14 号站位为 0；物种均匀度指数最高的是 40 号站位为 1.90，最低值出现在 14 号站位为 0。

表 5-3　8 月调查生物的多样性指数

站位	种类	数量（个/km²）	D_{Ma}	J'	H'
4	8	15 417	0.88	1.82	0.73
9	3	1 652	1.00	1.10	0.27
11	2	1 101	1.00	0.69	0.14
14	1	551	0	0	0
24	7	11 012	0.91	1.78	0.65
27	6	9 361	0.60	1.08	0.55
30	3	1 652	1.00	1.10	0.27
32	2	2 753	0.72	0.50	0.13
40	8	9 911	0.92	1.90	0.76

（三）9 月调查结果

调查海域的群落物种多样性指数 H'、物种均匀度指数 J'、物种丰富度指数 D_{Ma} 如表 5-4 所示。多样性指数最高的是 4 号站位为 2.37，最低值出现在 16 号站位为 0；物种均匀度指数最高值出现在 9 号、30 号站位均为 1.00，最低值出现在 16 号站位为 0；物种丰富度指数最高的是 4 号站位为 1.24，最低值出现在 16 号站位为 0。

表 5-4 9 月调查生物的多样性指数

站位	种类	数量（个/km²）	D_{Ma}	J'	H'
4	13	15 968	1.24	0.92	2.37
9	3	1 652	0.27	1.00	1.10
11	5	9 361	0.44	0.72	1.15
14	4	7 709	0.36	0.72	0.99
16	1	2 753	0	0	0
24	12	11 563	1.18	0.93	2.31
25	4	6 057	0.35	0.84	1.17
27	4	2 753	0.38	0.96	1.33
30	3	1 652	0.27	1.00	1.10
32	3	3 304	0.25	0.79	0.87
33	6	5 506	0.58	0.95	1.70
35	5	4 956	0.47	0.81	1.30
36	8	13 215	0.74	0.76	1.59
40	4	7 709	0.34	0.86	1.20

（四）11 月调查结果

调查海域的群落物种多样性指数 H'、物种均匀度指数 J'、物种丰富度指数 D_{Ma} 如表 5-5 所示。多样性指数最高的是 35 号站位为 1.91，最低值出现在 27 号站位为 0；物种均匀度指数最高值出现在 11 号站位为 1.00，最低值出现在 27 号站位为 0；物种丰富度指数最高的是 35 号站位为 0.72，最低值出现在 27 号站位为 0。

表 5-5 11 月调查生物的多样性指数

站位	种类	数量（个/km²）	D_{Ma}	J'	H'
11	2	1 101	0.14	1.00	0.69
16	2	1 652	0.14	0.92	0.64
27	1	551	0	0	0
35	7	4 405	0.72	0.98	1.91
40	5	9 361	0.44	0.85	1.37

二、2013 年生物多样性

（一）5 月调查结果

调查海域的群落物种多样性指数 H'、物种均匀度指数 J'、物种丰富度指数 D_{Ma} 如表 5－6 所示。多样性指数最高的是 5 号站位为 2.43，最低值出现在 30 号、36 号站位为 1.01；物种均匀度指数最高值出现在 40 号站位为 1.00，最低值出现在 27 号站位为 0.63；物种丰富度指数最高的是 5 号站位为 1.46，最低值出现在 36 号站位为 0.25。

表 5－6　5 月调查生物的多样性指数

站位	种类	数量 （个/km²）	D_{Ma}	J'	H'
4	8	13 765	0.73	0.70	1.46
5	16	28 082	1.46	0.88	2.43
11	16	47 353	1.39	0.77	2.12
24	11	20 924	1.01	0.884	2.12
25	15	39 094	1.32	0.75	2.02
27	8	12 664	0.74	0.63	1.31
30	4	14 316	0.31	0.73	1.01
32	11	14 867	1.04	0.91	2.19
33	6	27 531	0.49	0.79	1.42
35	3	2 202	0.26	0.95	1.04
36	3	3 304	0.25	0.92	1.01
40	8	4 405	0.83	1.00	2.08

（二）10 月调查结果

调查海域的群落物种多样性指数 H'、物种均匀度指数 J'、物种丰富度指数 D_{Ma} 如表 5－7 所示。多样性指数最高的是 14 号站位为 2.01，最低值出现在 35 号站位为 0.21；物种均匀度指数最高值出现在 40 号站位为 0.96，最低值出现在 35 号站位为 0.19；物种丰富度指数最高的是 14 号站位为 1.47，最低值出现在 35 号站位为 0.20。

表 5-7　10 月调查生物的多样性指数

站位	种类	数量 (个/km²)	D_{Ma}	J'	H'
9	10	44 050	0.84	0.79	1.81
14	18	109 573	1.47	0.70	2.01
16	15	100 763	1.22	0.65	1.77
24	5	14 867	0.42	0.67	1.08
25	7	8 259	0.67	0.77	1.51
30	3	9 912	0.22	0.51	0.56
32	8	62 220	0.63	0.29	0.60
33	7	45 151	0.56	0.27	0.52
35	3	25 328	0.20	0.19	0.21
36	9	15 417	0.83	0.77	1.70
40	4	2 753	0.38	0.96	1.33

三、2014 年生物多样性

(一) 5 月调查结果

调查海域的群落物种多样性指数 H'、物种均匀度指数 J'、物种丰富度指数 D_{Ma} 如表 5-8 所示。多样性指数最高的是 32 号站位为 2.34，最低值出现在 40 号站位为 0.36；物种均匀度指数最高值出现在 14 号站位为 0.94，最低值出现在 40 号站位为 0.16；物种丰富度指数最高的是 25 号站位为 2.14，最低值出现在 30 号站位为 0.55。

表 5-8　5 月调查底栖生物的多样性

站位	种类	数量 (个/km²)	D_{Ma}	J'	H'
14	7	5 506	0.70	0.94	1.83
16	15	58 916	1.28	0.79	2.14
24	7	26 430	0.59	0.50	0.97
25	27	189 413	2.14	0.60	1.98
27	10	18 721	0.92	0.89	2.05
30	6	8 810	0.55	0.76	1.36

（续）

站位	种类	数量 (个/km²)	D_{Ma}	J'	H'
32	18	54 511	1.56	0.81	2.34
33	20	45 151	1.77	0.78	2.33
36	7	44 050	0.56	0.69	1.34
40	9	162 983	0.67	0.16	0.36

（二）10 月调查结果

调查海域的群落物种多样性指数 H'、物种均匀度指数 J'、物种丰富度指数 D_{Ma} 如表 5-9 所示。多样性指数最高的是 11 号站位为 2.02，最低值出现在 40 号站位为 0.19；物种均匀度指数最高值出现在 14 号站位为 0.96，最低值出现在 40 号站位为 0.12；物种丰富度指数最高的是 4 号站位为 1.81，最低值出现在 36 号站位为 0.14。

表 5-9　10 月调查生物的多样性指数

站位	种类	数量 (个/km²)	D_{Ma}	J'	H'
4	8	327 619	1.81	0.32	0.89
11	17	97 460	1.39	0.71	2.02
14	4	2 753	0.38	0.96	1.33
16	3	2 202	0.26	0.95	1.04
27	8	24 227	0.69	0.75	1.56
30	9	28 632	0.78	0.80	1.75
32	8	16 519	0.72	0.84	1.76
33	10	24 778	0.89	0.63	1.45
35	8	15 968	0.72	0.76	1.58
36	2	1 652	0.14	0.92	0.64
40	5	112 326	0.34	0.12	0.19

四、2015 年生物多样性

调查海域的群落物种多样性指数 H'、物种均匀度指数 J'、物种丰富度指数 D_{Ma} 如表 5-10 所示。多样性指数最高的是 27 号站位为 2.36，最低值出现在 16 号站位为 0.80；

物种均匀度指数最高值出现在 40 站位为 0.97，最低值出现在 16 号站位为 0.73；物种丰富度指数最高的是 27 号站位为 1.27，最低值出现在 11 号站位为 0.23。

表 5-10　5 月调查生物的多样性指数

站位	种类	数量（个/km²）	D_{Ma}	J'	H'
4	7	6 057	0.69	0.95	1.85
11	3	7 158	0.23	0.82	0.90
14	4	8 259	0.33	0.82	1.14
16	3	3 854	0.24	0.73	0.80
25	3	4 405	0.24	0.82	0.90
27	13	13 215	1.27	0.92	2.36
40	5	3 304	0.49	0.97	1.56

第六章
海洋捕捞结构现状

辽宁省沿海跨黄海与渤海，水域辽阔，是东北三省唯一的临海省份，也是我国管辖的纬度最高的海域。辽宁近岸沿海有辽河、双台子河、碧流河、鸭绿江等河流入注，营养物质丰富，初级生产力巨大，近海是渔业资源重要的产卵场和索饵场，主要有辽东湾渔场和海洋岛渔场两大渔场，另有部分辽宁籍渔船转港黄海中南部海域作业。小黄鱼、鳀、赤鼻棱鳀、短吻红舌鳎、半滑舌鳎、大泷六线鱼、许氏平鲉、毛虾、中国明对虾、海蜇、三疣梭子蟹、中华绒螯蟹、长蛸等渔业资源在辽宁省近海海域产卵或洄游至该海域索饵育肥（表6-1）。

表6-1　辽宁省经济渔业资源种名录

序号	中文名	拉丁名	所属科
1	孔鳐	*Raja porosa*	鳐科
2	美鳐	*Raja pulchra*	鳐科
3	斑鳐	*Raja kenojei*	鳐科
4	中国团扇鳐	*Platyrhina sinensis*	团扇鳐科
5	斑鰶	*Konosirus punctatus*	鲱科
6	青鳞小沙丁鱼	*Sardinella zunasi*	鲱科
7	太平洋鲱	*Clupea pallasi*	鲱科
8	鳓	*Ilisha elongata*	鲱科
9	凤鲚	*Coilia mystus*	鳀科
10	刀鲚	*Coilia nasus*	鳀科
11	鳀	*Engraulis japonicus*	鳀科
12	赤鼻棱鳀	*Thrissa kammalensis*	鳀科
13	黄鲫	*Setipinna taty*	鳀科
14	安氏新银鱼	*Neosalanx andersoni*	银鱼科
15	中国大银鱼	*Protosalanx chinensis*	银鱼科
16	有明银鱼	*Salanx ariakensis*	银鱼科
17	长蛇鲻	*Saurida elongata*	狗母鱼科
18	星康吉鳗	*Conger myriaster*	康吉鳗科
19	海鳗	*Muraenesox cinereus*	海鳗科
20	秋刀鱼	*Cololabis saira*	竹刀鱼科
21	大头鳕	*Gadus macrocephalus*	鳕科
22	黄线狭鳕	*Theragra chalcogramma*	鳕科
23	扁颌针鱼	*Ablennes anastomella*	颌针鱼科
24	日本下鱵鱼	*Hyporhamphus sajori*	鱵科
25	尖海龙	*Syngnathus acus*	海龙科
26	油魣	*Sphyraena pinguis*	魣科
27	日本魣	*Sphyraena japonica*	魣科
28	细条天竺鲷	*Apogon lineatus*	天竺鲷科
29	鲻	*Mugil cephalus*	鲻科
30	鲛	*Liza haematocheila*	鲻科

（续）

序号	中文名	拉丁名	所属科
31	花鲈	*Lateolabrax japonicus*	鮨科
32	多鳞鱚	*Sillago sihama*	鱚科
33	皮氏叫姑鱼	*Johnius belengerii*	石首鱼科
34	黄姑鱼	*Nibea albiflora*	石首鱼科
35	白姑鱼	*Argyrosomus argentatus*	石首鱼科
36	小黄鱼	*Larimichthys polyactis*	石首鱼科
37	棘头梅童鱼	*Collichthys lucidus*	石首鱼科
38	黑鳃梅童鱼	*Collichthys lucidus*	石首鱼科
39	蓝圆鲹	*Decapterus maruadsi*	鲹科
40	鯒	*Platycephalus indicus*	鯒科
41	真鲷	*Pagrus major*	鲷科
42	云鳚	*Pholis nebulosa*	锦鳚科
43	方氏云鳚	*Pholis fangi*	锦鳚科
44	长绵鳚	*Zoarces elongatus*	绵鳚科
45	玉筋鱼	*Ammodytes personatus*	玉筋鱼科
46	鲔鱚	*Callionymus beniteguri*	鳚科
47	李氏鳚	*Callionymus richardsonii*	鳚科
48	钟馗鰕虎鱼	*Tridentiger barbatus*	鰕虎鱼科
49	斑尾复鰕虎鱼	*Acanthogobius hasta*	鰕虎鱼科
50	矛尾鰕虎鱼	*Chaeturichthys stigmatias*	鰕虎鱼科
51	五带高鳍鰕虎鱼	*Pterogobius zacalles*	鰕虎鱼科
52	红狼牙鰕虎鱼	*Odontamblyopus rubicundus*	鳗鰕虎鱼科
53	东带鱼	*Trichiurus haumela*	带鱼科
54	小带鱼	*Eupleurogrammus muticus*	带鱼科
55	鲐	*Pneumatophorus japonicus*	鲭科
56	蓝点马鲛	*Scomberomorus niphonius*	鲛科
57	朝鲜马鲛	*Scomberomorus koreanus*	鲛科
58	银鲳	*Pampus argenteus*	鲳科
59	许氏平鲉	*Sebastes schlegeli*	鲉科
60	短鳍红娘鱼	*Lepidotrigla micropterus*	鲂鮄科
61	大泷六线鱼	*Hexagrammos otakii*	六线鱼科
62	小杜父鱼	*Cottiusculus gonez*	杜父鱼科
63	绒杜父鱼	*Hemitripterus villosus*	杜父鱼科
64	细纹狮子鱼	*Liparis tanakae*	园鳍鱼科
65	褐牙鲆	*Paralichthys olivaceus*	鲆科
66	桂皮斑鲆	*Pseudorhombus cinnamomeus*	鲆科
67	高眼鲽	*Cleisthenes herzensteini*	鲽科
68	虫鲽	*Eopsetta grigorjewi*	鲽科

（续）

序号	中文名	拉丁名	所属科
69	圆斑星鲽	*Verasper variegates*	鲽科
70	长鲽	*Tanakius kitaharae*	鲽科
71	角木叶鲽	*Pleuronichthys cornutus*	鲽科
72	钝吻黄盖鲽	*Pseudopleuronectes yokohamae*	鲽科
73	石鲽	*Kareius bicoloratus*	鲽科
74	尖吻黄盖鲽	*Pseudopleuronectes herzensteini*	鲽科
75	亚洲油鲽	*Microstomus achne*	鲽科
76	带纹条鳎	*Zebrias zebra*	鳎科
77	半滑舌鳎	*Cynoglossus semilaevis*	舌鳎科
78	短吻红舌鳎	*Cynoglossus joyneri*	舌鳎科
79	短吻三线舌鳎	*Cynoglossus abbreviatus*	舌鳎科
80	窄体舌鳎	*Cynoglossus gracilis*	舌鳎科
81	绿鳍马面鲀	*Navodon modestus*	革鲀科
82	虫纹东方鲀	*Takifugu vermicularis*	鲀科
83	星点东方鲀	*Takifugu niphobles*	鲀科
84	网纹东方鲀	*Takifugu reticularis*	鲀科
85	黄鳍东方鲀	*Takifugu xanthopterus*	鲀科
86	暗纹东方鲀	*Takifugu fasciatus*	鲀科
87	红鳍东方鲀	*Takifugu rubripes*	鲀科
88	菊黄东方鲀	*Takifugu flavidus*	鲀科
89	黄鮟鱇	*Lophius litulon*	鮟鱇科
90	黑鮟鱇	*Lophiomus setigerus*	鮟鱇科
91	火枪乌贼	*Loliolus beka*	枪乌贼科
92	日本枪乌贼	*Loliolus japonica*	枪乌贼科
93	金乌贼	*Sepia esculenta*	乌贼科
94	日本无针乌贼	*Sepiella japonica*	乌贼科
95	双喙耳乌贼	*Sepiola birostrata*	耳乌贼科
96	短蛸	*Octopus fangsiao*	蛸科
97	长蛸	*Octopus minor*	蛸科
98	太平洋褶柔鱼	*Todarodes pacifous*	柔鱼科
99	中国明对虾	*Fenneropenaeus chinensis*	对虾科
100	鹰爪虾	*Trachysalambria curvirostris*	对虾科
101	日本对虾	*Marsupenaeus japonicus*	对虾科
102	中国毛虾	*Acetes chinensis*	樱虾科
103	细螯虾	*Leptochela gracilis*	玻璃虾科
104	鲜明鼓虾	*Alpheus distinguendus*	鼓虾科
105	短脊鼓虾	*Alpheus brevicristatus*	鼓虾科
106	日本鼓虾	*Alpheus japonicus*	鼓虾科
107	刺螯鼓虾	*Alpheus hoplocheles*	鼓虾科
108	脊尾白虾	*Exopalaemon carinicauda*	长臂虾科

（续）

序号	中文名	拉丁名	所属科
109	安氏白虾	*Exopalaemon annandalei*	长臂虾科
110	葛氏长臂虾	*Palaemon gravieri*	长臂虾科
111	敖氏长臂虾	*Palaemon ortmanni*	长臂虾科
112	日本褐虾	*Crangon hakodatei*	褐虾科
113	脊腹褐虾	*Crangon affinis*	褐虾科
114	日本关公蟹	*Heikeopsis japonicus*	关公蟹科
115	红线黎明蟹	*Matuta planipes*	馒头蟹科
116	中华虎头蟹	*Orithyia sinica*	虎头蟹科
117	隆背黄道蟹	*Cancer gibbosulus*	黄道蟹壳
118	三疣梭子蟹	*Portunus trituberculatus*	梭子蟹科
119	日本蟳	*Charybdis japonica*	梭子蟹科
120	中华绒螯蟹	*Eriocheir sinensis*	弓蟹科
121	大寄居蟹	*Pagurus ochotensis*	寄居蟹科
122	口虾蛄	*Oratosquilla oratoria*	虾蛄科
123	海蜇	*Rhopilema esculentum*	根口水母科
124	沙蜇	*Nemopilema nomurai*	根口水母科
125	中国蛤蜊	*Mactra chinensis*	蛤蜊科
126	四角蛤蜊	*Mactra veneriformis*	蛤蜊科
127	紫贻贝	*Mytilus galloprovincialis*	贻贝科
128	虾夷扇贝	*Pantinopecten yessoensis*	扇贝科
129	海湾扇贝	*Argopecten irradians*	扇贝科
130	栉孔扇贝	*Chlamys farreri*	扇贝科
131	菲律宾蛤仔	*Ruditapes philippinarum*	帘蛤科
132	文蛤	*Meretrix meretrix*	帘蛤科
133	青蛤	*Cyclina sinensis*	帘蛤科
134	魁蚶	*Scapharca broughtoni*	蚶科
135	毛蚶	*Scapharca kagoshimensis*	蚶科
136	栉江珧	*Atrina pectinata*	江珧科
137	长竹蛏	*Solen gouldi*	竹蛏科
138	缢蛏	*Sinonovacula constricta*	竹蛏科
139	光滑篮蛤	*Potamocorbula laevis*	篮蛤科
140	脉红螺	*Rapana venosa*	骨螺科
141	香螺	*Neptunea arthritica*	蛾螺科
142	泥螺	*Bullacta exarata*	阿地螺科
143	扁玉螺	*Neverita didyma*	玉螺科
144	纵肋织纹螺	*Nassarius variciferus*	织纹螺科
145	皱纹盘鲍	*Haliotis discus*	鲍科
146	仿刺参	*Apostichopus japonicus*	刺参科

注：本表所列种类为辽宁籍渔船捕捞种类，作业区域并不仅局限于辽宁近海。

第一节　辽宁省代表性地区的渔业概况

一、大连市

大连市地处辽东半岛的最南端，东濒黄海，西临渤海，处于环渤海经济圈的圈首，是京津的门户，是副省级、沿海开放城市。

大连辖6个区（中山区、西岗区、沙河口区、甘井子区、旅顺口区、金州区，前4区称为"市内四区"），代管3个县级市（瓦房店市、普兰店市、庄河市，称为"北三市"）和1个海岛县（长海县）。

大连市海域面积广阔，是辽宁省主要的捕捞力量所在地区。大连市2016年共有各类型捕捞渔船11 348艘，占辽宁省捕捞渔船总数的54.79%。集中了辽宁省447.4 kW以上渔船的82.03%，44.7~447.4 kW范围渔船的35.07%，44.7 kW以下渔船的62.12%。各功率范围渔船数量按1∶8∶36的比例分布，44.7 kW以下渔船所占比例较大。大连市有拖网、刺网、定置网、围网、钓业、笼壶多种作业类型，刺网、拖网、定置网为主要作业类型。

二、葫芦岛市

葫芦岛市地处辽宁省西南部，1989年建市，是环渤海经济圈最年轻的城市。东邻锦州，西接山海关，南临辽东湾，与大连、营口、秦皇岛、青岛等市构成环渤海经济圈，扼关内外之咽喉，是中国东北的西大门，为山海关外第一市。葫芦岛2016年共有渔船2 349艘，刺网船2 334艘，其他15艘，全为中小功率渔船。基本为木质渔船。葫芦岛市渔船主要作业区域位于渤海和葫芦岛市沿海，每年有400~500艘较大功率渔船出渤海到黄海作业。主要作业渔具为流刺网、毛虾网、海蜇网等，有少部分定置网具，还有部分小功率渔船使用扒拉网作业。

葫芦岛市统计渔港总数16个，绥中申江渔港为中型渔港，剩余的15个渔港均为小型渔港，绥中渔港有12个，数量最多。停靠船只以辽东湾海域作业的本地、外地刺网船为主，日常船数不超过100条。代表性渔港有兴城小坞渔港、笊笠头子渔港、二河口新村渔港、团山子渔港、天龙寺渔港、张见渔港、赵家渔港、杨家渔港、止锚湾渔港等。

三、大连瓦房店市

瓦房店市为大连市所辖北三市之一，位于辽东半岛中西部，地处 39°20′—40°07′N、121°13′—122°16′E；全境总面积 3 793.5 km²，城市建成区面积 30 km²。海岸线长 461.2 km，占大连市海岸线总长度的 24.2%。渔业人均年收入 11 829 元，渔业劳动力人均年收入 16 581 元，渔业人口 16 788 人，渔业从业人员 11 201 人。专业从业人员：捕捞 3 103 人，养殖 1 393 人，其他 645 人。

瓦房店市 2016 年共有渔船 1 028 艘，其中 447.4 kW 以上的 10 艘，为钢制船，其余的皆为木质渔船。总功率约 10 000 kW。拖网船 85 艘，刺网船 649 艘，张网船 294 艘。刺网、拖网为主要作业方式。主要作业海域有：近岸、旅顺、海洋岛、龙须岛、山东石岛、韩国。近岸作业渔船主要为小功率渔船，主要捕捞杂鱼虾；旅顺、海洋岛、石岛、龙须岛作业的渔船主要为大功率的拖网和刺网船。大功率钢质拖网船主要捕捞刀鱼、鲅鱼、花鱼、鲐鱼、鱿鱼等，刺网船主要捕捞花鱼、鲅鱼等。瓦房店主要渔港有将军石渔港和复州湾山前港，均为小型渔港，上岸量不足 0.2 万 t，日常停靠船数 50 艘左右。

四、大连庄河市

庄河市位于辽东半岛东侧南部，大连市东北部，为大连市所辖北三市之一。地理坐标为 122°29′—123°31′E、39°25′—40°12′N。自然海岸线长 285 km，在全省县级市间列第三位。海域总面积约 29.3 万 hm²，其中滩涂面积约 2.67 万 hm²，10 m 等深线以内海域 10 万 hm²。全市建有水产品加工企业 78 家，单次冷藏能力 5 万 t，日冻结能力 5 000 t，年加工能力达到 25 万 t。其中，获得欧盟注册企业 20 家，HACCP 认证企业 37 家，ISO 体系认证企业 13 家。2009 年完成水产品加工产量 35 万 t，实现产值 37 亿元。

庄河市 2016 年共有渔船 2 084 艘，其中拖网船 79 艘，占 3.79%；刺网船 1 652 艘，占 79.27%；张网船 101 条，占 4.85%；钓业 148 艘，占 7.10%；其他 104 艘，占 4.99%。中小功率刺网船是庄河市的主要作业方式。庄河市渔船作业时间最早在 3 月中旬，主要是定置网具捕捞蟛虾、夹板虾等。其他渔船一般在 3 月下旬至 4 月初开始作业。到 11 月底近岸捕捞全部结束。近岸生产主要在海洋岛渔场。具体位置在 16 区的 8、9 小区，17 区的 5、6、7、8、9 小区，31 区。庄河市每年有 600 余艘 88.3 kW 渔船分别在烟威渔场，连、青、石渔场和大沙渔场进行转港捕捞。近岸捕捞对象主要有：黄花鱼、鲐鱼、鲅鱼、石冈鱼、花鱼、小白鱼、鳀、梭子蟹、日本蟳、口虾蛄、鹰爪虾、对虾、鼓虾、长蛸、短蛸、沙蚬、白蚬、海螺等。庄河市 2 000 余艘渔船近些年来年产量始终维持在 11 万 t 左右，年产值在 8 亿元左右。庄河市共有渔港 25 处，均为小型渔港，渔获上岸量不足 1 万 t。具地方代表性的渔港有高丽城渔港、大圈渔港、黑岛流网圈渔港等。

第二节　辽宁省近岸主要渔港及分布

总共统计调查了辽宁沿岸大小不一的 57 个渔港。辽东湾西侧的绥中近岸是中小型渔港的集中分布区，主要卸货渔船作业类型为流刺网渔船，捕捞对象为口虾蛄、三疣梭子蟹、日本蚂、毛虾、小黄鱼、鼓虾等，代表性渔港为张见渔港。辽东湾北部渔港为海蜇生产船的主要卸货渔港，代表性渔港有二界沟群众一级渔港、南凌渔港等。大连近岸渔港为拖网船的主要卸货渔港，如龙王塘渔港，集中了辽宁近一半的双拖网渔船。另外，辽宁籍的定置张网类渔船的主要卸货渔港分布在将军石港和大东沟港（表 6-2）。

表 6-2　辽宁省主要渔港信息

序号	渔港名称	经度	纬度	属地	规模
1	龙王塘渔港	121°23′53″	38°49′13″	高新园区	大型
2	老虎滩渔港	121°40′48″	38°52′32″	中山区	中型
3	大连湾渔港	121°42′39″	39°00′52″	甘井子区	大型
4	杏树屯小河口渔港	122°11′56″	39°15′51″	金州	小型
5	南尖渔港	123°24′23″	39°43′57″	栗子房	小型
6	北海渔港	121°11′33″	38°56′39″	旅顺口区	小型
7	拉树山渔港	121°35′33″	39°15′18″	金州	小型
8	后石村渔港	121°37′21″	39°10′36″	金州	小型
9	四块石渔港	122°35′00″	39°15′00″	大长山	中型
10	皮口渔港	122°05′06″	39°25′19″	皮口	小型
11	碧流河渔港	122°30′11″	39°30′42″	城子坦	中型
12	南尖子渔港	123°25′00″	39°44′00″	栗子房	小型
13	大圈渔港	123°27′42″	39°45′12″	栗子房	小型
14	黑岛流网圈渔港	123°16′27″	39°42′13″	黑岛	小型
15	柏岚子港	121°13′00″	38°45′00″	铁山	中型
16	艾子口港	121°07′00″	38°56′00″	双岛	中型
17	小黑石港	121°14′38″	38°57′23″	三涧	中型
18	荞麦山港	121°35′24″	39°11′14″	大魏家	小型
19	蛤蜊岛渔港	123°02′00″	39°39′00″	兴达	小型
20	大圈渔港	123°27′42″	39°45′12″	栗子房	小型
21	山龙头渔港	123°15′46″	39°47′36″	青堆	小型
22	高丽城渔港	122°37′12″	39°28′59″	花园口	小型
23	正明寺港	122°04′00″	39°07′00″	正明寺村	中型
24	大东沟港	124°07′41″	39°51′22″	丹东	大型

（续）

序号	渔港名称	经度	纬度	属地	规模
25	獐岛港	123°48′55″	39°47′41″	丹东	小型
26	海洋红港	123°33′34″	39°46′06″	丹东	小型
27	鹿岛港	123°43′50″	39°45′43″	丹东	小型
28	田家崴子渔港	122°11′29″	40°21′51″	盖州市	小型
29	兴城小坞渔港	120°48′15″	40°37′01″	兴城	小型
30	笊笠头子渔港	120°57′55″	40°47′11″	龙港	小型
31	锦州中心渔港	121°05′38″	40°50′52″	锦州	中型
32	南凌渔港	121°15′00″	40°57′22″	锦州	中型
33	二界沟群众一级渔港	121°56′21″	40°45′50″	大洼县	中型
34	三道沟渔港	121°45′00″	40°53′00″	盘山县	中型
35	四道沟渔港	122°08′54″	40°37′45″	营口	小型
36	光辉渔港	122°11′45″	40°23′42″	盖州市	小型
37	二河口新村渔港	120°27′49″	40°12′40″	绥中	小型
38	团山子渔港	120°12′00″	40°12′00″	绥中	小型
39	白龙滩渔港	120°25′05″	40°11′39″	绥中	小型
40	大南铺渔港	120°24′48″	40°11′42″	绥中	小型
41	天龙寺渔港	120°22′56″	40°11′48″	绥中	小型
42	尚家渔港	120°20′07″	40°11′06″	绥中	小型
43	南山渔港	120°18′44″	40°10′55″	绥中	小型
44	张见渔港	120°13′32″	40°07′54″	绥中	小型
45	申江渔港	120°07′17″	40°06′05″	绥中	中型
46	石河口渔港	120°05′36″	40°05′21″	绥中	小型
47	照山渔港	120°05′15″	40°05′06″	绥中	小型
48	东湾子渔港	120°03′46″	40°05′06″	绥中	小型
49	盐滩渔港	120°02′06″	40°04′48″	绥中	小型
50	大台渔港	120°01′55″	40°04′49″	绥中	小型
51	大架子渔港	120°01′12″	40°04′42″	绥中	小型
52	赵家渔港	119°59′42″	40°04′00″	绥中	小型
53	洪家渔港	119°58′49″	40°03′42″	绥中	小型
54	杨家渔港	119°59′02″	40°03′42″	绥中	小型
55	小李渔港	119°57′18″	40°03′30″	绥中	小型
56	新民渔港	119°56′20″	40°03′02″	绥中	小型
57	止锚湾渔港	119°59′02″	40°03′42″	绥中	小型

第三节　渔船信息

　　根据 2016 年辽宁省渔业统计资料，我们统计了辽宁省沿海六市渔船的作业类型、数量、功率范围。辽宁省渔船共计 20 712 艘。

一、各市渔船分作业类型统计

大连市共有渔船 11 348 艘，占辽宁省渔船总数的 54.79%，主要作业类型为刺网、拖网、张网、钓业；营口市共有各类型渔船 2 410 艘，占辽宁省渔船总数的 11.64%，主要作业类型为刺网；葫芦岛市共有各类型渔船 2 349 艘，占辽宁省渔船总数的 11.34%，主要作业类型为刺网；丹东市共有各类型渔船 2 057 艘，占辽宁省渔船总数的 9.93%，主要作业类型为拖网、刺网；锦州市共有各类型渔船 702 艘，占辽宁省渔船总数的 3.39%，主要作业类型为刺网、张网；盘锦市共有各类型渔船 1 846 艘，占辽宁省渔船总数的 8.91%，主要作业类型为刺网、张网（图 6-1 和图 6-2）。

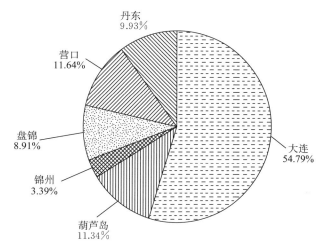

图 6-1　辽宁省 2016 年各市捕捞渔船数量统计

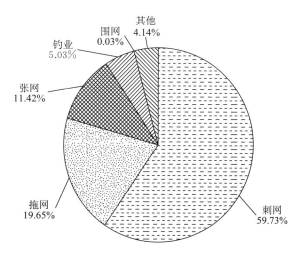

图 6-2　辽宁省 2016 年各作业类型捕捞渔船数量统计

辽宁省刺网船共 12 371 艘，占总船数的 59.73%，主要分布在大连、营口、葫芦岛、盘锦；拖网船 4 070 艘，占总船数的 19.65%，主要分布在大连、丹东；张网船 2 365 艘，占总船数的 11.42%，主要分布在大连、锦州；钓业渔船 1 041 艘，占总船数的 5.03%，仅分布在大连；围网船 6 艘，占总船数的 0.03%，仅分布在大连（表 6-3、图 6-3 和图 6-4）。

表 6-3　辽宁省 2016 年各市渔船分作业类型统计表（艘）

网具	大连	葫芦岛	锦州	盘锦	营口	丹东	合计
拖网	2 638	0	0	0	2	1 430	4 070
刺网	5 057	2 334	337	1 626	2 408	609	12 371
钓业	1 036	0	0	5	0	0	1 041
围网	6	0	0	0	0	0	6
张网	1 970	0	305	90	0	0	2 365
其他	641	15	60	125	0	18	859
合计	11 348	2 349	702	1 846	2 410	2 057	20 712

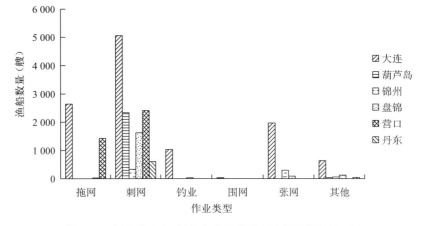

图 6-3　辽宁省 2016 年各市分作业类型渔船数量统计（1）

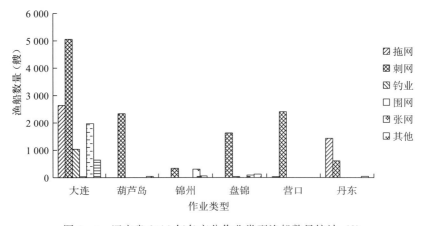

图 6-4　辽宁省 2016 年各市分作业类型渔船数量统计（2）

二、各市渔船分功率范围统计

447.4 kW 以上的渔船共有 306 艘，占渔船总数的 1.48％。447.4 kW 以上的渔船中，大连市共有 251 艘，占 82.03％；盘锦市 55 艘，占 17.97％。拖网是辽宁省 447.4 kW 以上渔船的主要作业类型（表 6-4、图 6-5、图 6-6 和图 6-7）。

表 6-4　辽宁省 2016 年各市渔船数量分功率范围统计（艘）

功率范围	大连	葫芦岛	锦州	盘锦	营口	丹东	合计
447.4 kW 以上	251	0	0	55	0	0	306
44.7～447.4 kW	2 048	854	371	250	1 266	1 051	5 840
44.7 kW 以下	9 049	1 495	331	1 541	1 144	1 006	14 566
合计	11 348	2 349	702	1 846	2 410	2 057	20 712

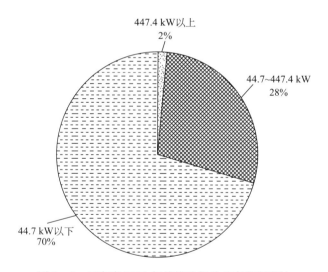

图 6-5　辽宁省 2016 年捕捞渔船分功率范围统计

44.7～447.4 kW 的渔船共有 5 840 艘，占渔船总数的 28.20％；其中大连 2 048 艘，占 35.07％；营口 1 266 艘，占 21.68％；丹东 1 051 条，占 18.00％。刺网与拖网是辽宁省 44.7～447.4 kW 范围内渔船的主要作业类型。

44.7 kW 以下的渔船共计 14 566 艘，占渔船总数的 43.69％。大连共有 9 049 艘，是辽宁省 44.7 kW 以下渔船总数的 62.12％；葫芦岛 1 495 艘，是辽宁省 44.7 kW 以下渔船总数的 10.26％。刺网是辽宁省 44.7 kW 以下渔船的主要作业类型。

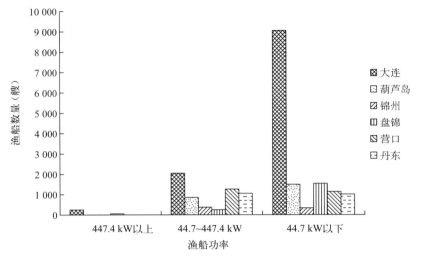

图 6-6　辽宁省 2016 年渔船分马力范围统计

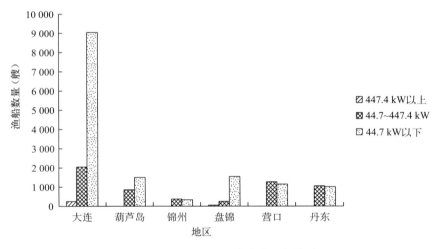

图 6-7　辽宁省 2016 年各市渔船统计

第四节　辽宁省渔业的主要捕捞力量

一、黄海北部的双拖网（浮拖）渔船

辽宁的双拖网（浮拖）主要分布在大连与丹东。综合分析各市海洋与渔业局提供的信息，辽宁的双拖网（浮拖）船数在 1 000 艘左右。主要作业海区为黄海北部海洋岛渔场。部分渔船进入 12 月后转港到山东烟威渔场进行捕捞。另外，部分渔船是中韩经济水域作业船只。主要捕捞对象为鳀、小黄鱼、蓝点马鲛、斑鰶、黄鲫、鲳鱼等中上层鱼类。上半年作业时间自 5 月初开始至休渔，下半年作业时间自 9 月至 11 月底前后。单船功率一般 223.7 kW 左右，双船作业。雇工 18 人左右，大连地区的双拖网渔船务工人员一般均为外地人员。维持 1 年运转需要 120 万元左右，其中油费 70 万元左右，雇工费用 50 万元左右。双拖网渔船作业功率大，捕捞效率高，是辽宁黄海北部的主要捕捞力量（表 6 - 5）。

表 6 - 5　代表性双拖网渔船 2016 年产量统计（kg）

种类	4 月	5 月	9 月	10 月	11 月	12 月	合计
带鱼	0	0	14 606	26 590	0	18 490	59 686
小黄鱼	3 817	1 512	0	13 233	0	10 922	29 484
鲳	0	0	739	1 181	0	921	2 841
马面鲀	0	0	0	0	0	2 356	2 356
鲌	0	1 057	0	16 850	0	12 918	30 826
马鲛	2 719	320	30 474	106 933	1 801	73 310	215 556
鳀	653	931	0	0	0	0	1 584
鲆鲽类	251	208	0	3 119	0	2 518	6 096
太平洋褶鱿鱼	0	0	0	0	5 257	0	5 257
毛虾	18 093	0	0	0	0	0	18 093
其他	0	219	0	0	378	0	597
合计	25 533	0	45 819	167 906	7 436	121 434	372 375

注：主机功率 257.4 kW。

二、黄海北部的单拖网渔船

主要分布在大连和丹东地区。单船功率 74.6 kW 左右。捕捞对象主要有脉红螺、虾蟹类、乌贼、章鱼、海胆、鲆鲽类、鮟鱇、狮子鱼等中下层经济鱼类。大连地区的单拖网渔船在 9 月因方氏云鳚幼鱼资源较好，一般更换双拖网渔具，双船拖网捕捞方氏云鳚幼鱼（表 6 - 6）。

表 6 - 6　代表性单拖网渔船 2016 年产量统计（kg）

种类	4 月	5 月	9 月	10 月	11 月	12 月	合计
鮟鱇	0	0	0	0	917	243.5	1 160.5
鲆鲽类	0	2	161.5	140	11	0	314.5
章鱼	12	323.5	14	12	137	63.5	562
梭子蟹	0	19.4	333	285	0	0	637.4
日本蚵	211.5	337.6	306	260	111.5	0	1 226.6
其他蟹类	0	0	0	0	0	0	0

（续）

种类	4月	5月	9月	10月	11月	12月	合计
虾类	0	0	248.8	212	5 575	0	6 035.8
海蜇	0	0	0	0	0	0	0
大型水母	0	0	14 911.5	11 900	0	0	26 811.5
毛虾	0	0	0	0	0	0	0
其他	1 000.5	5 512.5	1 678	1 425	2 075	313	12 004
鲕类	0	0	13	12	0	0	25
合计	1 224	6 195	17 665.8	14 246	8 826.5	620	48 777.3

注：主机功率 95.5 kW。

三、辽东湾的口虾蛄刺网船

辽东湾水域的口虾蛄刺网船主要分布在葫芦岛地区，约 200 艘。作业海区 25 区、13 区，主要捕捞对象为口虾蛄、日本蚂、三疣梭子蟹等。单船功率 223.7 kW 左右，雇工 8 人左右。维持 1 年运行总支出 55 万元左右，其中人工费 20 万元左右，油费 15 万元左右，网具费 20 万元左右。上半年作业时间自 3 月下旬开始至休渔，下半年作业时间自 9 月至 12 月中旬（表 6-7）。

表 6-7　代表性刺网渔船 2016 年产量统计（kg）

种类	4月	5月	9月	10月	11月	合计
小黄鱼	0	0	15 500	0	0	15 500
虾类	79 500	85 500	0	0	100	165 100
海蜇	0	0	2 500	0	0	2 500
大型水母	0	0	0	0	0	0
毛虾	0	0	80 550	0	8 210	88 760
其他	0	0	0	21 525	13 650	35 175
合计	79 500	85 500	98 550	21 525	21 960	307 035

注：主机功率 223.7 kW。

四、辽东湾的毛虾流网及青虾网船

主要分布在锦州、葫芦岛地区，约 200 艘，主要捕捞对象为毛虾、葛氏长臂虾、日本鼓虾、口虾蛄、小黄鱼等。单船功率 223.7 kW 左右，维持 1 年运转成本约 65 万元，其中人工费约 20 万元，油费约 20 万元，网具费用约 20 万元，维修费用约 5 万元。根据渔汛及市场情况，选择毛虾网或者青虾网作业。上半年作业时间自 3 月下旬始至休渔，下半年作业时间自 9 月始至 12 月中下旬结束（表 6-8）。

表 6-8　代表性青虾网渔船 2016 年产量统计 （kg）

种类	4 月	5 月	9 月	10 月	11 月	合计
鼓虾	3 550	3 900	4 500	3 100	2 000	17 050
葛氏长臂虾	1 300	1 800	2 100	1 400	900	7 500
口虾蛄	0	0	1 930	1 200	700	3 830
小黄鱼	0	0	1 100	600	0	1 700
鲬	0	0	600	800	400	1 800
舌鳎	0	0	1 030	550	0	1 580
杂鱼	1 500	1 940	2 000	990	890	7 320
杂虾	3 500	6 010	9 550	5 500	4 100	28 660
合计	9 850	13 650	22 810	14 140	8 990	69 440

注：主机功率 223.7 kW。

五、辽东湾的海蜇生产船

分布在辽东湾沿岸的葫芦岛、锦州、盘锦、营口等地区。作业功率 8.9～223.7 kW。捕捞对象为辽东湾的自然生长及增殖放流的海蜇资源。海蜇生产的特点是渔汛持续时间短，一般 2～3 d 结束。作业渔船数量多、范围广，政府管理力度大，是涉及辽东湾沿岸渔业和谐稳定的敏感因素。从历史资料看，锦州、营口、盘锦的海蜇资源较为丰富。

六、辽东湾及黄海北部沿岸的小功率渔船

这部分渔船数量较多，作业方式一般为定置网、流刺网、单拖网。定置网捕捞对象主要为经济价值较低的沙蜇、细螯虾、口虾蛄、日本鼓虾、小黄鱼等。辽东湾内的小功率定置网渔船主要分布在瓦房店，黄海北部的定置网渔船主要分布在旅顺、长海县、东港。流刺网渔船主要捕捞对象为小黄鱼、口虾蛄、梭子蟹等，分布在整个辽东湾沿海，根据渔情好坏选择性作业的特点显著。单拖网渔船主要分布在黄海北部沿岸的大连、丹东地区，选择性作业的特点也比较突出（表 6-9）。

表 6-9　代表性定置网渔船 2016 年产量统计 （kg）

种类	3 月	4 月	5 月	9 月	10 月	11 月	合计
小黄鱼	0	0	0	1 455	215	456	2 126
鲻梭鱼	91	0	0	0	0	0	91
太平洋褶鱿鱼	0	0	0	0	133	0	133
章鱼	0	0	0	14	44	0	58

（续）

种类	3月	4月	5月	9月	10月	11月	合计
梭子蟹	0	0	0	0	0	31	31
日本蟳	0	0	0	0	0	153	153
其他蟹类	0	0	0	0	0	0	0
虾类	182	1 354	3 089	94	237	384	5 340
大型水母	0	0	0	85 050	8 800	0	93 850
毛虾	1 401	1 190	1 044	645	295	0	4 575
其他	2 331	3 398	4 519	0	0	4 620	14 868
合计	4 005	5 942	8 652	87 258	9 724	5 644	121 225

注：主机功率 22.4 kW。

七、黄海中南部作业的转港船

黄海中南部海域内分布着石岛渔场、连青石渔场、大沙渔场等多个优质渔场，是鳀、小黄鱼、鲐、蓝点马鲛等鱼类的越冬场、索饵场，也是多种洄游性经济鱼类进入黄渤海沿岸产卵场的必经之路。特殊的地理、水文环境形成了黄海中南部丰富的渔业资源，也使黄海中南部海域成为了渔业开发利用的热点海域。据统计，辽宁籍渔船在黄海中南部的捕捞产量自 2007 年至 2009 年始终维持在 20 万 t 以上，捕捞船数保持在 4 000 艘以上，该海域活跃的渔业生产活动体现了辽宁渔业对黄海中南部海域的依赖。

近年来，随着国家经济大环境的持续高速发展，国内市场对水产品的需求日益加大，在市场拉动及充裕资金投入的双重作用下，渔业捕捞能力严重过剩，近岸水域渔业资源利用过度，渔获物品质低值化、幼龄化的态势严峻。辽宁省捕捞信息动态采集监测结果表明，自 2009 年起，辽东湾内小黄鱼、蓝点马鲛等洄游性鱼类资源一直维持在较低水平。尤其是蓝点马鲛资源，连续 4 年在辽东湾内未形成大规模渔汛，春汛期间的产卵蓝点马鲛亲体在进入辽东湾前基本在烟威渔场附近利用完毕。目前辽东湾内的规模渔业生产主要局限在海蜇、中国明对虾、三疣梭子蟹、沙蜇、口虾蛄、鼓虾等增殖放流品种及低值虾蟹类。同时，渔船机动作业能力加强，辽宁捕捞力量主体的大功率渔船则选择转港黄海中南部海域生产或者沿经济鱼类洄游路线逐鱼群生产。蓝点马鲛、小黄鱼、鳀等经济鱼种在产卵洄游季节，进入辽东湾、黄海北部沿岸传统产卵场前就已被充分利用。高强度的捕捞活动，干预了渔业资源繁衍补充的亲体数量，限制了产卵场及休渔期对渔业资源的修复、养护，不利于渔业资源的可持续、健康发展。

此背景下，黄渤海渔业作业渔场则不断南下、东扩，机动能力强的辽宁籍渔船转港生产现象比较普遍，黄海中南部作业的辽宁籍渔船普遍为 447.4 kW 以上机动能力较强的渔船。可以看出，目前辽宁籍渔船作为捕捞力量主体的大功率渔船对黄海中南部海域渔业资源的依赖十分显著（表 6-10 和图 6-8）。

表 6-10　代表性流刺网渔船 2016 年产量统计 （kg）

种类	3 月	4 月	5 月	9 月	10 月	11 月	合计
鲳	0	0	0	72	2 290	2 020	4 382
蓝点马鲛	0	0	0	1 650	3 825	3 580	9 055
鲆鲽类	1 010	2 430	2 300	1 830	2 410	1 830	11 810
梭子蟹	0	0	0	600	1 240	1 190	3 030
小黄鱼	0	380	400	410	485	380	2 055
日本蟳	0	0	0	880	1 185	990	3 055
中国明对虾	750	920	1 010	1 060	1 170	1 110	6 020
鲬类	2 420	2 640	2 670	2 430	3 170	3 020	16 350
合计	4 180	6 370	6 380	8 932	15 775	14 120	55 757

注：主机功率 447.4 kW。

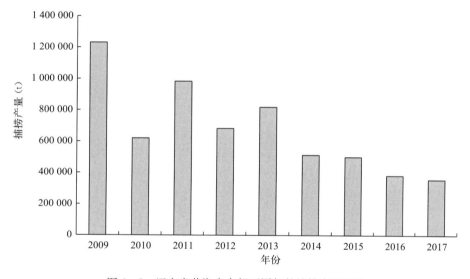

图 6-8　辽宁省黄海中南部不同年份捕捞产量统计

　　而随着周边国家 200 n mile（约 370 km）专属经济区的相继实施，中韩渔业协定的签署生效，黄海中南部水域渔业资源的管理已常态化、规范化，我国渔船传统作业渔场进一步压缩，在捕捞能力过剩的压力及追逐优质渔业资源的动力驱使下，部分渔船冒风险违规作业动机加大，2010 年、2011 年皆发生过因违法引起的冲突事件，增加了渔业管理的成本及压力。

第五节　辽宁省主要渔场和鱼种资源动态变化

　　辽宁省沿海自东向西，从黄海北部至辽东湾，分布着两大传统渔场，即辽东湾渔场和黄海北部的海洋岛渔场，是维持辽宁沿海渔民生计的主要作业渔场，其海洋捕捞产量及产值在海洋渔业经济中占有较大比例，两大传统渔场在海洋渔业产业发展中发挥着重要作用。另外，近年来，随着渔船功率提高，捕捞能力增强，有部分较大功率渔船转港至黄海中南部海域作业，渔船作业能力及产量均很可观。

经辽宁省捕捞信息动态采集统计，辽宁 2009 年至 2017 年总产量 609.16 万 t，平均每年产量 67.68 万 t。辽宁自 2009 年至 2017 年，鳀、蓝点马鲛、洄游性鱼类逐渐衰退，辽东湾内多年无法形成渔汛；梭子蟹、日本蚂、口虾蛄等虾蟹类成为近岸渔业主要依赖利用对象；海蜇资源持续衰退，沙蜇虽价格低廉，在海蜇衰退的背景下，成为沿岸渔民的替代捕捞对象，纵向时间跨度来看，资源波动较大；中国明对虾收益于放流逐年形成小规模渔汛；鲐是维持黄海北部双拖网渔船生存的捕捞主体，产量小幅波动；地笼网等新型低油耗、破坏性网具规模逐渐扩大。整体看，在辽宁省的捕捞结构中，沙蜇、杂虾等低值渔获物比例越来越高，经济鱼类基本依靠转港生产，地笼网等过渡渔具逐渐扩大作业范围，捕捞压力日趋加大（图 6-9 和图 6-10）。

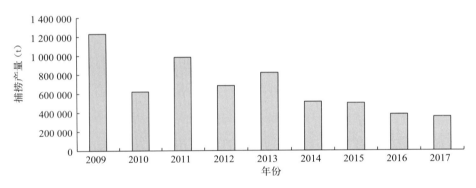

图 6-9　辽宁省 2009—2017 年捕捞产量统计

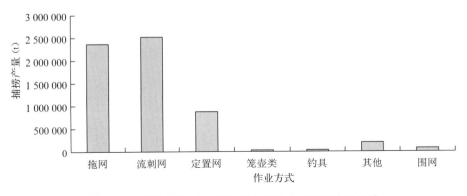

图 6-10　辽宁省 2009—2017 年分作业方式捕捞产量统计

一、辽东湾渔场

目前辽东湾内具备一定规模的捕捞对象有海蜇、口虾蛄、日本蚂、三疣梭子蟹、毛虾、日本鼓虾、小黄鱼、沙蜇等。2009 年渤海捕捞总产量约为 31.22 万 t。

海蜇是辽东湾沿岸渔民赖以生存的重要渔业品种，近年来辽宁各级政府开展了海蜇人工增殖放流工作，效果显著。2009 年辽东湾海蜇 7 月 20 日统一开捕，7 月 24 日基本结束。投产渔船 9 461 艘，统计产量 2.35 万 t，总产值 2.35 亿元。海蜇增殖放流期间，辽东湾海蜇维持在 2 万～3 万 t 的捕捞量。自 2010 年辽宁省取消海蜇增殖放流后，辽宁省海蜇捕捞量锐减至 1 000 t 左右。

口虾蛄、日本蚂、三疣梭子蟹是辽东湾内口虾蛄刺网渔船的专捕对象，也是毛虾流网、青虾网渔船的兼捕对象。高产海区为 25 区、13 区。口虾蛄、三疣梭子蟹、日本蚂是经济价值较大的捕捞对象，在市场上一般以鲜活产品出售，售卖价格受市场需求及供应情况影响波动较大。辽东湾内的口虾蛄刺网主捕船 200 艘左右，功率 149.1～223.7 kW，主要卸货渔港分布于辽东湾西侧锦州、绥中沿岸渔港。

毛虾与日本鼓虾分别是毛虾流网、青虾网渔船的专捕对象。辽东湾内的毛虾流网、青虾网渔船约 200 艘。据渔汛及市场选择不同作业网具。主捕对象为毛虾、日本鼓虾、兼捕小黄鱼、口虾蛄、日本蚂、三疣梭子蟹。毛虾高产月为 8 月下旬至 9 月底。

沙蜇是近年来才成为辽东湾沿岸渔民的专捕对象的。作业渔船类型为定置网、流刺网等，高产月自 7 月下旬至 9 月下旬。辽东湾内的沙蜇产量很高，价值不高。主要利用途径是加工成海蜇皮出售。

二、黄海北部渔场

黄海北部海域是辽宁捕捞业的重要作业海域。主要捕捞对象有鳀、小黄鱼、蓝点马鲛、鲐、斑鰶、黄鲫、鲳、鲆鲽类、鳎类、鲅鳚、鳙、口虾蛄、蟹类等。

鳀是黄海北部作业的双拖网（浮拖）渔船的主要捕捞对象，是维持大连、丹东籍双拖网渔船盈利的重要资源，2009 年鳀捕捞量在 16.55 万 t，为近年来的高产年份，自 2010 年至 2017 年，鳀的捕捞量整体呈现下降趋势，个别年份，鳀在上半年已无法洄游至黄海北部海域，双拖网渔船上半年呈现停产状态。

小黄鱼是辽东湾及黄海北部海区多种作业渔船的主捕及兼捕对象，是黄海北部双拖网、流刺网渔船的主捕对象，也是黄海中南部流刺网渔船的专捕对象。2009 年小黄鱼捕捞量 19.25 万 t，为近 9 年来最高产年份。小黄鱼的资源趋势与鳀基本一致，自 2010 年逐年衰退，辽东湾、黄海北部海域后期基本无规模渔汛，辽宁近岸海域小黄鱼成为兼捕对象。

黄海北部分布着蓝点马鲛的产卵场及索饵场，近年来在过高捕捞压力下，黄海北部蓝点马鲛资源与鳀、小黄鱼呈现类似的衰退趋势，自2009年至2017年，已经难以形成规模渔汛，蓝点马鲛在洄游至烟威渔场附近时，基本已经捕捞殆尽。

三、黄海中南部渔场

黄海中南部的作业渔场主要分布在石岛渔场、连青石渔场和大沙渔场。作业类型主要为双拖网、单拖网、流刺网和围网，其中采用围网作业的主要是辽渔集团。以2009年为例，在黄海中南部作业的流刺网渔船2 062艘，占总作业船只的49.05%；双拖网渔船950艘，占总作业船只的22.6%；单拖网渔船1 175艘，占总作业船只的27.95%；围网作业渔船17艘，占总作业船只的0.4%（图6-11）。据统计，2009年辽宁籍渔船在黄海中南部海域完成捕捞产量226 684.8 t，产值约120 488.2万元。主要渔获品种为小黄鱼、三疣梭子蟹、鳀、鲆鲽类、蓝点马鲛，所占比重分别为12.67%、8.93%、8.21%、7.15%和3.09%（图6-12）。

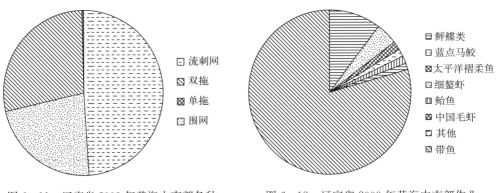

图6-11 辽宁省2009年黄海中南部各种
作业类型组成

图6-12 辽宁省2009年黄海中南部作业
渔船渔获物组成

第六节 渔汛时间

辽宁渔业呈现如下作业规律，每年3、4月，黄海北部渔场单拖网渔船陆续出海作业，辽东湾内口虾蛄刺网渔船逐渐下网抢占网地，4月下旬口虾蛄专捕渔汛结束。5月，黄海北部、黄海中南部双拖网渔船开始出海作业，主要捕捞对象小黄鱼、方氏云鳚等，近岸小功率定置网、流刺网、拖网渔船开始作业。6—8月，进入全国休渔期。2017年休渔时间调整为5月1日后，上述作业方式各压缩一个月的生产时间。

　　休渔期结束后，辽宁各作业类型渔船开始进入下半年的高产季节。黄海北部、黄海中南部的双拖网渔船主捕对象为鳀、小黄鱼。其中，鳀的渔汛时间自9月开始，可维持1个半月的高产渔汛；小黄鱼自9月初开始，可维持2个月的高产渔汛。辽东湾内的毛虾生产自休渔结束进入全年捕捞高峰时段，高产时段可持续1个月，后续捕捞活动可持续到12月。辽东湾内口虾蛄生产自9月进入全年的捕捞高峰时段，高产时间2个月，后续捕捞活动可持续到12月初。黄海北部、黄海中南部单拖网渔船自9月初进入全年的捕捞高峰时段，捕捞活动可持续到12月。

第七节　各种作业类型渔船有效作业时间和出航率

　　小功率单拖网、流刺网渔船一般近岸生产，根据海上资源状况选择性作业的情况较为普遍，2009年至2017年这部分渔船的有效作业时间及出航率受资源波动影响较大，尤其是辽东湾沿岸的小功率渔船因资源状况不佳，常年停产的情况显著。

　　定置网渔船主要为近岸小功率渔船，全年有效作业时间为70～90 d，人工、网具、油耗等投入小，休渔提前后压缩了作业时间，出航率各年份波动不大。

　　较大功率的流刺网、单拖网、双拖网渔船的捕捞能力较强，作业水域广阔，对近岸渔业资源的依赖性较小。近年这部分渔船的出航率为90%以上。海上有效作业时间受油价、渔获物价格、休渔期影响，休渔期向前延伸一个月后，海上有效作业时间减少；因投入较高，出航率近几年主要随季节、气候波动。

第八节　各种作业类型渔船的产量、产值、渔获种类和质量

一、拖网渔船

　　辽宁省2009年至2017年统计拖网渔船平均年产量26.28万t。2009年、2011年为拖网渔船高产年份，产量分别为61.44万t、61.83万t，2009年、2011年均为辽宁海域鳀资源较好年份（图6-13）。

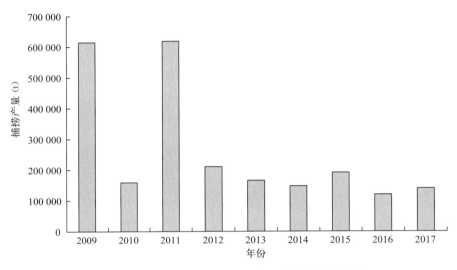

图 6-13　辽宁省 2009—2017 年拖网渔船捕捞产量统计

　　拖网作业渔船主要分布在大连与丹东地区，是黄海北部、黄海中南部海区的主要作业类型。双拖网渔船捕捞对象为鳀、小黄鱼、蓝点马鲛、鲳鱼、黄鲫、斑鰶、方氏云鳚等。以高产年份 2009 年为例，一对 223.7 kW 的双拖网渔船平均产值 160 万左右，其中加油、加冰费用 70 万左右，雇工费用 40 万左右，平均盈利 50 万元左右。双拖网渔船雇工平均费用为 30 000 元左右，80% 的雇工来自河南、黑龙江等欠发达地区。

　　单拖网渔船捕捞对象为口虾蛄、脉红螺、贝类、鲆鲽类、蟹类等。单拖网渔船作业功率 14.9～223.7 kW，作业海区广泛。黄海北部的小功率单拖网渔船（29.8 kW 左右）主要分布在庄河地区。74.6 kW 左右的单拖网渔船主要分布在大连和丹东地区，单拖网渔船主要捕捞对象为地方性物种及短距离洄游物种，受资源波动影响弱于双拖网渔船。

二、流刺网渔船

　　流刺网渔船是辽宁省分布最广的作业类型渔船。在辽东湾渔场，口虾蛄刺网渔船、海蜇流网渔船、青虾网渔船、毛虾网渔船、近岸小功率流刺网渔船是辽东湾捕捞产量的主体。黄海北部、黄海中南部的流刺网作业渔船主要以小黄鱼为捕捞对象。辽宁省 2009—2017 年统计流刺网渔船平均年产量 27.99 万 t。2009 年、2013 年为流刺网渔船高产年份，产量分别为 40.53 万 t、49.79 万 t，2009 年、2013 年为辽宁海域沙蜇旺发年份，沙蜇是辽东湾内流网渔船的主要利用对象，低值、高产的沙蜇对当年的流刺网渔船产量贡献较大（图 6-14）。

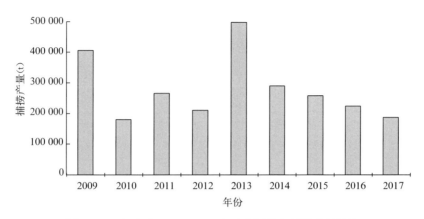

图 6-14 辽宁省 2009—2017 年流刺网渔船捕捞产量统计

三、定置网渔船

辽宁省的定置网渔船主要分布在瓦房店、旅顺、庄河地区。捕捞对象主要为沙蜇及虾类，产量高，价值低。辽宁省 2009 年至 2017 年统计定置网渔船平均年产量 9.74 万 t。2009 年、2012 年、2013 年为定置网渔船高产年份，捕捞量分别为 18.81 万 t、23.86 万 t、14.03 万 t。2009 年、2013 年沙蜇旺发及 2012 年糠虾等饲料虾旺发，对当年定置网渔船的高产贡献较大（图 6-15）。

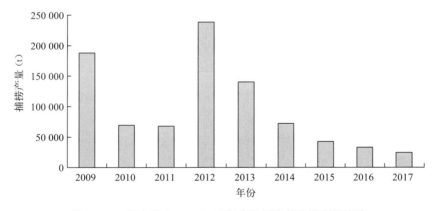

图 6-15 辽宁省 2009—2017 年定置网渔船捕捞产量统计

四、围网渔船

统计了 4 组围网生产船 2009 年至 2017 年的产量。围网主捕鲐，近年来受双拖网渔船捕捞鲐作业影响，围网渔船产量呈现出逐年下滑的趋势。从前期的 1 万～2 万 t，变为不足 5 000 t（图 6-16）。

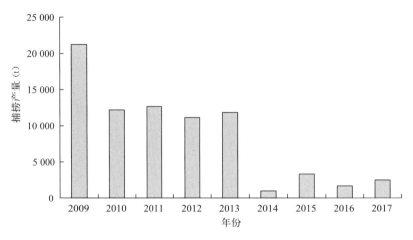

图 6-16　辽宁省 2009—2017 年围网渔船捕捞产量统计

五、笼壶与钓业渔船

笼壶与钓业渔船在辽宁的渔船中所占比例很小。产量一般维持在 4 000 t 左右，高产年份 2011 年、2012 年因蟹类、口虾蛄资源较好，产量达到 1.73 万 t、1.21 万 t（图 6-17）。

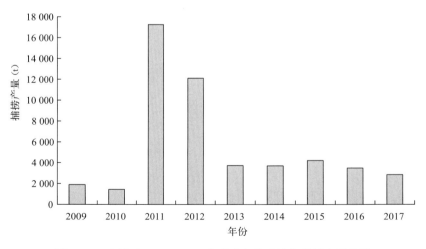

图 6-17　辽宁省 2009—2017 年笼壶与钓业渔船捕捞产量统计

第九节 海洋捕捞管理建议

海洋捕捞业作为资源依赖型产业，行业内的变动主要受海上资源状况、成本变动及政府管理三方面因素制约。

一、采取适当措施，控制捕捞力量

当前辽宁省的捕捞力量已经严重超过了辽宁省渔业的承受力。在辽东湾内近岸作业的小功率渔船产值情况不佳，选择性生产及停产情况普遍，不少渔船差不多整年停产，主要依靠油补维持生计。黄海北部的小功率渔船的选择性生产情况也非常突出，大功率渔船船主承担的风险也比较大。

二、加大资源养护力度

近年辽宁省各地政府坚持开展海蜇、中国明对虾、三疣梭子蟹为主体的增殖放流活动，增殖放流活动已成为辽宁省各地政府渔业投入的常规项目，连续多年的资金、技术投入，已取得了显著成效，辽东湾海蜇在增殖放流期间一直维持在 2 万 t 以上的捕捞产量，中国明对虾也在增殖放流影响下，连续 4 年出现了专捕渔汛。

同时，也应加大人工鱼礁、海洋牧场建设力度，2008 年，辽宁省全面启动人工鱼礁示范区建设工作。至 2016 年，投入资金 9 172 万元，先后在丹东、锦州、盘锦、葫芦岛市建设人工鱼礁示范区 16 期，共投放各类人工鱼礁 33 323 座 187 296 m^3，形成礁区面积 3 365 hm^2。其中盘山县海洋牧场、丹东海洋牧场在全国首批 20 个国家级海洋牧场示范区规划中获得批准。礁区海洋生态环境和渔业资源得到有效改善，显现出了良好的经济、社会和生态效益。

三、加强对休渔制度的贯彻执行

休渔制度是保护渔业资源产卵亲体，保证渔业资源可持续发展的有效举措，也是当前高强度捕捞力量下的最优选择。在与捕捞从业者的交流中，他们对于渔获物结构日益小型化、传统幼鱼数量比例不断上升、优质种类比例下降的问题也心存担忧。大部分捕捞从业者认为，如果管理工作到位，公平、公正程度进一步提高，他们是非常支持国家

的这项政策的。对于休渔期的不同声音主要来自于辽东湾内的毛虾生产船，8 月中旬起，辽东湾已进入毛虾生产旺季。休渔期限制了毛虾的捕捞生产。

四、禁止使用新出现的破坏性网具

近几年来，随着捕捞对象的变更及捕捞技术的进步，出现了一些新的作业网具。这些新的网具尚未有相关的规章制度将它们合理定位。部分网具属于掠夺性网具，对渔业资源及其栖息环境的破坏十分严重。应该加强这方面的调查工作，及早出台相关的法规，加大执法力度，保护脆弱的渔业资源环境。

第七章
近海渔业资源可持续利用研究

第一节　辽宁省近海渔业资源现状及其演变

辽宁省近海从东至西，横跨黄、渤海，按渤海海峡分界可分为辽东湾和黄海北部两部分。辽宁省近海渔业资源由地方性资源和洄游性资源组成，经济种类包括地方性资源黄鮟鱇、长绵鳚、鲆鲽类、许氏平鲉、大泷六线鱼、鹰爪虾、口虾蛄、日本蟳、三疣梭子蟹、火枪乌贼、长蛸、短蛸等，洄游性资源有小黄鱼、蓝点马鲛、日本鲭、斑鰶、黄鲫、鳀、中国明对虾等。

由海洋渔业资源调查、监测结果结合海洋渔业捕捞情况可见，辽宁省近海与世界许多海域及我国部分海域类似，渔业资源被过度开发利用，渔业资源发生了衰退，资源结构发生了较大改变。辽宁省海域的渔业资源状况，由前期研究表明经历了两个阶段：20世纪80年代前、20世纪80年代至90年代末，其演变趋势的特点如下：①20世纪80年代以前，渔业生物优势种主要为大中型底层渔业生物，如小黄鱼、蓝点马鲛、带鱼、黄姑鱼、中国明对虾等；②20世纪80年代至90年代末，渔业生物优势种逐渐向小型化趋势发展，其优势种主要为鳀、斑鰶、黄鲫、三疣梭子蟹、银鲳、枪乌贼、口虾蛄等；③洄游性资源在20世纪80年代后仍然占据渔业生物优势地位，但本地性资源如口虾蛄等优势地位逐渐上升。

21世纪初至今10多年的调查与监测发现，辽宁省近海渔业资源结构出现新的变化，辽东湾具体表现为：

（1）相较于第2阶段（20世纪80年代至90年代末），种类组成未发生较大改变，渔业生物种类数未出现明显减少，鱼类种类数占据主体，物种多样性格局相对稳定。

（2）21世纪以来，优势种由洄游性渔业生物逐渐转变为小型的地方性渔业生物，如矛尾鰕虎鱼、斑尾复鰕虎鱼、短吻红舌鳎、口虾蛄、日本鼓虾、枪乌贼等，洄游性资源渔获量占总量的比例明显下降。

在本地性资源占据渔业生物优势地位的现状下，近年来鱼类渔获量比重逐渐下降，无脊椎动物渔获量的比重逐渐升高；鱼类种类数虽然在渔业生物种类数中的比重最大，其资源量却表现为相对较少。

（3）洄游性鱼类（如小黄鱼、斑鰶）的资源量波动较大，导致其优势地位不稳定，地方性种类如矛尾鰕虎鱼、短吻红舌鳎、口虾蛄的优势地位则相对稳定。

（4）夏季（8月）辽宁省近海渔业资源产量较其他季节显著提升，表明伏季休渔效果明显；春末夏初（5月、6月）洄游性资源的时空分布和年际波动表明，将5月纳入禁渔期，将极大地实现洄游通道的保护和渔业资源亲体的养护。

（5）近10年来，渔业生物资源量未呈现明显下降的变化趋势，相对平稳，结合优势种的变动，表明近年维持资源量与历史数据持平，主要是地方性优势种（矛尾鰕虎鱼和口虾蛄）资源量大幅度上升实现的。综合分析，辽宁省近海特别是辽东湾的渔业生物群落受干扰程度较为严重，稳定性较差。因位于食物链顶端的高营养级大中型渔业生物的缺失，导致本地低营养级的生物（如口虾蛄、矛尾鰕虎鱼、短吻红舌鳎等）发展迅速，其资源量增加较快，导致在渔业资源衰退的大趋势下，其渔业生物总资源量表现出未相应的减少，小型化个体的生物量和数量显著增加。

黄海北部水域，其群落结构演变趋势与辽东湾水域相似，同样表现出小型化的趋势，但受黄海冷水团及岛礁生态系的影响，群落结构与辽东湾水域稍有差异：①黄海北部水域的渔业资源总量高于同期辽东湾水域；②鱼类资源量仍然占据渔业资源结构的主体地位，且由于5、6月为大部分鱼类的产卵期，8月表现为鱼类资源量大幅度增加，其增幅远远高于虾蟹类和头足类；③优势种与辽东湾水域不尽相同，狮子鱼、脊腹褐虾、长绵鳚等冷温性种取代蓝点马鲛、青鳞小沙丁鱼、斑鰶等洄游性种，占据渔业生物群落的优势地位。

第二节　辽宁省近海渔业资源动态变化原因

造成海洋渔业资源现状的原因是多方面的，究其原因，主要有以下几个因素：

一、海洋捕捞力量过大

辽宁省近海渔业资源较为多样化，故捕捞作业方式多样，捕捞力量也较为密集。辽宁省海洋捕捞渔船的数量1998年为26 691艘，总功率为667 014 kW。到2000年渔船增加到27 894艘，总功率增加到847 982 kW。以后渔船数量虽然下降，但总功率却不断上升，详见表7-1。

表7-1　辽宁省海洋捕捞渔船数量及总功率

年份	1998	1999	2000	2001	2002	2003	2004	2005	2006
船数（艘）	26 691	27 009	27 894	27 474	27 112	26 589	24 966	23 503	24 022
总功率（kW）	667 014	801 211	847 982	870 936	901 128	962 999	946 418	987 187	1 082 876

从表7-1可看出，渔船数量2006年比1998年下降了10%，从1998年的26 691艘下降到2006年的24 022艘。渔船总功率从1998年的667 014 kW上升到2006年的1 082 876 kW，总功率增加了62.35%。这表明小功率渔船减少，同时大功率渔船增加。总功率的不断增

加，造成了捕捞强度的逐步增强。捕捞力量的快速发展，超过了海洋渔业资源的承载能力，游泳动物成体及亲体被大量捕捞，其渔业资源的世代再生力受到高强度捕捞的影响，渔业资源的种质也受到影响，同时由于作业方式的多样化，幼鱼经常被作为兼捕对象捕捞上来，渔业资源得不到有效补充，造成渔业资源的衰退，同时渔业资源的产品质量也受到影响。

近年来，我国在强化捕捞许可证管理的基础上，对海洋捕捞实行"双控"制度（对渔船总数及总马力的控制）及废旧渔船报废计划等措施，加强了对捕捞强度的控制，在一定程度上减轻了渔业资源的压力（刘舜斌，2009）。但渔业资源管理力度不够，长期以来不少拖网渔船尤其是小功率的拖网渔船违规进入禁渔区线以内从事拖网作业；以及存在相当数量的小功率渔船在禁渔期、禁渔区捕捞（陈静娜，2015），导致沿岸渔场的捕捞强度未得到有效控制。

二、海洋生物栖息环境受到污染

海洋具有对环境污染的缓冲、消化能力和对环境的自我调节能力，但随着社会经济的飞速发展，海洋环境的污染已渐渐超出其本身的自我净化能力。海洋环境的污染原因有以下几点：一是陆源污染，包括沿岸工农业废水、生活废水等，据 2008 年《中国海洋环境质量公报》，排海污染物中有 26.0％进入渤海，47.4％进入黄海，同时排入渔业资源利用和养护区的占 67.3％；二是包括作业渔船在内的海上船只的排污等，对海洋环境的破坏；三是近岸海域高密度的养殖，对海洋生态环境的破坏。

海洋环境中常见污染物包括过量氮磷、重金属和石油类等。这些污染物进入海洋特别是渔业资源密集和重要区域即渔业资源利用和养护区，造成该海域生物栖息环境恶化，能够影响渔业资源生物本身或者其食物链中的捕食者及饵料生物，并直接对渔业资源的栖息、索饵、育肥场所造成破坏，从而直接或间接影响渔业生物的生长繁育等。

三、海洋工程建设对渔业资源的影响

随着"辽宁沿海经济带"上升为国家战略，辽宁省的海洋经济面临着巨大的发展机遇与挑战，工业和城镇建设、港口建设的步伐加大，在沿海经济中逐步形成以临海工业、港口、滨海旅游、渔业并行发展的功能格局，随之大规模的填海造地工程虽然满足了沿海经济发展的用海需求，但工程本身也对处在衰退阶段的近海渔业资源造成了影响。围填海造地对海洋生物资源最直接的影响是造成栖息地的永久丧失，渔业资源的产卵场、索饵场被迫转移，近岸海域的鱼卵、仔稚鱼、底栖生物受到较大影响。整体上，渔业资源生存空间面临着向外转移的趋势，渔业资源物种面临着寻找新的产卵场、索饵场等栖息场所的窘境。

四、气候变化对渔业资源的影响

气候变化可影响河流径流量，导致海水温度、盐度等环境指标的变动。河流径流量的改变可直接影响浮游生物的丰度及群落结构组成，从而间接影响渔业资源产量及群落结构。气候变化导致海水温度、盐度等的变化，同样影响渔业生物适温性和适盐性的分布和移动，从而影响近海渔业资源的种类组成及群落结构。

第三节 辽宁省海洋渔业资源保护与可持续利用的进展及成效

为了缓解并最终遏制辽宁省近海渔业资源衰退趋势，养护海洋渔业资源，保护海洋生物种质资源，维持海洋生态系统平衡，实现辽宁省海洋渔业资源的可持续利用，各级海洋及渔业主管部门制定了一系列的管理措施和办法，辽宁省海洋与渔业厅进行了切实可行的资源保护与恢复、海洋环境监测与治理等工作，有效地促进了辽宁省渔业资源的修复和海洋生境的改善。

一、海洋及渔业管理政策对渔业资源保护及恢复的积极作用

渔业资源管理一直是辽宁省海洋渔业管理的重点，各级海洋及渔业主管部门制定的多项法律、法规都应用到渔业资源管理中。其中，渔业方面，最主要的有 1955 年国务院的《关于渤海、黄海及东海机轮拖网渔业禁渔区的命令》、1988 年出台的休渔制度明确提出"渤海全面禁止拖网作业"、1991 年《渤海区渔业资源繁殖保护规定》、1995 年伏季休渔制度、2003 年《渤海生物资源养护规定》和 2006 年的《中国水生生物资源养护行动纲要》。在海洋方面，1996 年国家海洋局发布了《中国海洋 21 世纪议程》，"海洋生物资源保护和可持续利用"作为单独一章。2006 年《辽宁省海洋环境保护办法》开始实施，并对海洋生态修复作了具体规定。为了更好地发挥海洋的供给能力及利用能力，实现开发与保护并重，辽宁省于 2004 年编制了《辽宁省海洋功能区划》，其中渔业资源利用与养护区是区划中所占面积最大、分布最广的区域。2009 年，辽宁省又根据海洋经济发展的需要，率先在全国修编了功能区划，从而更能体现对海洋生

态系统的保护，不断改善海洋环境状况，保证海洋经济持续健康发展。近年来，辽宁省又出台了《辽宁省渔业管理条例》和《辽宁省海洋主体功能区规划》，以及建立了辽宁省海洋生态红线制度。

各项海洋及渔业管理政策的出台，对渔业管理的贡献很大，具体体现在：①规定了禁渔期与禁渔区，重要渔业资源品种的产卵群体资源及幼鱼得到有效保护，渔业资源得以繁衍生息，群体数量得到有效补充；②限制了作业方式，对渔业资源损害较大的作业类型禁止使用，如底拖网作业退出了渤海，保护了渔业资源的栖息地及底层游泳动物；③逐步改进渔具渔法，各级海洋及渔业主管部门大力宣传，渔业资源可持续利用与保护的理念已被广大渔民接受；④渔业产业结构得到调整，捕捞业在海洋渔业经济的比重逐步降低，海洋渔业经济资源依赖型的局面得到有效改善；⑤完善和明确海洋空间利用和管理，使辽宁省海洋开发迈向开发与保护并重的新阶段。

二、渔业资源增殖放流及人工鱼礁建设

从1985年开始，辽宁省开始在黄海北部海域进行中国明对虾资源增殖放流，收到了明显的效果，形成了典型的秋汛增殖渔业。1988年，率先在全国进行海蜇增殖放流，形成了较为完善的生产工艺、组织管理模式和放流流程，其技术开发、苗种品质居全国之首；2005年，辽宁省海洋与渔业厅又实行了大规模的辽东湾海蜇增殖放流，并持续至2010年，其经济效益、社会效益、生态效益巨大，保证了辽宁省沿海渔民的生计和海洋渔业经济的稳定持续发展，保护了海洋渔业资源可持续利用和海洋生态系统的平衡。2009年，辽宁省近海开始实施大规模中国明对虾与三疣梭子蟹的增殖放流，其经济效益显著。目前，辽宁省增殖放流的品种有中国明对虾、三疣梭子蟹、日本对虾、褐牙鲆等。

2007年，在辽宁省海洋与渔业厅的组织下，辽宁省进行了人工鱼礁规划，并于当年进行了两个人工鱼礁区的建设。规划指出，辽宁省人工鱼礁按功能类型分主要有三种：增殖渔礁、集鱼渔礁和保护性渔礁。据不完全统计，2008—2016年，辽宁省海洋与渔业厅在丹东、锦州、盘锦、葫芦岛完成16期人工鱼礁建设，共投放各类人工鱼礁33 323座187 296 m³，形成礁区面积3 365 hm²；至2017年年底，辽宁省近海已建立了辽宁省丹东海域国家级海洋牧场示范区、大连市獐子岛海域国家级海洋牧场示范区等10处国家级海洋牧场示范区。

人工鱼礁区及海洋牧场示范区的建设，将有效促进渔业资源和生态环境养护以及渔业综合开发，渔业资源在人工鱼礁区及海洋牧场区域内营造的海洋生态系统中栖息、生长、繁殖，海洋生态环境恶化的趋势得到缓解，海洋渔业资源得到修复。

三、渔业资源动态监测网络建设

为了全面了解辽宁省渔业资源现状及渔业生产状况，辽宁省于 2004 年建立了覆盖全省管辖海域的海洋渔业资源动态监测网络，实现了海洋渔业资源科学研究与渔业资源管理的有机结合，通过渔捞日志、渔港走访及海区试捕调查等形式，点、面结合，及时了解辽宁省渔业资源的动态变化，预测、评估渔业资源发展现状及趋势，为渔业管理提供科学准确的数据。

四、保护区的建设

多年来，辽宁省各级政府和海洋与渔业管理部门都非常重视海洋保护区的建设，并取得了一定的成效。据《辽宁沿海经济带发展规划》，辽宁省沿海地区国家级及省级自然保护区共 12 个，其中国家级自然保护区 8 个，分别是蛇岛老铁山自然保护区、大连斑海豹自然保护区、城山头海滨地貌自然保护区、辽宁仙人洞自然保护区、白石砬子自然保护区、丹东鸭绿江口湿地自然保护区、医巫闾山自然保护区、双台河口自然保护区。至 2017 年，辽宁省建立国家级水产种质资源保护区 7 个，包括辽东湾渤海湾莱州湾国家级水产种质资源保护区、双台子河口海蜇中华绒螯蟹国家级水产种质资源保护区、大连海洋岛国家级水产种质资源保护区等。

海洋保护区和水质种质资源保护区的建设，对于保持海洋生物多样性和维持海洋生产力是十分重要的，特别是对渔业资源的保护关乎渔业可持续发展。保护区的作用在于：①保护生物多样性，特别是保护受威胁物种的关键生境；②通过防止资源量的衰竭，缓解补充量失败，增加个体密度和平均大小；③提高繁殖力，形成性成熟个体和成体的扩散中心（外溢），维持较自然的物种组成、年龄结构、产卵潜力和基因多样性，提高渔业生产力；④作为高强度开发物种的庇护所，保护其基因多样性。

各类保护区的建设，对辽宁省沿海具有特殊区位条件、生态系统、生物资源与非生物资源的区域提供了有效的保护与修复措施，协调了海洋经济快速发展与资源过度利用的关系，有力地保护了海洋生境，为包括渔业资源在内的海洋资源的可持续利用创造了条件。

第四节　海洋渔业资源保护与可持续利用对策

由于渤海是我国唯一的内海，同时黄海北部属近岸海域，故辽宁沿海受陆地及海洋水文、气象等各种环境因素的影响较大，海域生态系统较为脆弱，渔业资源波动较大。同时由于近岸海域开发与利用的强度较高，包括海洋工程建设，渔业捕捞力量快速发展，以及沿岸工业和城镇的建设，海洋渔业资源和海洋生境承受着巨大的压力。因此，虽然各级政府和海洋与渔业主管部门积极推行渔业资源保护与可持续利用，但情况仍不容乐观，为此，为了实现辽宁省海洋渔业资源保护和可持续利用，特提出如下措施与建议：

一、继续推进海洋和渔业资源保护的相关政策、法规落实，依法加强捕捞管理

渔业资源长期持续的良好的利用是渔业养护和管理的最高目标，是渔业资源发展的高级阶段，也是践行我国海洋生态文明建设的需要，各级政府和渔业主管部门，广大渔民都应该树立起负责任的观念，实现渔业资源的保护与可持续利用的双赢。

（一）采取适当措施，控制捕捞力量，逐步实行 TAC 制度

当前辽宁省的捕捞力量已经超过了辽宁省渔业的承受力。在辽东湾内近岸作业的小马力渔船产值情况不佳，选择性生产及停产情况普遍，不少渔船基本整年停产，主要靠海蜇渔业及油补维持生计。黄海北部的小马力渔船的选择性生产情况也非常突出，而大马力渔船船主承担的风险也比较大，这部分渔船船主对养船的信心并不是很大。

TAC 管理，是目前国际上普遍采用的渔业资源管理手段，它是根据资源状况评估持续渔获量，从而进行可捕量分配，将捕捞配额分配到各个生产单位，有计划地捕捞海域内的渔业资源。TAC 管理，能有效控制捕捞力量，防止渔业资源的过度利用，使之科学有序开发，可持续的利用渔业资源。

2017 年 1 月，农业部印发了《关于进一步加强国内渔船管控　实施海洋渔业资源总量管理的通知》（农渔发〔2017〕2 号），要求进行资源总量控制和探索开展分品种限额捕捞。资源总量控制和限额捕捞工作的开展，是我国渔业管理从捕捞许可证管理向捕捞许可证和数量控制两个手段同时实施的转变，是对我国现代渔业管理体系的完善，结合我国现有的渔业管理制度，多种制度、措施并用，将极大促进我国渔业资源的可持续发展。

（二）加强休渔制度的贯彻执行

休渔制度（禁渔期、禁渔区）是保护渔业资源产卵亲体，保证渔业资源可持续发展的有效举措，也是当前高强度捕捞力量下渔业资源保护的最优选择。在与捕捞从业者的交流中，他们对于渔获物结构日益小型化、幼鱼数量比例不断上升、优质种类比例下降的问题也心存担忧。2009 年全国休渔期统一向前延长半个月后，在我们的走访过程中，

大部分捕捞从业者认为，如果管理制度进一步贯彻执行，公平、公正程度进一步提高，他们是非常支持国家的这项政策的。2017 年，农业部发布《农业部关于调整海洋伏季休渔制度的通告》（农业部通告〔2017〕3 号），将 35°N 以北的渤海和黄海海域的休渔时间调整为 5 月 1 日 12 时至 9 月 1 日 12 时，较之前延长了一个月，进一步加强了对渔业资源的养护。

（三）进一步完善渔具渔法，禁止使用新出现的破坏性网具

随着《农业部关于实施海洋捕捞准用渔具和过渡渔具最小网目尺寸制度的通告》的发布，我国海洋渔业资源渔具管理迈向一个新台阶，从规范捕捞生产网具上对渔业资源加大了保护力度。但渔具管理任重道远，伴随捕捞技术的发展和捕捞对象的变更总有新的网具出现，对渔业资源及其栖息环境造成较大的负面影响。建议进一步跟进渔具渔法的调查与研究，加大执法力度，切实保障渔业资源的可持续利用。

二、加大渔业资源增殖力度，发展人工鱼礁，建设海洋牧场

海蜇是辽宁省在辽东湾海域 2005 年至 2010 年开展增殖放流的重要品种。辽东湾内的海蜇资源对维持辽东湾沿岸渔民的生存及辽东湾渔业的稳定贡献很大。2009 年开始，辽宁省开展了中国明对虾和三疣梭子蟹的增殖放流。据 2009 年至 2017 年的跟踪监测显示，放流后辽东湾内的中国明对虾、三疣梭子蟹捕捞情况大幅度好转。多年工作的显著效果使我们意识到：增殖放流工作是恢复辽东湾渔业资源的有效举措，应该在坚持已有工作的基础上，优化增殖放流策略，继续加大投入，扩大放流品种及放流量。

辽宁省海洋与渔业厅于 2007 年开始逐步推进人工鱼礁建设，人工鱼礁建设对于恢复和改善海洋生态环境，增殖和保护渔业资源，提高资源量，具有重要的作用，这已是被发达国家（如日本和美国等）证实的一条有效捷径。

三、调整渔业产业结构

调整渔业产业结构是保证海洋渔业可持续发展的一项重要措施，近海渔业资源的衰退，导致部分渔业从业人员感到生计的压力，渔业产业结构的调整，即可有效地保护渔业资源，又可使广大渔业从业人员安居乐业。其具体措施如下：①发展远洋渔业，缓解近海渔业资源捕捞压力，维护祖国海洋权益。②渔业第一产业（捕捞）向二、三产业转移，如发展渔业深加工，提升渔业资源价值；近岸海域实行休闲渔业，将渔业与旅游业有机结合。③发展养殖业，保证水产品的供应。

四、加强海洋环境污染治理，修复海洋生态环境

资源与环境作为整体存在，均是生态系统的重要组成部分，在恶化的海洋生态环境下，渔业资源恢复的效率将受到极大限制。可从控制陆源污染、减少海洋产业自身污染两个方面入手，来保护海洋生态环境。同时，加强各项政策和法规的保障作用，切实有效地修复海洋生态环境。

五、积极推进保护区建设

海洋保护区对于渔业资源的修复，提高渔业资源生产力，维持海洋生态系统平衡，具有重要作用。海洋保护区包括自然保护区、海洋特别保护区、水产种质资源保护区等。

可选择重要渔业资源聚集区或者经济物种产卵场、索饵场等建设渔业资源保护区，如双台子河口海蜇中华绒螯蟹国家级水产种质资源保护区；选择水生野生动物或珍稀濒危物种分布区建设水生野生动物保护区，如大连斑海豹国家级自然保护区；选择典型生态系统建立保护区，如丹东鸭绿江湿地国际级自然保护区。

通过科学论证，严格管理，逐步建立布局合理、类型齐全、层次清晰、面积适宜的保护区体系，为海洋生物资源保护、生态环境修复提供重要保障。

六、坚持渔业资源动态监测，提升渔业资源研究的力度和水平

辽宁省于 1999 年在全省沿海范围内开始建立渔业资源动态监测网络，2004 年覆盖全省范围，并不间断地进行渔业资源调查，取得了较好的科研成果，为渔业资源可持续发展和政府决策提供了准确、翔实的依据。但在渔业资源调查与渔业管理结合方面，其工作力度和水平还有待进一步提高：①针对当前渔业资源现状，突出重点和难点，进行渔业资源专项调查，提高调查的深度，解决渔业管理的技术方面的问题。②提升科研实力，综合考虑资源动态变化因素，在坚持渔业资源动态监测的同时，同步进行生态环境监测。③加强与渔业管理人员、渔业从业人员的联系与互动，探索渔业资源可持续发展的有效途径。

参 考 文 献

毕远溥，2005. 方氏云鳚渔业生物学及其在辽宁沿海的渔业［J］. 水产科学，24（9）：27-28.

卞晓东，万瑞景，金显仕，等，2018. 近30年渤海鱼类种群早期补充群体群聚特性和结构更替［J］. 渔业科学进展，39（2）：1-15.

卞晓东，张秀梅，高天翔，等，2010. 2007年春、夏季黄河口海域鱼卵、仔稚鱼种类组成与数量分布［J］. 中国水产科学，17（4）：815-827.

波部忠重，伊藤潔，1983. 原色世界贝类图鉴［M］. 东京：保育社.

陈大刚，叶振江，段钰，等，1994. 许氏平鲉繁殖群体的生物学及其苗种培育的初步研究［J］. 海洋学报，16（3）：94-101.

陈大刚，1991. 黄渤海渔业生态学［M］. 北京：海洋出版社.

陈大刚，1997. 渔业资源生物学［M］. 北京：中国农业出版社.

陈静娜，俞存根，2015. 我国沿岸渔场渔业管理困境与对策研究［J］. 水产学报，39（9）：1250-1256.

陈钰，2002. 黄海北部海洋渔业经济状况［J］. 水产科学，21（4）：19-30.

陈云龙，单秀娟，周志鹏，等，2013. 黄海细纹狮子鱼种群特征的年际变化［J］. 生态学报，33（19）：6227-6235.

陈真然，张孝威，1965. 斑鰶卵子和仔、稚、幼鱼的形态特征［J］. 海洋与湖沼，7（3）：205-219.

程济生，邱盛尧，李培军，等，2004. 黄、渤海近岸水域生态环境与生物群落［M］. 青岛：中国海洋大学出版社.

程济生，俞连福，2004. 黄、东海冬季底层鱼类群落结构及多样性变化［J］. 水产学报，28（1）：29-34.

程济生，朱金声，1997. 黄海主要经济无脊椎动物摄食特征及其营养层次的研究［J］，海洋学报，19（6）：102-108.

程济生，2004. 黄渤海近岸水域生态环境与生物群落［M］. 青岛：中国海洋大学出版社.

程济生，2005. 黄海无脊椎动物资源结构及多样性［J］. 中国水产科学，12（1）：68-75.

程家骅，姜亚洲，2008. 捕捞对海洋鱼类群落影响的研究进展［J］. 中国水产科学，15（2）：359-366.

程家骅，姜亚洲，2010. 海洋生物资源增殖放流回顾与展望［J］. 中国水产科学，17（3）：610-617.

程家骅，张学健，2010. 鮟鱇属鱼类的渔业生物学与渔业的研究概况［J］. 中国水产科学，17（1）：161-167.

戴爱云，冯钟琪，宋玉枝，等，1977. 三疣梭子蟹渔业生物学的初步调查［J］. 动物学杂志（2）：36-39.

单秀娟，李忠炉，戴芳群，等，2011. 黄海中南部小黄鱼种群生物学特征的季节变化和年际变化［J］. 渔业科学进展，32（6）：7-16.

单秀娟，孙鹏飞，金显仕，等，2013. 黄海典型断面渔业资源结构的季节变化［J］. 水产学报，37（3）：425-435.

邓景耀，孟田湘，任胜民，等，1988. 渤海鱼类种类组成及数量分布［J］. 海洋水产研究（9）：11-89.

邓景耀，金显仕，2000. 莱州湾及黄河口水域渔业生物多样性及其保护研究［J］. 动物学研究，21（1）：

76-82.

邓景耀,赵传絪,唐启升,等,1991.海洋渔业生物学 [M].北京:农业出版社.

邓景耀,1986.渤海渔业资源的管理和增殖 [J].海洋开发 (3):64-67.

邓景耀,1989.海洋渔业资源研究的现状及其发展趋势 [J].渔业信息与战略 (4):5-7.

丁耕芜,陈介康,1981.海蜇的生活史 [J],水产学报,5 (2):93-102.

董长永,2008.中国沿海蛾螺科5属10种的系统学分析 [D].沈阳:辽宁师范大学.

董婧,刘海映,徐传才,等,2004.黄海北部近岸鱼类的群落结构 [J].大连水产学院学报,19 (2):132-137.

董婧,王文波,刘海映,等,2004.黄海北部近岸鱼类资源数量分布与群体结构 [J].海洋通报,23 (1):45-49.

董婧,姜连新,孙明,等.2013.渤海与黄海北部大型水母生物学研究 [M].北京:海洋出版社.

董婧,张鹏刚,王冲,等.2004.辽宁省对黄海区渔业资源利用的历史与现状 [J].水产科学 6 (23):28-30.

董婧,王冲,唐明芝,等.2004.黄海区玉筋鱼体长和体重的关系 [J].水产科学 7 (23):1-3.

董正之,2016.中国动物志,软体动物门头足纲 [M].北京:科学出版社.

窦硕增,杨纪明,陈大刚,1992.渤海石鲽、星鲽、高眼鲽及焦氏舌鳎的食性 [J].水产学报,16 (2):162-166.

范学铭,2005.大连海滨无脊椎动物实习指导 [M].哈尔滨:黑龙江人民出版社.

高东奎,赵静,张秀梅,等,2014.莱州湾人工鱼礁区及附近海域鱼卵和仔稚鱼的种类组成与数量分布 [J].中国水产科学,21 (2):369-381.

高文斌,刘修泽,段有洋,等,2009.围填海工程对辽宁省近海渔业资源的影响及对策 [J].大连水产学院学报,5 (24):163-166.

高彦洁,吕振波,杨艳艳,等,2016.莱州湾春季鱼卵、仔稚鱼群落年际变化及多样性研究 [J].生态学报,36 (20):1-9.

高音,刘明勇,汤勇,等,2013.辽东湾渔业资源及生态环境的调查分析 [J].大连海洋大学学报,28 (2):211-216.

葛允聪,邱盛尧,1991.黄渤海区日本枪乌贼渔获量预报方法初探 [J].海洋渔业 (2):56-60.

顾洪,李军,1992.黄鲫的年龄与生长研究 [J].海洋科学,16 (1):53.

顾洪静,2014.福建九龙江口水域鱼类群落及其资源的研究 [D].厦门:集美大学.

郭斌,张波,戴芳群,等,2010.海州湾黄鲫幼鱼的食性及其随叉长的变化 [J].水产学报,34 (6):741-747.

郭浩宇,张秀梅,张宗航,等,2017.许氏平鲉仔、稚鱼的摄食特性及幼鱼胃排空率 [J].水产学报,41 (2):285-296.

郭旭鹏,金显仕,戴芳群,2006.渤海小黄鱼生长特征的变化 [J].中国水产科学,13 (2):243-249.

中华人民共和国国家质量监督检验检疫总局,中国国家标准化管理委员会,2008.GB/T 12763.6—2007 海洋调查规范 [S].北京:中国标准出版社.

中华人民共和国国家质量监督检验检疫总局,中国国家标准化管理委员会,2008.GB/T 17378.1—2007

海洋监测规范［S］.北京：中国标准出版社.

侯林，高岩，邹向阳，等，2006.香螺精子发生及精子超微结构［J］.动物学，52（4）：746-754.

黄宗国，林茂，2012.中国海洋生物多样性（上册）［M］.北京：海洋出版社.

姜卫民，孟田湘，陈瑞盛，等，1998.渤海日本鲟和三疣梭子蟹食性的研究［J］.渔业科学进展（1）：53-59.

姜言伟，万瑞景，陈瑞盛，1988.骨鱼类鱼卵、仔稚鱼调查研究［J］.渔业科学进展（9）：121-149.

姜言伟，万瑞景，1988.渤海半滑舌鳎早期形态及发育特征的研究［J］.渔业科学进展（9）：13-201.

姜言伟，1980.高眼鲽（Cleisthenes herzensteini Schmidt）的早期发育［J］.渔业科学进展（1）：105-113.

万瑞景，姜言伟，庄志猛，2004.半滑舌鳎早期形态及发育特征［J］.动物学报，50（1）：91-102.

姜志强，孟庆金，苗治欧，1997.大连地区方氏云鳚繁殖生物学的研究［J］.大连水产学院学报，12（3）：1-6.

姜志强，秦克静，1990.大连地区方氏云鳚的年龄和生长［J］.大连水产学院学报，5（1）：33-41.

焦燕，陈大刚，2001.莱州湾小型鳀鲱鱼类的生物学特征［J］.水产学报，25（4）：323-329.

解玉浩，唐作鹏，解涵，等，2001.鸭绿江河口区鱼虾群落研究［J］.中国水产科学，8（3）：20-26.

金显仕，单秀娟，郭学武，等，2009.长江口及其邻近海域渔业生物的群落结构特征［J］.生态学报（9）：4761-4772.

金显仕，邓景耀，1999.莱州湾春季渔业资源及生物多样性的年间变化［J］.海洋水产研究（1）：6-12.

金显仕，邓景耀，2000.莱州湾渔业资源群落结构和生物多样性的变化［J］.生物多样性，8（1）：65-72.

金显仕，窦硕增，单秀娟，等，2015.我国近海渔业资源可持续产出基础研究的热点问题［J］.渔业科学进展（1）：124-131.

金显仕，唐启升，1998.渤海渔业资源结构，数量分布及其变化［J］.中国水产科学（3）：18-24.

金显仕，程济生，邱盛尧，等，2006.黄渤海渔业资源综合研究与评价［M］.北京：海洋出版社.

金显仕，邱盛尧，柳学周，等，2014.黄渤海渔业资源增殖基础与前景［M］.北京：科学出版社.

金显仕，唐启升，1998.渤海渔业资源结构、数量分布及其变化［J］.中国水产科学，5（3）：18-24.

金显仕，2001.渤海主要渔业生物资源变动的研究［J］.中国水产科学，7（4）：22-26.

金显仕，1996.黄海小黄鱼（Pseudosciaena polyactis）生态和种群动态的研究［J］.中国水产科学（1）：32-46.

金显仕，2003.山东半岛南部水域春季游泳动物群落结构的变化［J］.水产学报（1）：19-24.

雷霁霖，樊宁臣，郑澄伟，1981.黄姑鱼（Nibea albiflora Richardson）胚胎及仔、稚鱼形态特征的初步观察［J］.渔业科学进展（1）：77-84.

雷霁霖，1979.梭鱼（Mugil so-iuy Basilewsky L.）胚胎和仔、稚、幼鱼发育的研究［J］.海洋学报（中文版）（1）：159-177.

李凡，吕振波，魏振华，等，2013.2010年莱州湾底层渔业生物群落结构及季节变化［J］.中国水产科学，20（1）：137-147.

李凡，张焕君，吕振波，等，2013.莱州湾游泳动物群落种类组成及多样性［J］.生物多样性，21（5）：537-546.

李海涛，朱艾嘉，方宏达，等，2010.蛾螺科、织纹螺科和细带螺科腹足类齿舌的形态学研究［J］.海洋与湖沼，41（4）：496－499.

李建生，严利平，胡芬，2014. 黄海北部日本鲭繁殖生物学特征的年代际变化［J］. 中国水产科学，21（3）：567－573.

李培军，秦玉江，陈介康，1982. 黄海北部日本鳗的年龄与生长［J］. 水产科学（1）：1－5.

李培军，马莹，林兆岚，等，1994. 黄海北部中国对虾放流虾的生物环境［J］. 海洋水产研究（15）：19－31.

李培军，谭克非，叶昌臣，1988. 辽东湾海蜇生长的研究［J］. 水产学报，12（3）：243－250.

李荣冠，2003. 中国海陆架及邻近海域大型底栖生物［M］. 北京：海洋出版社.

李圣法，程家骅，李长松，等，2005. 东海中部鱼类群落多样性的季节变化［J］. 海洋渔业，27（2）：113－119.

李圣法，2008. 以数量生物量比较曲线评价东海鱼类群落的状况［J］. 中国水产科学，15（1）：136－144.

李世岩，2015. 基于稳定同位素和胃含物分析研究胶州湾方氏云鳚的摄食习性［D］. 青岛：中国海洋大学.

李涛，2010. 北黄海及山东半岛南部近岸海域渔业资源群落结构的初步研究［D］. 青岛：中国海洋大学.

李涛，张秀梅，张沛东，等，2011. 山东半岛南部近岸海域渔业资源群落结构的季节变化［J］. 中国海洋大学学报，41（1/2）：41－50.

李显森，牛明香，戴芳群，2008. 渤海渔业生物生殖群体结构及其分布特征［J］. 海洋水产研究，29（4）：15－21.

李忠义，吴强，单秀娟，等，2017. 渤海鱼类群落结构的年际变化［J］. 中国水产科学，24（2）：403－413.

梁君，徐汉祥，王伟定，2013. 中街山列岛海洋保护区鱼类物种多样性［J］. 生态学报，33（18）：5905－5916.

林龙山，郑元甲，2004. 东海区黄鮟鱇资源状况的初步探讨［J］. 海洋渔业，26（3）：179－183.

蔺玉珍，于道德，温海深，等，2014. 卵胎生许氏平鲉仔鱼与稚鱼发育形态学特征观察［J］. 海洋湖沼通报（2）：51－58.

刘蝉馨，张旭，杨开文，1982. 黄海和渤海蓝点马鲛生长的研究［J］. 海洋与湖沼，13（2）：170－178.

刘蝉馨，秦克静，丁耕芜，等，1987. 辽宁省动物志·鱼类［M］. 沈阳：辽宁科学技术出版社.

刘鸿，叶振江，李增光，等，2016. 黄海中部近岸春夏季鱼卵、仔稚鱼群落结构特征［J］. 生态学报，36（12）：3775－3784.

刘静，林平，2011. 黄海鱼类组成区系特征及历史变迁［J］. 生物多样性，19（6）：764－769.

刘瑞玉，2008. 中国海洋生物名录［M］. 北京：科学出版社.

刘霜，张继民，冷宇，2011. 黄河口及附近海域鱼卵和仔鱼种类组成及分布特征［J］. 海洋通报，30（6）：662－667.

刘舜斌，2009. 完善我国渔业双控制度的思考［J］. 中国水产（7）：24－25.

刘效舜，吴敬南，韩光祖，等，1990. 黄渤海区渔业资源调查与区划［M］. 北京：海洋出版社.

刘修泽，郭栋，王爱勇，等，2014. 辽东湾海域口虾蛄的资源特征及变化［J］. 水生生物学报，38（3）：602－607.

刘修泽，王召会，董婧，等，2017. 辽东湾6月鱼类的种类组成及空间分布［J］. 海洋渔业，39（5）：508－517.

刘修泽，董婧，于旭光，等，2014. 辽宁省近岸海域的渔业资源结构［J］. 海洋渔业，36（4）：289－299.

卢继武，罗秉征，薛频，等，1992. 长江口鱼类群聚结构、丰盛度及其季节变化的研究［J］. 海洋科学集刊（33）：303-338.

吕振波，李凡，曲业兵，等，2013.2010年夏季黄河口及邻近海域鱼类群落多样性［J］.渔业科学进展，
　　34（2）：10-18.

马克平，刘玉明，1994.生物群落多样性的测度方法Ⅰ.α多样性的测度方法（下）［J］.生物多样性，2
　　（4）：231-239.

马志强，周遵春，薛克，等，2004.辽东湾北部海区初级生产力与渔业资源的关系［J］.水产科学，23
　　（4）：12-15.

孟宽宽，王晶，张崇良，等，2017.黄河口及其邻近水域矛尾鰕虎鱼渔业生物学特征［J］.中国水产科学
　　（5）：939-945.

孟庆金，姜志强，秦克静，1990.大连地区方氏云鳚卵巢发育的组织学特征及其分期［J］.大连海洋大学
　　学报，5（1）：17-21.

齐钟彦，马绣同，王祯瑞，等，1989.黄、渤海软体动物［M］.北京：农业出版社.

秦宇博，李轶平，于旭光，等，2013.辽宁省渔船在黄海中南部捕捞生产现状的分析［J］.水产科学，32
　　（8）：492-496.

邱盛尧，叶懋中，1993.黄、渤海蓝点马鲛当年幼鱼的生长特性［J］.水产学报，17（1）：14-23.

邱盛尧，叶懋中，1996.黄、渤海蓝点马鲛繁殖生物学的研究［J］.海洋与湖沼，27（5）：463-470.

任一平，徐宾铎，叶振江，等，2005.青岛近海春、秋季渔业资源群落结构特征的初步研究［J］.中国海
　　洋大学学报，35（5）：792-798.

沙学绅，阮洪超，何桂芬，1981.带鱼卵子和仔稚鱼的形态特征［J］.水产学报，5（2）：155-160.

盛福利，曾晓起，薛莹，2009.青岛近海口虾蛄的繁殖及摄食习性研究［J］.中国海洋大学学报（自然科
　　学版）（s1）：326-332.

水柏年，2000.小黄鱼个体生殖力及其变化的研究［J］.浙江海洋学院学报（自然科学版），19（1）：58-69.

宋秀凯，刘爱英，杨艳艳，等，2010.莱州湾鱼卵、仔稚鱼数量分布及其与环境因子相关关系研究［J］.
　　海洋与湖沼，41（3）：378-385.

孙本晓，2009.黄、渤海蓝点马鲛资源现状及其保护［D］.北京：中国农业科学院.

孙明，王彬，李玉龙，等，2016.基于碳氮稳定同位素技术研究辽东湾海蜇的食性及营养级［J］.应用生
　　态学报，27（4）：1103-1108.

孙蜀东，任一平，2003.黄海南部黄鲫 Setipinna taty（Cuvier et Valenciennes）渔业生物学研究［J］.海
　　洋湖沼通报（1）：62-65.

孙耀，张波，郭学武，等，1999.斑鰶的摄食、生长与生态转换效率——现场胃含物法在室内的应用［J］.渔
　　业科学进展（2）12-16.

唐启升，叶懋中，1990.山东近海渔业资源开发与保护［M］.北京：农业出版社.

田明诚，孙宝龄，杨纪明，1993.渤海鱼类区系分析［J］.海洋科学集刊，34（1）：157-167.

田莹，张素萍，常亚青，2009.黄渤海区蛾螺的齿舌研究［J］.海洋科学，33（10）：54-58.

万瑞景，陈瑞盛，1988.渤海鲈鱼的生殖习性及早期发育特征的研究.渔业科学进展（9）：203-211.

万瑞景，陈瑞盛，1988.黑鲷的生殖习性及早期形态.渔业科学进展（9）：213-220.

万瑞景，黄大吉，张经，2002.东海北部和黄海南部鳀鱼卵和仔稚幼鱼数量、分布及其与环境条件的关

系 [J]. 水产学报 (4)：321-330.

万瑞景，姜言伟，庄志猛，2004. 半滑舌鳎早期形态及发育特征 [J]. 动物学报 (1)：91-102.

万瑞景，姜言伟，2000. 渤、黄海硬骨鱼类鱼卵与仔稚鱼种类组成及其生物学特征 [J]. 上海水产大学学报 (4)：290-297.

万瑞景，姜言伟，1998. 渤海硬骨鱼类鱼卵和仔稚鱼分布及其动态变化 [J]. 中国水产科学 (1)：44-51.

万瑞景，姜言伟，1998. 黄海硬骨鱼类鱼卵、仔稚鱼及其生态调查研究 [J]. 海洋水产研究 (1)：60-73.

万瑞景，蒙子宁，李显森，2003. 沙氏下鱵仔鱼的摄食能力和营养代谢 [J]. 动物学报 (4)：466-472.

万瑞景，蒙子宁，2003. 带鱼人工授精和孵化 [J]. 水产学报 (2)：188-192.

万瑞景，蒙子宁，2002. 鳀人工授精和孵化 [J]. 水产学报 (2)：175-179.

万瑞景，孙珊，2006. 黄、东海生态系统中鱼卵、仔稚幼鱼种类组成与数量分布 [J]. 动物学报 (1)：28-44.

万瑞景，魏皓，孙珊，等，2008. 山东半岛南部产卵场鳀鱼的产卵生态 Ⅰ. 鳀鱼鱼卵和仔稚幼鱼的数量与分布特征 [J]. 动物学报 (5)：785-797.

万瑞景，曾定勇，卞晓东，等，2014. 东海生态系统中鱼卵、仔稚鱼种类组成、数量分布及其与环境因素的关系 [J]. 水产学报 (9)：1375-1398.

万瑞景，赵宪勇，魏皓，2008. 山东半岛南部产卵场鳀鱼的产卵生态 Ⅱ. 鳀鱼的产卵习性和胚胎发育特性 [J]. 动物学报 (6)：988-997.

万瑞景，赵宪勇，魏皓，2009. 山东半岛南部产卵场温跃层对鳀鱼鱼卵垂直分布的作用 [J]. 生态学报 (12)：6818-6826.

万瑞景，姜言伟，2000. 渤、黄海硬骨鱼类鱼卵与仔稚鱼种类组成及其生物学特征 [J]. 上海海洋大学学报，9 (4)：290-297.

万瑞景，1996. 多鳞鱚早期发育形态 [J]. 渔业科学进展 (1)：35-41.

王爱勇，万瑞景，金显仕，2010. 渤海莱州湾春季鱼卵、仔稚鱼生物多样性的年代际变化 [J]. 渔业科学进展 (1)：19-24.

王波，张锡烈，孙丕喜，1998. 口虾蛄的生物学特征及其人工苗种生产技术 [J]. 黄渤海海洋学报，16 (2)：64-72.

王春琳，蒋霞敏，陈惠群，等，2000. 日本蟳繁殖生物学的初步研究 Ⅱ. 雄性繁殖习性及胚胎发育 [J]. 海洋学研究，18 (1)：44-50.

王春琳，梅文骧，1996. 口虾蛄的生物学基本特征 [J]. 浙江海洋学院学报 (自然科学版) (1)：60-62.

王寿兵，2003. 对传统生物多样性指数的质疑 [J]. 复旦学报：自然科学版，42 (6)：867-868.

吴强，王俊，李忠义，等，2012. 黄、渤海春季甲壳类群落结构的空间变化 [J]. 水产学报，36 (11)：1685-1693.

吴强，李忠义，王俊，等，2018. 渤海夏季甲壳类群落结构的年际变化 [J]. 渔业科学进展，39 (2)：16-23.

吴强，王俊，金显仕，等，2011. 中国北部海域主要无脊椎动物群落结构及多样性 [J]. 中国水产科学，18 (5)：1152-1160.

谢淑瑾，周一兵，杨大佐，等，2011. 长蛸繁殖行为与胚胎发育的初步观察 [J]. 大连海洋大学学报，26

（2）：102-107.

徐宾铎，金显仕，梁振林，2005. 对黄、渤海鱼类等级多样性的推算［J］. 中国海洋大学学报，35（1）：25-28.

徐宾铎，金显仕，2003. 秋季黄海底层鱼类群落结构的变化［J］. 中国水产科学，10（2）：148-154.

徐炳庆，吕振波，李凡，等，2011. 山东半岛南部近岸海域夏季游泳动物的组成特征［J］. 海洋渔业，33（1）：59-65.

徐东坡，范立民，刘凯，等，2007. 长江徐六泾河段渔业群落结构（2005—2006 年）及多样性初探［J］. 湖泊科学，19（5）：592-598.

徐海龙，张桂芬，乔秀亭，等，2010. 黄海北部口虾蛄体长及体质量关系研究［J］. 水产科学，29（8）：451-454.

徐开达，李鹏飞，李振华，等，2011. 黄海南部、东海北部黄鮟鱇的繁殖生物学特性［J］. 浙江海洋学院学报，30（1）：9-13.

徐炜，曾晓起，盛福利，等，2009. 北黄海大型底栖动物的拖网调查研究［J］. 中国海洋大学学报，39（5）：19-24.

徐兆礼，陈佳杰，2009. 小黄鱼洄游路线分析［J］. 中国水产科学，16（6）：931-940.

许思思，2011. 人为影响下渤海渔业资源的衰退机制［D］. 青岛：中国科学院海洋研究所.

许星鸿，阎斌伦，郑家声，等，2008. 长蛸生殖系统的形态学与组织学观察［J］. 动物学杂志，43（4）：77-84.

薛莹，金显仕，张波，等，2004. 黄海中部小黄鱼的食物组成和摄食习性的季节变化［J］. 中国水产科学，11（3）：237-243.

薛莹，金显仕，张波，等，2004. 黄海中部小黄鱼摄食习性的体长变化与昼夜变化［J］. 中国水产科学，11（5）：420-425.

薛莹，徐宾铎，高天翔，等，2010. 北黄海秋季黄鮟鱇摄食习性的初步研究［J］. 中国海洋大学学报（自然科学版），40（9）：39-44.

薛莹，徐宾铎，高天翔，等，2010. 北黄海细纹狮子鱼摄食生态的初步研究［J］. 中国水产科学，17（5）：1066-1074.

薛莹，金显仕，赵宪勇，等，2007. 秋季黄海中南部鱼类群落对饵料生物的摄食量［J］. 中国海洋大学学报，37（1）：75-82.

严隽箕，1981. 黄海北部日本枪乌贼的分布和渔获量［J］. 海洋湖沼通报（4）：55-58.

杨德渐，王永良，马绣同，等，1996. 中国北部海洋无脊椎动物［M］. 北京：高等教育出版社.

杨东莱，吴光宗，庞鸿艳，1983. 渤海湾半滑舌鳎及焦氏舌鳎的鱼卵和仔稚鱼的形态［J］. 海洋科学，7（2）：29-32.

杨纪明，杨伟祥，王新成，等，1990. 渤海底层的鱼类生物量估计［J］. 海洋学报，12（3）：359-365.

杨纪明，2001. 渤海无脊椎动物的食性和营养级研究［J］. 渔业信息与战略，16（9）：8-16.

杨纪明，2001. 渤海鱼类的食性和营养级研究［J］. 渔业信息与战略，16（10）：10-19.

叶青，1992. 青岛近海欧氏六线鱼食性的研究［J］. 海洋湖沼通报（4）：52-57.

叶孙忠，张壮丽，洪明进，等，2009. 东海南部海域蟹类种类组成及其数量分布［J］. 海洋渔业，31

（4）：369 – 375.

叶孙忠，张壮丽，叶泉土，2002. 福建南部沿海日本蟳的生物学特性［J］. 福建水产（4）：18 – 21.

尹增强，2005. 辽宁省海洋渔业产量结构调整的初步研究［J］. 南方水产（6）：55 – 62.

尤宗博，李显森，赵宪勇，等，2014. 蓝点马鲛大网目流刺网的选择性研究［J］. 水产学报，38（2）：
　　299 – 307.

喻杰，韩岳樟，姜玉声，等，2016. 两种体色日本蟳卵巢发育及配偶选择的研究［J］. 大连海洋大学学
　　报，31（5）：477 – 481.

曾玲，金显仕，李富国，等，2005. 渤海小黄鱼生殖力及其变化［J］. 海洋科学，29（5）：80 – 83.

张波，李忠义，金显仕，2014. 许氏平鲉的食物组成及其食物选择性［J］. 中国水产科学，21（1）：134 – 141.

张波，唐启升，金显仕，等，2005. 东海和黄海主要鱼类的食物竞争［J］. 动物学报，51（4）：616 – 623.

张波，吴强，牛明香，等，2011. 黄海北部鱼类群落的摄食生态及其变化［J］. 中国水产科学，18（6）：
　　1343 – 1350.

张波，吴强，单秀娟，等，2011. 黄海北部鱼类群落的摄食生态及其变化［J］. 中国水产科学，18（6）：
　　1343 – 1350.

张春霖，1955. 黄、渤海鱼类调查报告［M］. 北京：科学出版社.

张衡，朱国平，2009. 长江河口潮间带鱼类群落的时空变化［J］. 应用生态学报，20（10）：2519 – 2526.

张孟海，孙同秋，1995. 渤海南部黄鲫季节分布的研究［J］. 齐鲁渔业（4）：10 – 13.

张仁斋，1985. 中国近海鱼卵与仔鱼［M］. 上海：上海科学技术出版社.

张树德，宋爱勤，1992. 鹰爪虾及其渔业［J］. 生物学通报（11）：12 – 14.

张树德，1983. 渤、黄海鹰爪虾生物学的初步研究［J］. 海洋科学，7（5）：33 – 36.

张涛，庄平，刘健，等，2009. 长江口崇明东滩鱼类群落组成和生物多样性［J］. 生态学杂志，29（10）：
　　2056 – 2062.

张孝威，陈真然，阮洪超，等，1982. 赤鼻棱鳀、中颌棱鳀卵子、仔稚鱼的发育［J］. 动物学报（2）：
　　89 – 95.

张孝威，何桂芬，沙学绅，1965. 牙鲆和条鳎卵子及仔、稚鱼的形态观察［J］. 海洋与湖沼，7（2）：
　　158 – 180.

张孝威，沙学绅，何桂芬，等，1980. 鯒鱼卵子和仔、稚鱼的形态观察［J］. 海洋与湖沼，11（2）：161 – 168.

张学健，程家骅，沈伟，等，2011. 黄鮟鱇繁殖生物学研究［J］. 中国水产科学，18（2）：290 – 298.

张学健，程家骅，沈伟，等，2010. 黄海南部黄鮟鱇摄食生态［J］. 生态学报，30（12）：3117 – 3125.

张壮丽，苏新红，刘勇，等，2010. 福建海洋渔业捕捞现状分析［J］. 福建水产，26（4）：82 – 86.

赵传细，1990. 中国海洋渔业资源［M］. 杭州：浙江科学技术出版社.

赵静，张秀梅，卞晓东，等，2011. 2009 年葫芦岛附近海域鱼卵、仔稚鱼种类组成与数量分布［J］. 中国
　　海洋大学学报，41（11）：34 – 42.

郑建平，王芳，华祖林，2005. 辽东湾北部河口区生态环境问题及对策［J］. 东北水利水电，23（255）：
　　47 – 50.

中国海湾志编纂委员会，1991. 中国海湾志·第一分册辽东半岛东部海湾［M］. 北京：海洋出版社.

周红，张志南，2003. 大型多元统计软件 PRIMER 的方法原理及其在底栖群落生态学中的应用［J］. 青

岛海洋大学学报（自然科学版），33（1）：58－64.

周学家，张玉玺，刘信艺，等．山东近海香螺资源的分布研究［J］. 齐鲁渔业，12（1）：8－10.

朱鑫华，吴鹤州，徐凤山，等，1994. 黄、渤海沿岸水域游泳动物群落结构时空格局异质性研究［J］. 动物学报，40（3）：241－252.

朱鑫华，吴鹤洲，徐凤山，等，1994. 黄、渤海沿岸水域游泳动物群落多样性及其相关因素的研究［J］. 海洋学报，16（3）：102－112.

庄平，王幼槐，李圣法，等，2006. 长江口鱼类［M］. 上海：上海科学技术出版社．

庄志猛，万瑞景，陈省平，等，2005. 半滑舌鳎仔鱼的摄食与生长［J］. 动物学报（6）：1023－1033.

左涛，时永强，彭亮，等，2017. 黄海南部不同体长鳀对食物粒级的选择［J］. 中国水产科学，24（4）：824－830.

Andres J J，Robetrto M，Raul G，et al，2004. Environmental factors structuring fish communities of the Rio de la Plata estuary［J］. Fisheries Research（66）：195－211.

Beukema J J，1992. Dynamics of juvenile shrimp Crangon crangon in a tidal－flat nursery of the Wadden Sea after mild and cold winters［J］. Marine Ecology Progress Series（83）：157－165.

Bo W，1998. On Biological Characters and Artificial Seedling Rearing Techniques of Mantis Shrimp（Oratosquilla oratoria）［J］. Journal of Oceanograpgy of Huanghai & Bohai Seas（16）：64－73.

Cheng Jisheng，1999. Study on the feeding habit and trophic level of main economic invertebrates in the Huanghai Sea［J］. Acta Oceanologica Sinica，18（1）：117－126.

Dong J，Jiang L X，Tan K F，et al. 2009. Stock enhancement of the edible jellyfish（Rhopilema esculentum Kishinouye）in Liaodong Bay，China：a review［J］. Hydrobiologia，616：113－118.

Dong J，Wang B，Duan Y，et al. 2018. Initial occurrence，ontogenic distribution-shifts and advection of Nemopilema nomurai（Scyphozoa：Rhizostomeae）in Liaodong Bay，China，from 2005－2015［J］. Mar Ecol Prog Ser，591（3）：185－197.

Gibson RN，1973. The intertidal movements and distribution of young fish on a sandy beach with special reference to the plaice Pleuronectes platessa L［J］. Journal of Experimental Marine Biology and Ecology（12）：79－102.

Greenwood M F D，Hill A S，2003. Temporal，spatial and tidal influences on benthic and demersal fish abundance in the Forth estuary［J］. Estuarine，Coastal and Shelf Science，58（2）：211－225.

Jaccard P，1900. Contribution au problème de l'immigration post－glaciare de la flore alpine［J］. Bulletin de la Societe Vaudoise des Sciences Natueralles（36）：87－130.

JIN X S，TANG Q S，1996. Changes in fish species diversity and dominant species compostion in the Yellow Sea［J］. Fisheries Research，26（3－4）：337－352.

Jin Xianshi，1996. Biology and population dynamics of small yellow croaker（Pseudosciaena polyactis）in the Yellow Sea［J］. J. O. Yellow Sea（2）：11－14.

Laffaille P，Feunteun E，Lefeuvre JC，2000. Composition of fish communities in a European macrotidal salt marsh（the Mont Saint－Michel Bay，France）［J］. Estuarine，Coastal and Shelf Science（51）：429－438.

Margalef R，1958. Information theory in ecology［J］. General System（3）：36－71.

Pielou E C，1975. Ecological Diversity [M]. New York：Wiley.

Pielou E C，1966. The measurement of diversity in different types of biological collections [J]. Journal of Theoretical Biology，13（1）：131 – 144.

Pinkas L，Oliphamt M S，Iverson I L K，1971. Food habits of albacore，bluefin tuna，and bonito in California waters [J]. Fish Bull（152）：5 – 10.

Powera M，Attrill M J，Thomasc R M，2000. Enviromental factors and interactions affecting the temporal abundance of juvenile flatfish in the Thames Estuary [J]. Journal of Sea Research，43（2）：135 – 149.

Zhen – Bo L，2013. Fish community diversity in the Huanghe estuary and its adjacent area in summer [J]. Progress in Fishery Sciences，34（2）：10 – 18.

作者简介

董婧 女，1966年2月生，辽宁省海洋水产科学研究院研究员，渔业资源研究室主任，辽宁省海洋生物资源与生态学重点实验室主任，辽宁省海洋渔业资源养护技术创新团队首席专家，大连海洋大学兼职硕士研究生导师。主要从事中国黄海和渤海的渔业资源调查和大型水母类研究工作。近5年来，先后主持、完成国家自然科学基金面上项目、农业科技成果转化项目、海洋公益性行业科研专项、农业公益性行业科研专项及各类科研项目共计20余项。获海洋科学技术奖一等奖1项，辽宁省科学技术进步奖二等奖2项、三等奖4项，辽宁省自然科学学术成果奖9项。共发表论文70余篇，出版专著9部，获国家授权专利12项，制定省级标准6项。